高等学校试用教材

给水水源及取水工程

董辅祥　主编

中国建筑工业出版社

图书在版编目(CIP)数据

给水水源及取水工程/董辅祥主编.-北京：中国建筑工业
出版社,1998
高等学校试用教材
ISBN 978-7-112-03415-4

Ⅰ.给... Ⅱ.董... Ⅲ.①供水水源-高等学校-教材
②取水-市政工程-高等学校-教材 Ⅳ.TU991.1

中国版本图书馆CIP数据核字（97）第21888号

本书系统地阐述了我国的水资源情况，扼要地介绍了给水水源布局、调配、水质管理与可靠性等概念，详细地讨论了有关地下水和地表水取水工程的基本概念、设计原理与方法，列举了大量地表水取水工程实例。全书力求反映国内外取水工程现状、技术成就、工程实践经验及研究成果，注重加强科学性、系统性与实用性。

本书可供给水排水工程专业本科生、研究生、教师及有关工程技术人员参考，可作为给水排水工程专业本科及工程技术人员继续教育的教材或主要教学参考书，也适于作大专、中专的进修教材。

高等学校试用教材
给水水源及取水工程
董辅祥　主编

*

中国建筑工业出版社出版、发行（北京西郊百万庄）
各地新华书店、建筑书店经销
北京圣夫亚美印刷有限公司印刷

*

开本：787×1092毫米　1/16　印张：16¼　字数：395千字
1998年6月第一版　2018年9月第八次印刷
定价：**28.00**元
ISBN 978-7-112-03415-4
（21010）

版权所有　翻印必究
如有印装质量问题，可寄本社退换
（邮政编码 100037）

前　言

建国以来，我国给水事业发展迅速，各地兴建了大量的取水工程，仅城市与工业给水的日取水量目前即达 $1.8×10^8 m^3$ 以上。由于我国幅员广大，自然地理条件复杂，取水条件差异甚大，取水工程情况多种多样，因而在这方面积累了丰富的经验且颇具中国特色。另一方面，估计在今后若干年内，上述范围的取水量还将以每年平均 4%～5%的速度递增。但是，由于我国水资源时空分布不均、城市与工业过于集中、径流调节不足、水资源的开发利用不尽合理、水源污染比较严重、可用水量正日趋匮乏，这就使取水工程建设面临许多更加尖锐复杂的矛盾。

基于上述情况，作为一本新的教材，本书在总体上着重从水资源合理开发利用角度及给水水源基本条件上去研究有关取水工程问题，其内容除满足大学本科的基本教学要求外，还力求反映国内外取水工程现状、技术成就及工程实践经验，并注重加强书的科学性、系统性与实用性。同《取水工程》教材相比，本书的主要变化是：

第一篇，以专门篇幅系统概略地阐述我国水资源的分布、特点、开发利用情况与主要问题、2000 年和远期需水量与供需平衡情况及其主要解决途径；扼要地介绍有关给水水源的科学调配、选择原则、可靠性、水源水质管理保护方面的概念。这对于考察和解决当今城镇供水问题是十分必要的。

第二篇第四章，专门介绍有关地下水的基础知识，以便未学过水文地质的读者直接学习和掌握地下水取水技术，也可兼顾"三合一"（水文地质、水文及取水工程三门课程合并讲授）教学的需要。

第二篇第五章，概述了地下水取水构筑物渗流计算基本方法，在以后有关章节中又对求解地下水取水构筑物在实际计算问题作了一定的说明，使读者有可能从中了解到各类地下水取水构筑物计算公式的来龙去脉、适用条件以及解决类似问题的基本思路。

第二篇第六、九章对单井计算、联合工作时的井群计算、辐射井与复合井的计算问题分别引用了国内外的一些研究成果，使这类取水构筑物的地下水渗流及工作情况有了明确而清晰的定性分析，其设计计算也更反映实际情况。

第二篇第八章，较详尽地分析了渗渠运行过程中可能出现的各种实际工作情况并给出相应的设计原则和简易计算方法。

第二篇第十章，对取水井水量下降及地下水人工回灌问题作了进一步的论述。

在第三篇地表水取水工程中，对我国地表水取水构筑物的形式与分类进行了科学的划分，并以此为本篇章节内容编排的依据。这将有助于读者系统清晰地了解各类地表水取水构筑物的基本特点、适用条件及其内在联系。

在第三篇的十三、十四章中，着重介绍了各类地表水取水构筑物的基本施工方式及其同取水构筑物形式构造的相互影响，这是掌握地表水取水技术的基础。

在第三篇中还以较多篇幅介绍各类地表水取水构筑物的工程实例，寓工程教育于工程简图的研讨之中。这些实例是结合地表水取水构筑物的分类，从大量工程实例中精选而来的，很有特色。

此外，在第三篇第十七、十八章中，还提出了在多泥沙河流及已建成水库中的取水问题。这些问题虽限于篇幅未能展开讨论，但从发展看是不容忽视的。

总之，鉴于取水工程技术的发展和教材的性质，全书在内容上作了较大的和必要的更新、加深和扩充，其篇幅也有相应的扩展。为了便于教学（包括自学）及各校按教学要求和地区特点对书的内容进行取舍，本书的体系、编排较灵活，各篇、章（节）基本上自成体系，讲授内容有深有浅。凡目录中注有＊或＊＊的章节内容可供选用或部分选用。

参加本书编写的有：董辅祥（第五、八、十二、十三、十四、十八章，第六章第一、二、三节并参与其他章节的编写）、张亚峰（第二章、第三章第四节、第六章第五节并作全书校核）、闫立华（第三章第一、二、三、五节并作第二章校核，第九、十五、十七章）、董欣东（第一、四、十一章并作全书校核）、傅金祥（第六章第四节）、王静争（第六章第六节，第七、十章）、苏军（负责全书插图的编绘）。全书由沈阳建筑工程学院董辅祥教授主编，重庆建筑大学刘荣光教授主审。

李圭白院士、崔玉川教授参加审稿，朱启光副教授对本书内容体系的形成起了重要作用并提供了编写素材，朱月海教授、耿学栋教授对编写工作给予支持；此外，在本书编写过程中还得到国内一些设计、施工和运行管理部门的大力支持和帮助，在此一并致谢。

在四十年执教生涯及本书编写过程中，杜雅文对笔者曾给予极大的关心、支持和鼓励，借此谨致以深切而永恒的谢意。

由于编者水平有限，书中如有错误与不足之处，敬请批评指正。

董辅祥

1997年3月

目 录

第一篇 水资源与给水水源

第一章 水资源概况 … 1
    第一节 水资源概念 … 1
    第二节 水资源分布 … 2
    第三节 我国水资源的特点 … 4
    第四节 我国水资源开发利用情况与主要问题 … 7
    第五节 2000年及远期我国需水量预测与供需平衡概况 … 15

第二章 给水水源的科学调配问题 … 19

第三章 给水水源工程概论 … 28
    第一节 给水水源与取水工程 … 28
    第二节 给水水源的特点及选择 … 28
    第三节 给水水源的可靠性 … 30
    第四节 给水水源水质管理概念* … 32
    第五节 给水水源保护 … 36

第二篇 地下水取水工程

第四章 地下水* … 41
    第一节 自然界中水的循环及地下水 … 41
    第二节 岩石的一般特性与地下水在岩石中存在的形式 … 41
    第三节 地下水的垂直分布与岩石的水理性质 … 44
    第四节 水文地质条件与地下水的分类 … 46

第五章 地下水取水构筑物的形式及渗流计算基本方法 … 49
    第一节 地下水取水构筑物的形式及其适用条件 … 49
    第二节 地下水取水构筑物渗流计算基本方法概述* … 51

第六章 管井 … 56
    第一节 管井的形式和构造 … 56
    第二节 管井的建造 … 64
    第三节 单井计算 … 69
    第四节 单井计算中的几个问题** … 77
    第五节 井群系统 … 84
    第六节 管井的设计步骤 … 98

第七章 大口井 … 100
    第一节 大口井的形式和构造 … 100

第二节　大口井施工 ………………………………………………………………… 104
　　第三节　大口井的计算 ………………………………………………………………… 105
第八章　水平集水管与渗渠 …………………………………………………………………… 108
　　第一节　渗渠的形式与构造、渗渠的位置与系统布置 …………………………… 108
　　第二节　无压含水层中的完整式渗渠** …………………………………………… 112
　　第三节　水体下部含水层中的渗渠** ……………………………………………… 116
　　第四节　承压含水层中非完整式渗渠** …………………………………………… 118
　　第五节　无压含水层中非完整式渗渠** …………………………………………… 120
　　第六节　有限长的倾斜或水平集水管计算** ……………………………………… 121
　　第七节　渗渠的水力计算 …………………………………………………………… 124
　　第八节　渗渠的设计、施工、运行管理问题 ……………………………………… 124
第九章　复合井和辐射井 ……………………………………………………………………… 126
　　第一节　复合井* ……………………………………………………………………… 126
　　第二节　辐射井 ……………………………………………………………………… 129
第十章　地下水源及其取水构筑物的运行管理 ……………………………………………… 136
　　第一节　地下水取水构筑物的验交及运行管理 …………………………………… 136
　　第二节　取水井出水量下降的原因及增加出水量的措施 ………………………… 136
　　第三节　地下水人工回灌 …………………………………………………………… 141

第三篇　地表水取水工程

第十一章　地表水取水条件、地表水取水构筑物位置的选择 ……………………………… 147
　　第一节　地表水取水条件 …………………………………………………………… 147
　　第二节　地表水取水构筑物位置的选择 …………………………………………… 156
第十二章　地表水取水构筑物的分类** ……………………………………………………… 160
　　第一节　地表水取水构筑物的分类原则 …………………………………………… 160
　　第二节　地表水取水构筑物的分类 ………………………………………………… 161
第十三章　岸边式取水构筑物 ………………………………………………………………… 164
　　第一节　岸边式取水构筑物的形式与构造 ………………………………………… 164
　　第二节　岸边式取水构筑物设计和施工方法 ……………………………………… 173
　　第三节　岸边式取水构筑物举例** ………………………………………………… 176
第十四章　河床式取水构筑物 ………………………………………………………………… 190
　　第一节　基本形式 …………………………………………………………………… 190
　　第二节　河床式取水构筑物的主要构造、计算与设计 …………………………… 191
　　第三节　施工问题 …………………………………………………………………… 198
　　第四节　河床式取水构筑物举例** ………………………………………………… 199
第十五章　其他固定式取水构筑物与河床整治工程 ………………………………………… 212
　　第一节　江心式取水构筑物 ………………………………………………………… 212
　　第二节　直吸式取水构筑物 ………………………………………………………… 213
　　第三节　斗槽式取水构筑物 ………………………………………………………… 217
　　第四节　河床整治工程 ……………………………………………………………… 219
第十六章　移动式取水构筑物 ………………………………………………………………… 222

  第一节 浮船式取水构筑物 ………………………………………………………………… 222
  第二节 斜桥式（缆车式）取水构筑物 ………………………………………………… 227
  第三节 移动式取水构筑物之特点及适用条件 ………………………………………… 230

第十七章 山区河流取水构筑物 ………………………………………………………………… 232
  第一节 山区河流的特性及取水条件 …………………………………………………… 232
  第二节 山区河流取水系统 ………………………………………………………………… 232
  第三节 山区河流取水构筑物的形式与构造 …………………………………………… 234
  第四节 底栏栅式取水构筑物的水力计算 ……………………………………………… 239

第十八章 水库、湖泊、海水取水构筑物及地表水源取水构筑物的维护 ……………… 242
  第一节 水库、湖泊取水条件 ……………………………………………………………… 242
  第二节 水库枢纽布置与水库取水构筑物 ……………………………………………… 243
  第三节 湖泊取水构筑物 …………………………………………………………………… 247
  第四节 海水取水构筑物 …………………………………………………………………… 248
  第五节 地表水源取水构筑物的维护 …………………………………………………… 252

第一篇 水资源与给水水源

第一章 水资源概况

第一节 水资源概念

人类生活及社会生产活动从来就离不开水。但是,人们并不是较早地认识到水是一种资源的。

地球上的水是在一定的条件下循环再生的,过去人们普遍以为水是"取之不尽,用之不竭"的。然而,随着社会的发展,人类社会对水的需求量越来越大,加上环境污染、生态平衡破坏,人们开始感到可用水资源的匮乏;另一方面,人们在长期的实践中逐渐认识到地球上水所特有的循环再生、运动变化规律,并承认水是有限的。这样,人们才逐渐把水的问题,连同环境保护、生态平衡等问题同人类的生息与社会发展联系在一起加以考察研究,并开始将水——生命赖以生存和人类社会赖以发展的最基本的自然因素、自然环境的重要因子当作资源看待。

严格地讲,单纯承认水是一种资源,并且把它同其他一般资源等同看待,还是远远不够的。至今,我们还很难把水在生态系统及社会生活中的作用讲得很清楚。关于水资源的"资源"两字权且作为含义更为深广的词去理解,如现在常说的国土资源中的资源一词,这样也许更为恰当。

什么是水资源?见于文字的有多种提法,大体上有:

1. 广义的提法,包括地球上的一切水体及水的其他存在形式,如海洋、河川、湖泊、地下水、土壤水、冰川、大气水等。

2. 狭义的提法,指陆地上可以逐年得到恢复、更新的淡水。

3. 工程上的提法,指上述可以恢复、更新的淡水中,在一定的技术经济条件下可以为人们利用的那一部分水。

此外,也有不只是从形态或水量上而是从"水能兴利"综合利用的角度,把水体能为人类社会提供的效益看作资源,如蕴藏于水体的水力资源、水利资源、生物资源、矿物资源(盐、碱等矿物质及泥炭之类)等。

显然,上述各种提法是人们从不同角度对水资源含义的理解,因此很难给以统一、准确的定义。值得注意的是,当涉及水资源问题时,在不同的场合下水资源的含义往往不同且会转化,另外也不应忽视水资源的分布及其质的状态对其含义的影响。

通常,涉及给水排水工程的水资源含义,接近于上述第 3 种提法,但应注意:给水排水工程是以研究水的社会循环,即社会生产及生活中的运动变化规律为主,而且不单限于淡水资源的利用;它是以水的数量与质量的统一为特征,并且要求具有较高的可靠性;除强调技术经济条件外,更强调社会总体效益与环境效益;有较强的地域性,与城镇、工业及一系列的人为因素密切相关。因此,城市与工业在水资源利用上往往会遇到更多的问题。诸如,水资源评价开发与利用,水资源保护,水源综合治理,取水工程技术,水资源技术经济及管理等。

第二节 水资源分布

一、全球水资源分布

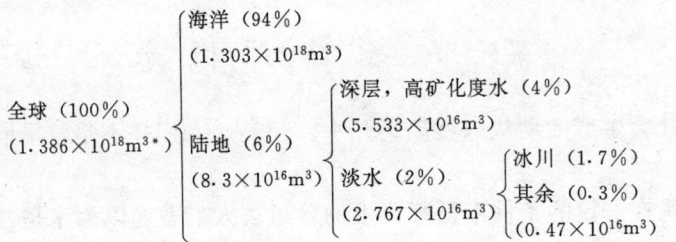

不包括大气水。

上述其余的 $0.47 \times 10^{16} m^3$ 淡水,开发条件较好,其中逐年更新的淡水仅占总剩余量的 1%,即占全球水资源总量的 0.03‰。其绝对量为 $4.7 \times 10^{13} m^3$,这 $4.7 \times 10^{13} m^3$ 水资源量中,在一定技术经济条件下能为人们利用的水量又极为有限。

二、我国水资源量

据水利电力部水利水电规划设计院将全国水资源分布分为 9 个一级区(流域或片)、82 个二级区、302 个三级区及 2000 多个计算单元并逐级进行水资源综合利用与供需平衡分析研究,我国一级区 1956~1979 年平均年降水量、年径流量、一级区多年平均年地下水资源量(矿化度小于 2g/L)以及多年平均年水资源总量,分别如表 1-1、1-2、1-3、1-4 所示。

全国一级区 1956~1979 年平均年降水量　　　　　　表 1-1

分 区 名 称	计算面积 (km²)	年降水深 (mm)	年降水量 ($10^8 m^3$)	占全国百分比 (%)
东北诸河	1248445	510.8	6377	10.3
海河	318161	559.8	1781	2.9
淮河和山东半岛诸河	329211	859.6	2830	4.6
黄河	794712	464.4	3691	6.0
长江	1808500	1070.5	19360	31.3
华南诸河	580641	1544.3	8967	14.5
东南诸河	239803	1758.1	4216	6.8
西南诸河	851406	1097.7	9346	15.1
内陆诸河	3374443	157.7	5321	8.6
全国	9545322	648.4	61889	100

全国一级区 1956～1979 年年径流量　　　　　　　　　　　　　　　　　　　　表 1-2

分 区 名 称	平均年径流深 (mm)	平均年径流量 ($10^8 m^3$)	占全国百分比 (%)	不同频率年径流量 ($10^8 m^3$)			
				20%	50%	75%	95%
东北诸河	132.4	1653	6.1	2056	1617	1303	906
海河	90.5	288	1.1	380	268	199	130
淮河和山东半岛诸河	225.1	741	2.7	1000	689	496	296
黄河	83.2	661	2.4	768	649	569	470
长江	526.0	9513	35.1	10559	9417	8656	7610
华南诸河	806.9	4685	17.3	5390	4640	4130	3380
东南诸河	1066.3	2557	9.4	3069	2507	2097	1611
西南诸河	687.5	5853	21.6	6439	5853	5380	4741
内陆诸河	34.5	1164	4.3	1250	1159	1091	1000
全国	284.1	27115	100	29010	27110	25490	23590

全国一级区多年平均年地下水资源量（矿化度小于 2g/L）　　　　　　　　表 1-3

分 区 名 称	山 丘		平 原		山丘与平原重复计算量 ($10^8 m^3$)	全 区	
	计算面积 (km^2)	水资源量 ($10^8 m^3$)	计算面积 (km^2)	水资源量 ($10^8 m^3$)		计算面积 (km^2)	水资源量 ($10^8 m^3$)
东北诸河	823577	319.3	407881	330.1	24.5	1231458	624.9
海河	171372	124.6	106424	178.2	37.6	277796	265.2
淮河和山东半岛诸河	127923	107.2	169938	296.7	10.9	297861	393.0
黄河	608357	292.1	167007	157.2	43.5	775364	405.8
长江	1625293	2218.0	132876	260.6	14.4	1758169	2464.2
华南诸河	550113	1027.8	30468	92.7	5.0	580581	1115.5
东南诸河	218639	561.8	20560	51.9	0.6	239199	613.1
西南诸河	851406	1543.8				851406	1543.8
内陆诸河	1814226	567.4	948648	506.0	211.2	2762874	862.2
全国	6790906	6762.0	1983802	1873.4	347.7	8774708	8287.7

全国一级区多年平均年水资源总量　　　　　　　　　　　　　　　　　　表 1-4

分 区 名 称	地表水资源量 ($10^8 m^3$)	地下水资源量 ($10^8 m^3$)	重复计算量 ($10^8 m^3$)	水资源总量 ($10^8 m^3$)	产水模数 ($10^4 m^3/km^2$)
东北诸河	1652.9	624.9	349.3	1928.5	15.45
海河	287.8	265.2	131.8	421.2	13.24
淮河和山东半岛诸河	741.3	393.0	173.4	960.9	29.19
黄河	661.5	405.8	323.6	743.7	9.36
长江	9513.0	2464.2	2363.9	9613.3	53.16
华南诸河	4685.0	1115.5	1092.4	4708.1	81.08
东南诸河	2557.0	613.1	578.4	2591.7	108.08
西南诸河	5853.1	1543.8	1543.8	5853.1	68.75
内陆诸河	1163.7	862.2	722.0	1303.9	3.86
北方五区	4507.2	2551.1	1700.0	5358.2	8.83
南方四区	22608.1	5736.6	5578.5	22766.2	65.41
全国	27115.3	8287.7	7278.6	28124.4	29.46

由表1-4可见，全国多年平均地表水径流量为$27115\times10^8m^3$，多年平均年地下水资源量为$8288\times10^8m^3$，扣除两者之间互相补给的重复计算水量$7279\times10^8m^3$，全国多年平均年水资源总量为$28124\times10^8m^3$。

表1-5为我国年径流量，人均、亩均水量与一些国家对比的情况。

中国年径流量，人均、亩均水量与外国对比　　　　　　表1-5

国　家	年径流量 (10^8m^3)	年径流深 (mm)	人　口 (亿人)	人均水量 (m^3/人)	耕　地 (亿亩)	亩均水量 (m^3/亩)
巴　西	51912	609	1.23	42205	4.85	10704
前苏联	47140	211	2.64	17856	34.00	1386
加拿大	31220	313	0.24	130083	6.54	4774
美　国	29702	317	2.20	13501	28.40	1046
印　尼	28113	1476	1.48	18995	2.13	13199
中　国	27115	284	9.99	2714	15.33	1769
印　度	17800	514	6.78	2625	24.70	721
日　本	5470	1470	1.16	4716	0.65	8415
全世界	468000	314	43.35	10796	198.90	2353

注：1. 1亩＝667m^2。
　　2. 外国人口是联合国1979年统计数，中国人口是1980年统计数。
　　3. 中国耕地面积统计偏小，人口、耕地、水量均包括台湾省在内。

我国人均径流量按1980年人口统计数计算为$2714m^3$，如果按1990年人口统计数计算则为$2489m^3$，约相当于世界人均径流量的¼，远低于加拿大、巴西、印尼、前苏联和美国；亩均水量为$1769m^3$，约为世界亩均水量的¾，低于印尼、巴西、日本和加拿大。由此可见，我国的水资源并不富裕。值得注意的是，在我国年径流总量中有条件利用的水量约为$12000\times10^8m^3$，据分析，因受技术经济条件的限制，即使采用相当工程措施，至2000年对应于75%保证率的可供水量仅及$6678\times10^8m^3$左右。

第三节　我国水资源的特点

我国的水资源除水资源总量有限，且人均、亩均水量偏低外，由于我国幅员广大，地处亚欧大陆东侧，跨高、中、低3个纬度区，受季风与自然地理特征的影响，南北气候差异很大，致使我国水资源的时空分布都极不均衡。

一、水资源的地区分布极不均衡

如果径流以年径流深表示，则其特点大体上可由年降水深分布情况决定，即东南多，西北少，由东南沿海向西北内陆递减，极不均匀。表1-6表示我国径流地带区划（示意）及降水、径流分区情况。

如以年降水深400mm划界，全国约有45%的国土处在降水深少于400mm的干旱少水地区。

径流地带区划及降水、径流分区　　　　　　表1-6

降水分区	年降水深(mm)	年径流深(mm)	径流分区	大　致　范　围
多雨	>1600	>900	丰水	海南、广东、福建、浙江、台湾大部，湖南山地，广西南部，云南西南部，西藏东南部
湿润	800～1600	200～900	多水	广西、云南、贵州、四川、长江中下游地区
半湿润	400～800	50～200	过渡	黄、淮、海大平原，山西、陕西、东北大部，四川西北部、西藏东部
半干旱	200～400	10～50	少水	东北西部、内蒙古、甘肃、宁夏、新疆西部和北部、西藏北部
干旱	<200	<10	缺水(干涸)	内蒙古、宁夏、甘肃的沙漠，柴达木盆地，塔里木和准噶尔盆地

表1-7、1-8分别为水资源、人口、耕地的地区分布对比情况及按主要河流划分的径流分布情况。从中不仅可看出我国水资源在地区分布上的极不均匀性，还可看出水资源同人口、耕地的分布也不相适应。南方4片，水资源量占全国的81%，人口占全国的54.7%，耕地只占全国的35.9%；而北方4片（不包括内陆区），水资源量只占全国的14.4%，耕地却占全国的58.3%，人口占全国的43.2%。如以单位水量相比，南方的人均水量为北方的4.4倍，南方的亩（1亩＝667m²）均水量为北方的9.1倍。以西南诸河与海滦河的情况相比，前者人均水量为后者的89倍，亩均水量为87倍，相差悬殊。内陆区的水资源量，亦嫌不足。此外，各河流径流量亦相差悬殊。这些情况表明，在相当长的时期内，我国北方在开源节流、合理开发利用水资源以及协调城市（工业）与农业用水方面，面临着更大的压力。由长远看，为从根本上改变我国北方水资源的紧缺状况，提出了跨流域调水并实现水资源在地区上再分配的艰巨任务。

水资源、人口、耕地的地区分布对比　　　　　　表1-7

分区名称			土地面积	水资源总量	人口	耕地面积	人均水量(m³/人)	亩均水量(m³/亩)
			占全国的百分数（%）					
	内陆河（含额尔齐斯河）		35.4	4.6	2.1	5.8	6287	1467
外流河	北方	东北诸河	13.1	6.9	9.8	19.8	1960	637
		海河	3.3	1.5	9.8	10.9	430	251
		淮河和山东半岛诸河	3.5	3.4	15.4	14.9	623	421
		黄河	8.3	2.6	8.2	12.7	874	382
		北方四片	28.2	14.4	43.2	58.3	938	454
	南方	长江	18.9	34.2	34.8	24.0	2763	2617
		华南诸河	6.1	16.8	11.0	6.8	4307	4530
		东南诸河	2.5	9.2	7.4	3.4	3528	4923
		西南诸河	8.9	20.8	1.5	1.7	38431	21783
		南方四片	36.4	81.0	54.7	35.9	4170	4134
	外流河八片		64.6	95.4	97.9	94.2	2742	1857
	全　国		100	100	100	100	2816	1835

按主要河流划分的径流分布情况　　　　　　　表1-8

河　名	注入的湖或海	流域面积 (km²)	长度 (km)	平均流量 (m³/s)	径流总量 (10⁸m³)	径流深度 (mm)
长　江	东　海	1887199	6380	31060	9793.53	542
珠　江	南　海	452616	2197	11070	3492.00	772
黑龙江	鄂霍茨克海	1620170	3420	8600	2709.00	167
雅鲁藏布江	孟加拉湾	246000	1940	3700	1167.00	474
澜沧江	南　海	164799	1612	2350	742.50	412
怒　江	孟加拉湾	142681	1540	2220	700.90	469
闽　江	台湾海峡	60992	577	1980	623.70	1023
黄　河	渤　海	752443	5464	1820	574.50	76
钱塘江	东　海	54349	494	1480	468.00	861
淮　河	黄　海	185700	1000	1110	351.00	189
鸭绿江	黄　海	62630	773	1040	327.60	541
韩　江	南　海	34314	325	941	297.10	866
海　河	渤　海	264617	1090	717	226.00	85
瓯　江	东　海	17543	338	615	194.00	1106
李仙江	北部湾	19873	395	541	170.70	859
九龙江	台湾海峡	14741	258	446	140.60	954
元　江	北部湾	34917	772	410	129.20	370
伊犁河	巴尔喀什湖	56700	375	374	117.90	208
额尔齐斯河	喀拉海	50860	442	342	107.90	212
龙川江	孟加拉湾	11962	303	314	98.90	827
辽　河	渤　海	164104	1430	302	95.27	58
鉴　江	南　海	9433	211	272	85.84	910
漠阳江	南　海	6174	108	267	84.30	1365
南流江	北部湾	9392	198	246	77.64	822
飞云江	东　海	6153		232	73.20	
下淡水溪	台湾海峡	3257	159	228	71.79	2204

注：1. 黄河、海河水量为天然径流量。
　　2. 辽河包括浑河、太子河。

二、水资源的时程分布极不均衡

水资源的时程分布须从径流的年内分配与年际变化考察。

我国各地的径流年内分配在很大程度上取决于降水的季节分配，很不均衡。在广大的东北、华北、西北与西南地区，降水量一般均集中在6～9月份，约占正常年降水量的70%～80%，12～2月份降水极少，气候干旱。

径流的年际变化一般指年径流的多年变化（年际变幅）和多年变化过程两方面。前者通常用年径流变差系数（C_v值，即一个系列的均方差与其平均数的比值）、实测最大年平均流量与最小年平均流量的比值（年际极值比）表示。后者包括年径流丰水保证率（$P<25\%$）、平水保证率（$25\%<P<75\%$）、枯水保证率（$P>75\%$）的特性及其交替变化情况。

表 1-9 为我国一些大河流年径流多年变化特征值情况。

一些大河流年径流多年变化特征值　　　　　　　　表 1-9

河 名	站 名	集水面积 (km^2)	平均流量 (m^3/s)	实测最大		实测最小		年际极值比 K	变差系列 C_v	统计年份
				流量 (m^3/s)	年份	流量 (m^3/s)	年份			
松花江	哈尔滨	390526	1230	2680	1932	387	1920	6.9	0.41	1898～1970
永定河	官 厅	42500	68.2	112	1959	32.1	1931	3.5	0.30	1919～1970
黄 河	陕 县	687869	1350	2091	1937	635	1928	3.3	0.25	1919～1969
淮 河	蚌 埠	121330	853	2280	1921	117	1966	19.5	0.63	1916～1970
长 江	汉 口	1488036	23700	81100	1954	14400	1900	2.2	0.13	1865～1970
西 江	梧州	329705	7040	11000	1915	3250	1963	3.4	0.23	1900～1970
澜沧江	景 洪	137948	1850	3550	1966	1540	1960	1.6	0.17	1956～1970
怒 江	道街坝	118760	1676	1646	1962	1380	1959	1.4	0.12	1957～1970
雅鲁藏布江	奴下	191222	2010	2870	1962	1560	1957	1.8	0.20	1956～1957 1960～1968、1970

我国年径流 C_v 值的分布也同年径流分布一样，具有明显的地带性，但两者的趋势相反。年径流的 C_v 值反映地区年径流的相对变化程度，C_v 值大表明年径流变化剧烈，故 C_v 值从东南向西北增大，即从丰水带的 0.2～0.3 增至缺水带的 0.8～1.0。

年际极值比能直接反映年径流多年变化幅度。由表 1-9 可见，我国一些大河的年际极值比差异很大，淮河蚌埠水文站的值竟达 19.5。另外可见，C_v 值大的河流，其年际极值比一般也大，反之则小。

据分析，我国各主要河流的年径流多年变化过程线，都普遍出现 5 年以上的丰水、平水、枯水段。另据有关资料，在一些地区降水量年际变化可相差 5～6 倍之多。

上述情况表明，我国水资源在时程上分布的极不均匀性，不仅造成频繁的大面积水旱灾害，而且对水资源的开发利用十分不利，在干旱年份还加剧了缺水地区城市、工业与农业用水的困境。

第四节　我国水资源开发利用情况与主要问题

一、开发利用情况

除河道内用水（发电、航运、渔业、冲淤、与部分环境用水）外，我国 1980 年的用水分布情况如表 1-10 所示。

全国农业、工业、城市生活及其他用水总计为 $4562.35\times10^8 m^3$，不计台湾省为 $4437\times10^8 m^3$。后者中农业用水占 88.2%，工业用水占 10.3%（其中包括火力发电厂用水 3.5%），城市生活用水占 1.5%。如以考虑各种实际因素的可供水量计算，1980 年各流域的水资源开发利用程度如表 1-11 所示。全国水资源的开发利用很不平衡，南方各河流域的开发利用程度较低，北方的较高，其中海河流域高达 67.7%。地下水的开发利用程度也是北方高于南方，其中海河流域浅层地下水的开发利用率已达 84.4%。实际上，在缺水地区的工业与城市集中地段，水资源的开发利用程度远高于上述水平，如辽河流域的浑河、太子河地区地表水资源的开发利用率已达 59%，多数城市范围的地下水已过量开采。

全国 1980 年用水分布及其组成（$10^8 m^3$）　　　　表 1-10

流域（片）	总用水量		工业用水		城镇生活用水	农业用水				农村人畜	农副其他用水
	合计	地表水	地下水	小计	其中：火电厂		小计	灌溉			
								种植业	牧业	林业		
全国总用水量	4436.91	3817.91	619.00	457.32	157.48	67.69	3911.89	3580.61	34.64	41.08	212.62	42.95
占总用水量（%）	100	86	14	10.3	3.5	1.5	88.2	80.7	0.9	0.9	4.7	1.0
东北诸河	353.72	268.86	84.86	63.86	14.74	9.47	280.39	238.51	2.82	3.08	11.57	24.41
海河	383.88	181.44	202.44	48.69	11.78	10.72	324.47	304.25	1.10	3.56	14.97	0.59
淮河及山东半岛诸河	531.26	402.33	128.93	38.42	12.02	5.30	487.54	454.44	0.01	0.16	27.20	5.73
黄河	358.37	273.96	84.41	27.93	5.56	6.03	324.40	305.89	3.80	4.66	10.05	1
长江	1353.27	1286.25	67.02	208.76	92.65	22.34	1122.17	1041.10	3.14	0.41	74.84	2.68
华南诸河	660.64	654.52	6.12	45.86	18.09	9.47	605.31	551.23	—	0.01	53.82	0.25
东南诸河	193.14	188.05	5.09	16.03	2.06	2.14	174.97	166.14			8.84	
西南诸河	43.92	43.25	0.67	0.74	0.03	0.22	42.96	39.46	—	0.01	3.49	—
内陆河	558.71	519.25	39.46	7.03	0.55	2.02	549.68	479.59	23.77	29.19	7.84	9.29

注：表中数字未统计台湾省资料。计入台湾，我国 1980 年总用水量为 $4562.35 \times 10^8 m^3$（台湾农业用水 $99.24 \times 10^8 m^3$，工业用水 $13.05 \times 10^8 m^3$，城市生活用水 $13.15 \times 10^8 m^3$，合计 $125.44 \times 10^8 m^3$）。

全国各流域"1980"水资源开发利用程度（$10^8 m^3$）　　　表 1-11

流域（片）	河川径流			地下水		
	多年平均河川径流量	可供水量	开发利用程度（%）	平原地下水资源量	开采量	开采程度（%）
全国	27115	4144	15.3	1873.4	591	31.5
东北诸河	1653	295	17.8	330.1	95	28.8
海河	288	195	67.7	178.2	154	84.4
淮河及山东半岛诸河	741	406	54.8	296.7	119	40.1
黄河	560	240	42.8	157.2	84	53.4
长江	9513	1609	16.9	260.6	51	19.6
华南诸河	4685	697	14.9	92.7	3	3.2
东南诸河	2557	213	8.3	51.9	7	13.5
西南诸河	5853	43	0.7	—	—	—
内陆河	1164	446	38.3	506	78	15.4

注：1. 统计水平年以"1980"表示，主要以河道外需水进行供需分析。
　　2. 计算河川径流开发利用程度时，可供水量中外区调入水量未扣除。

表1-12为我国"1980"水平年用水量同一些国家相近年份用水量的对比情况。

中国"1980"水平年用水量同一些国家相近年份用水量对比　　　　　表1-12

国　家	年　份	总用水量 (10^8m^3)	占径流 (%)	人均用水量 (m^3/人)	占总用水量（%）			
					农　业	工　业	生　活	其　他
美　国	1975	4676	27.4	2184	48.7	43.4	7.9	
前苏联	1975	3316	7.6	1304	48.9	32.0	4.8	14.4
日　本	1981	882	16.0	792	65.8	18.2	16.0	
印　度	1974	4240	23.8	691	92.4	4.0	3.3	
法　国	1975	420	25.0	796	33.3	57.2	9.5	
英　国	1969	221	14.5	400	0.3	76.0	22.4	1.3
加拿大	1968	229	0.7	1070	13.5	81.5	5.0	
中　国	1980	4437	16.30	452	88.2	10.3	1.5	
全世界	1975	30000	6.4	744	70.0	21.0	5.0	4.0

以上述水平年为基础，我国各类用水具体情况及其后发展如下：

1. 农业用水

1980年，全国有效灌溉面积为$4869\times10^8m^2$（即7.3×10^8亩，约占耕地面积的48%），其中实际灌溉面积$4095\times10^8m^2$（6.14×10^8亩）。由此，以总人口计的人均灌溉面积为$494m^2$（0.74亩），相当于世界的平均数$467m^2$（0.7亩），如按农业人口计，则仅及世界农业人口平均数的57%。亩均灌溉水量，全国为$583m^3$，略低于1975年世界亩均灌溉水量$630m^3$，且北方（$365\sim540m^3$）低于南方（$541\sim886m^3$）。农村生活用水量约为$25\sim40$L/（人·d）。截至1990年底，全国已解决1.32×10^8人的用水困难问题（占总人数1.59×10^8人的83%），牲畜饮水也相应得到解决。

2. 工业用水

"1980"水平年全国各流域（片）一般工业（不包括火力发电厂）万元产值取水量，如表1-13所示。

"1980"水平年全国各流域（片）一般工业万元产值取水量　　　　　表1-13

流域（片）	万元产值取水量 (m^3/万元)	流域（片）	万元产值取水量 (m^3/万元)
东北诸河	595	华面诸河	844
海河	536	东南诸河	733
淮河及山东半岛诸河	488	西南诸河	731
黄河	642	内陆河	1260
长江	630	全国	620

同期,工业用水重复利用率约为20%~30%。

表1-14为我国部分城市1982~1985年及1988、1991年的工业用水重复率和万元产值取水量。

我国部分城市1982~1985年及1988、1991年工业用水重复利用率和万元产值取水量　　　表1-14

城　市	年　份	重复利用率① (%)	重复利用率② (%)		全市工业万元产值取水量② (m³/万元)	
			1988	1991	1988	1991
北京	1985	70	73.6	82.20		124.59
天津	1985	72.7	72.50	74.06	143.00	101.40
上海	1983	64.3	66.14	68.00	158.00	41.64
大连	1985	79.5	82.21	82.10	81.52	63.10
青岛	1984	77.3	80.64	79.51	62.00	55.60
沈阳	1984	40.0	58.16	70.64	129.80	85.63
重庆	1985	40.0	35.88	34.40	596.00	338.68
广州	1984	34.3	30.99	29.66	345.60	465.76
福州	1984	40.0	43.28			57.18
合肥	1985	53.0	59.96	57.71	120.9	180.90
贵阳	1985	25.7	40.06	65.35	228.0	197.36
济南	1985	50.0	71.91	85.85	179.32	112.00
太原	1984	83.8	82.47	82.00	262.00	138.40
西安	1982	66.0	48.10	66.37		66.08

① 引自《中国水资源利用》,1989年。
② 引自1988、1991年《城市节水统计年鉴》,未扣除火力发电厂用水。

另据城市建设部门统计,1988年我国城市工业产值为8621亿元(以1980年不变价格讲,占全国工业总产值的71.3%)。城市工业万元产值取水量平均为260m³(不包括直流式供水的火力发电厂用水)。此外,工业用水重复利用率据有关部门估计约为45%。尽管上述万元产值取水量同表1-13的统计范围不同,对工业用水重复利用率的估计偏高,但也表明经过十多年的努力,我国工业用水水平有了显著提高。

3. 城镇生活用水

以1980年城镇生活用水人口数计算,人均生活用水量(包括住宅生活用水及市政、公共建筑用水,即通常所谓的大生活用水量,下同)为117L/(人·d),大城市人均生活用水量约为100~200L/(人·d),低于国外大城市的一般水平(200~300L/(人·d))。

另据城市建设系统资料统计,至1992年末,我国共有城市517个,城市总人口(不包括市辖县)3.075亿人(其中非农业人口1.54亿人)。城市总供水能力达16036×10⁴m³/d,

其中市政供水系统水能力为 $7171\times10^4m^3/d$，自备水源供水能力为 $8865\times10^4m^3/d$。年供水总量为 $429\times10^8m^3$，其中生产用水 $285\times10^8m^3$，占 69.3%，生活用水 $117\times10^8m^3$（考虑漏损水量 $92\times10^8m^3$），占 25.8%，其他消耗占 4.9%。供水普及率 92.5%、人均生活用水量 186L/（人·d）（以 1.4 亿人计），城市人均生活用水量平均递增率约为 3%。

二、主要问题

由于我国水资源时空分布极不均衡，可供水量有限，耕地、人口、城市和工业相对较集中，用水量增长快，因此，在水资源开发利用上存在以下几方面的问题。

1. 供需矛盾突出

由上述有关情况可知，建国以来，随着我国工农业的迅速发展和城市化进程的加快，社会对水的需求迅速增长。在截至 1988 年的近 40 年内，全国总用水量增加约 4 倍，其中工业用水（火力发电厂除外）增加约 14 倍，城市生活用水量增加约 14 倍（计县、镇用水量为 16 倍），农业用水量增加约 3.5 倍；而且预计至 2000 年前，各类用水还将分别平均以 5%、7% 及 2% 的速度递增。由此可见，在工业与人口集中的城市承受了并将继续承受用水需求增长的巨大压力。由表 1-15 所列我国 1952～1988 年全国城市用水"供需比"（城市给水系统日供水能力与城市最大日需水量之比，未计自备水源供水系统的供、需水量，日变化系数以 1.33 计）的总体变化情况也可看出，自 70 年代初起，我国城市即开始存在水供不应求的矛盾。

1952～1988 年全国城市用水"供需比"　　　　表 1-15

年　份	1952	1957	1962	1965	1973	1978	1982	1986	1988
供需比	1.59	1.29	1.20	1.12	0.94	0.87	0.92	0.85	0.86

另据统计，1979～1988 年，我国城市总供水量年均增长 3.47%，而工业与城市生活需水量年均增长率估计分别为 4.0%、8.5%，需水量增长率大于实际供水能力增长率。实际上，1983 年在 236 个城市中即有 188 年城市不同程度缺水，日缺水量达 $1240\times10^4m^3$，虽然在此期间城市市政给水系统每年平均新增日供水能力 $300\sim350\times10^4m^3/d$，并采取了一系列节水措施，但是至 1989 年全国不同程度缺水的城市竟近 300 个，总的日缺水量仍在 $1000\times10^4m^3$ 以上，水的供需矛盾并未缓解。值得注意的是，在我国工农业经济比较发达、人口比较集中的地区，特别是缺水地区（海河及黄河下游平原、山东半岛、辽河平原及辽东半岛、汾渭地堑、淮北平原、四川盆地等）的一些地带与城市，水的供需矛盾尤为突出。由于缺水，水资源已成为一些地区及城市工业生产与经济发展的制约因素；由于缺水给城市居民生活造成许多困难与不便，成为社会生活中的一种隐忧，在一些地区、部门或城乡之间水的需求关系更趋紧张和复杂；有的地区和城市地下水严重超采，导致地下水漏斗不断扩大、地面沉降、水源污染及水质恶化、海水入侵以至地下水资源频于枯竭，水源供水能力下降等一系列不良后果。

另一方面，由于水源污染、长距离输水以及其他一些原因，城市给水工程的经济效益明显下降，单位工程造价数倍、数十倍的增长，供水成本大幅度增加，也在一定程度上加剧了水的供需矛盾。这种情况在供水设施能力不足的工程型缺水地区或城市的表现尤为明显。

建国以来，虽然农业用水量增加了 3.5 倍，其增长速度远低于城市生活与工业用水，但由于农业用水量的基数及在总用水量中的比重很大,因而在水资源不足的资源型缺水地区会直接或间接影响城市与工业用水。这类矛盾会长期存在。

2. 水的有效利用程度低

表 1-16 是 1980 年我国同几个经济发达国家国民生产总值(GNP)和水资源利用方面的指标数,虽然统计口径不尽相同,仍不失其宏观比较的意义。

1980 年中国同几个经济发达国家国民生产总值(GNP)和水资源利用指标数对比　　表 1-16

对比项目 \ 国家	中国	美国	日本	前苏联	前德意志联邦
国民生产总值(GNP)(10^4 美元)	4326	25765	14677	16469	6112
总取水量($10^8 m^3$)	4437	5220	882	3900	224
万元国民生产总值取水量(m^3/万美元)	10256	2026	600	2368	366

由表 1-5、1-16 可明显地看出,当时虽然我国的人均水资源量略低于日本,远低于美国与前苏联,但万元国民生产总值取水量却为美国的 5 倍、日本的 17 倍、前苏联的 4.3 倍,水的有效利用程度很低。因为国民生产总值是包括工业、农业、建筑业、运输业、商业净产值以及服务业(广义的)、政府部门收入、固定资产折旧在内的经济综合指标,其中用水量大而产出低的行业(如农业)占的比重很大,所以就数值而言,万元国民生产总值取水量自然大于工业万元产值取水量(按统一的币种计算)。至 80 年代末,尽管我国水资源利用水平有所提高,但并未根本改变上述状况。据 1988 年对我国 434 个城市的统计,城市的万元国内生产总值(GDP,以 1980 年不变价格计)取水量平均为 702m^3/万元;如以 28 个百万人口以上的大城市计算,平均为 654m^3/万元;如按同一币种折算并近似比较,仍高于表 1-16 国外 1980 年的指标值。

在城市中,工业是主要用水部门。水在工业生产中被利用的程度,可以在很大程度上反映城市的用水水平。我国城市 1988 年工业万元产值取水量平均为 286m^3/万元,1989 年降至 270m^3/万元,北京、天津、沈阳、上海、济南等城市低于 200m^3/万元,青岛、大连则低于 100m^3/万元;但是,不少城市的工业万元产值取水量却高达数百立方米。这表明,在国内各城市之间工业用水水平有一定差距,同国外相比差距更大。国外有些城市工业万元产值取水量仅为 20~30m^3/万元,如日本横滨市 1977 年折合人民币的工业万元产值取水量只不过 20.36m^3/万元。就城市工业生产用水重复利用率而言,即使按偏高估计,1989 年我国平均为 45%,只相当于日本 60 年代末、美国 70 年代初的水平,明显地低于现今工业发达国家 60%~75% 的一般水平。我国工业单位产品取水量也普遍偏高,同国外先进水平相比差距甚大(表 1-17)。

我国几种工业单位产品取水量　　表 1-17

单位产品取水量 \ 行业 \ 水平	啤酒 (m^3/t)	造纸 (m^3/t)	印染 (m^3/10m)	钢铁 (m^3/t)	火电 (L/(kW·h))	氯碱(离子膜法) (m^3/t)
国内较先进水平	15~23	100	2.5~3	25~55	10	35
发达国家水平	7~13	15	1~1.5	4~10	3	9

在城市生活用水方面，尽管我国目前居民生活水平还较低，生活用水量标准也不高，但仍然存在许多浪费现象。由于节水观念薄弱、装表率低或至今仍沿袭"包费制"、水价普遍过低、给水管线年久失修、节水器具未得普遍推广应用以及管理松弛等原因，居民住宅用水中的浪费现象还比较严重。例如，经对河北省12个城市的典型调查，卫生设施较完备的住宅用水中，卫生间冲洗用水高达住宅生活用水量的1/3（45L/（人·d））。城市公共建筑及市政用水中的浪费现象更为严重。据对华北地区北京、天津、石家庄等10个城市调查，这些城市公共建筑、市政用水所占的比重达55%～60%，而公共设施水平堪称一流的东京市公共建筑、市政用水所占的比重仅为37%。相形之下，我国一些城市公共建筑、市政用水所占的比重显然偏高。另据对219个公共建筑抽样调查，这些公共建筑空调用水量占总用量的14.3%，重复利用率仅为53.1%，卫生间用水占29.6%，淋浴用水占9.73%，总计为54%，还有相当的节水潜力。

3. 水体污染严重

图1-1表示我国1988～1993年污（废）水排放情况。从总体上看，全国污（废）水排放总量一直在$1×10^8m^3/d$上下波动，其中工业废水排放量虽逐年有所下降，但这些污（废）水绝大部分都未经处理而直接排入水体，构成水体污染。以1993年为例，全国污（废）水排放总量为$355.6×10^8m^3$，其中工业废水排放量为$219.5×10^8m^3$。工业废水中的COD量为$622×10^4t$，重金属、砷、氰化物、挥发酚、石油类污染物的排放量分别为1621、907、2840、4996及71399t。

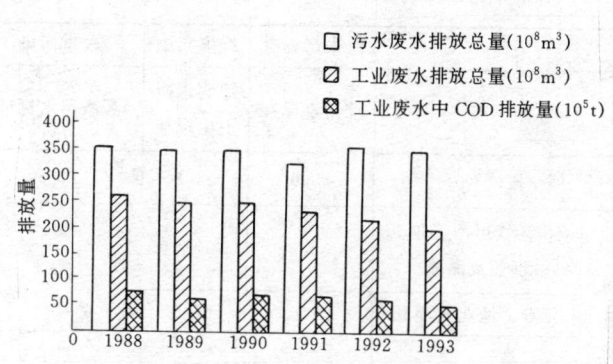

图1-1 中国1988～1993年污（废）水排放情况

从水质上看，1993年全国大江河干流水质状况基本良好，但流经城镇的河段、支流以及北方河流污染严重。表1-18为1993年各水系按《地面水环境质量标准》进行的水质评价情况。

1993年各水系水质评价情况　　　　表1-18

水系	水质评价重点河段数目	其中符合标准的河段点的比例（%）			污染类型
		1、2类	3类	4、5类	
七大水系和内陆河流	123	25.0	27.0	48	有机污染（氨氮、COD、BOD、挥发酚）
长江	50	37.0	31.0	32	主要为有机污染，部分为铜、砷化物
黄河支流河段	16	13.0	18.0	69	有机污染
珠江支流	7	29.0	40.0	31	氨氮、铜、砷化物
淮河	13	18.3	15.7	66	有机污染
松花江	6	0	38.0	62	汞、氨氮、挥发酚
辽河	8	0	13.0	87	有机污染、汞、铜
海河	16	0	50.0	50	有机污染
内陆河流	4	60.0	30.0	10	氨氮

城市地表水污染普遍严重。据对131条流经城市河流的统计，严重污染的有26条、重度污染的11条、中度污染的28条。其中符合1类水体标准的9条、符合2类水体标准的4条、符合3类水体标准的46条、属4、5类水体标准的72条，部分河段污染尤为严重。这些水体的主要污染物为石油类、氨氮、挥发酚、COD和生化需氧量。

我国湖泊普遍受到氮、磷等营养物质的污染，水库水质较好。

水体污染造成的直接后果是，水源的可利用程度下降、可利用水量减少，从而加深了水的供需矛盾。

表1-19为以评价河段长度（%）表示的1980年全国河川水资源等级及其可利用情况，以资对比。

1980年全国河川水资源等级与水利用情况 表1-19

评价等级	一	二	三	四	五	总计
污染程度	未污染	轻度污染	较重污染	重污染	严重污染	
水质标准	饮用水标准	地面水质卫生标准	灌溉用水标准	介于三～五之间	超过工业废水最高允许排放标准	
河段（%）	33.6	34.2	21.3	5.2	5.7	100
可利用情况（%）生活饮用、工业、渔业及灌溉	33.6					
可利用情况（%）工业、渔业及灌溉		67.8				
可利用情况（%）灌溉			89.1			
可利用情况（%）难以利用				5.2		
可利用情况（%）无用					5.7	

表1-19只能说明污染的一般状况，实际上在工业与城市比较集中的地区，特别是我国30多个日排水量大于$50 \times 10^4 m^3$的大中城市（上海、武汉、广州、重庆、北京、南京、天津、大连、吉林、沈阳等）及其附近水体污染都相当严重。河流的径污比（日平均流量与排污量之比）极小，例如，沈阳的浑河段径污比平均为2.8∶1，最枯年仅为0.38∶1。我国的一些重要经济区，如京津唐、沪杭宁及辽宁中部地区，占地面积仅为全国的4.1%，但城市排放水量约占全国的20%，是全国污染最集中最严重的地带。其结果往往构成缺水—污染—更缺水—更污染的恶性循环。近些年来，随农药用量的增加以及乡镇工业的发展，水体的污染呈由点向面、由干流向支流扩展之势。在大量使用农药且雨水、径流较丰沛以及乡镇工业比较发达的地区，农药与新的工业污染也不容忽视。

此外，据调查，全国以地下水源为主的城市，地下水几乎全部受到不同程度的污染。其中尤以北京、沈阳、包头、天津、西安、锦州、太原、保定的污染为重。地下水污染物一般以酚氰、砷、硝酸盐为主，铬、硫、汞次之。北方许多城市地下水的硬度、氯化物逐年上升以至超标。这些往往也使水的供需矛盾更趋紧张。

应该指出，由水体污染、生态平衡破坏，对人体与社会的危害以及所造成的各种损失是难以估量的。

4. 管理薄弱

从总体上讲，水资源管理应是统一、分层次的综合管理，其主要内容包括水资源保护、水资源开发利用与用水管理三部分。城市水资源管理是水资源管理的一方面。鉴于我国水资源开发利用已受到多种因素制约，城市水资源管理应处于强化管理阶段；面临越来越高的合理利用水资源的要求，城市水资源管理虽已有相应的发展和提高，但相对而言，这方面的管理是落后的。这表现在：至今没有统一而完善的管理体制和机构；有关法规、制度尚不健全；缺少配套的技术方针、技术政策与管理办法，其科学论证也嫌不足；技术力量与基础工作薄弱；管理手段落后。管理薄弱，是导致水资源未能合理利用的重要原因，在某种程度上也会影响顺利解决水的供需矛盾。

第五节 2000年及远期我国需水量预测与供需平衡概况

为适应社会经济发展，世界许多国家从60年代起即已重视中、远期以及未来（40～50年之后）水资源开发利用问题的研究。表1-20为我国及一些国家1975年至2000年的需求量变化预测（表中数值，印度自1974年，中国自1980年计算）。表1-21为2000年我国各流域（片）各类需水量分布情况。我国中期需水量，是以2000年国民经济发展战略目标为基础、按农业用水保证 $P=75\%$、工业与生活用水保证率按 $P=95\%$ 计算的，并设定2000年人口总数为12亿，耕地灌溉面积5443亿 m^2（8.16亿亩）、亩均用水595m^3，城市人口3.20亿（年平均递增率3.2%），城市人均用水量185L/（人·d），工业生产万元产值取水量：包括火电厂用水为650m^3/万元，不包括火电厂用水为400～500m^3/万元，相应的重复利用率平均为50%～60%。

由表1-20、1-21可见，在考虑节约用水的前提下，预计到2000年全国总需水量将近增加60%，平均年增长率为2.3%，低于世界平均增长率。农业、工业、城镇生活需水量占总需水量的比重分别为78.5%、18.4%、3.0%，而城镇生活、工业需水量平均增长速度则远高于农业。在这方面，工业与人口集中的城市将面临更大的冲击。据估计，从1990年起至2000年止，城市的总需水量将增加近70%，年平均递增率达5.4%。

中国及一些国家1975～2000年水需求量变化预测　　　　　　　　　表1-20

国家	多年河川平均径流量 (10^8m^3)	总需水量（2000年）				农业需水（2000年）			工业需水（2000年）			城市生活需水（2000年）		
		需水量 (10^8m^3)	占河川径流 (%)	人均用水量 (m^3)	增长率 (%)	需水量 (10^8m^3)	占总需水 (%)	增长率 (%)	需水量 (10^8m^3)	占总用水 (%)	增长率 (%)	需水量 (10^8m^3)	占总用水 (%)	增长率 (%)
全世界	470000	60000	12.8	945	2.8	34000	56.7	1.9	19000	31.7	4.5	4400	7.8	4.4
美 国	29702	4233	24.8	1622	0.38	2193	50.2	—	1528	36.1	-1.1	513	12.1	1.3
前苏联	43840	7000	16.0	2121	3.0	4200	60.0	3.9	2200	31.4	3.0	420	6.0	3.9
日 本	5470	1075～1255	19.6～22.9	773	1.9～2.5	637.8～705	56～59	0.53～1.0	229～312	21～25	1.48～3.0	214.6	18.7	3.8
印 度	17800	10130	56.9	958.6	3.4	8140	80.4	2.8	1670	16.5	9.1	320	3.2	3.2
法 国	1680	842	50.1	1368	2.8	230	27.3	2.0	570	67.7	3.5	42	5.0	0.2
中 国	27115	7096	23.2	591	2.3	5575	78.5	1.8	1302	18.4	5.3	219	3.0	6.0

注：增长率除印度、中国外，均为1975年至2000年的年平均递增率，印度自1974年，中国自1980年计算。

2000年各流域(片)需水量分布($10^8 m^3$)　　　　表1-21

分　区	总需水量	工业需水量	城镇生活需水量	农村需水量			
				合　计	农业灌溉	林牧业灌溉	农村人畜及其他用水
全国	7096.19	1302.18	218.97	5575.04	4847.72	216.86	510.46
东北诸河	732.43	173.90	30.47	535.06	375.08	32.27	127.71
海河	522.58	100.15	22.87	399.56	353.07	9.35	37.14
淮河及山东半岛诸河	823.59	144.31	19.48	659.80	623.10	—	36.70
黄河	432.42	78.70	10.63	343.09	310.86	13.74	18.49
长江	2517.05	578.10	99.39	1839.56	1690.40	—	149.16
华南诸河	993.29	128.03	25.16	840.10	751.50	—	88.60
东南诸河	325.21	67.49	5.90	272.79	223.95	—	27.87
西南诸河	68.83	3.80	1.10	63.93	58.40	0.02	5.51
内陆河	680.79	27.70	3.97	649.12	461.36	161.48	26.28

以上均为全国平均情况。总的讲，到2000年即使充分挖掘现有水利工程设施潜力，有计划地进行一系列的水利工程项目建设，全国可供水量总计为$6678\times10^8 m^3$，仍缺水$418\times10^8 m^3$。其中黄、淮、海、辽河流域缺水$267\times10^8 m^3$，占全国缺水量的64%，内陆片缺水$18\times10^8 m^3$，长江以及华南、东南、西南诸河4片缺水$121\times10^8 m^3$。表1-22为2000年各流域(片)水资源供需情况。

2000年各流域(片)水资源供需分析($P=75\%$)($10^8 m^3$)　　　　表1-22

分　区	可供水量	需水量	缺水量	缺水率
全国	6677.97	7096.19	418.22	5.9
东北诸河	677.93	732.43	54.50	7.4
(其中辽河)	(195.96)	(293.55)	(43.59)	(18.2)
海河	399.29	522.58	123.29	23.6
淮河及山东半岛诸河	745.78	823.59	77.81	9.5
黄河	409.97	432.42	22.45	5.2
长江	2437.93	2517.05	79.12	3.1
华南诸河	953.87	993.29	39.42	4.0
东南诸河	324.59	325.21	0.62	0.2
西南诸河	65.92	68.83	2.91	4.2
内陆河	662.69	680.79	18.10	2.7
(其中黄淮海辽)	(1751.00)	(2018.14)	(267.14)	(13.2)
占全国比例	26.2%	28.4%	63.9%	

实际上，在我国重要的工业、能源、经济作物基地和缺水地区的城市及其近郊，2000年所面临的缺水问题比面上的一般情况更为严重。例如，北京市每年缺水 $11.4\times10^8m^3$，天津市缺水 $26.2\times10^8m^3$，唐山与秦皇岛市缺水近 $7\times10^8m^3$，辽宁浑河太子河一带城市群总计缺水 $28\times10^8m^3$。由于这些地区水资源开发程度已很高，目前在连续干旱年份已入不敷出，潜力不大，因此至2000年要获得所需求的水量将付出更高的代价。

截至1995年底，我国已经提前5年完成1980年提出的国民生产总值翻两番的目标。1996年，第八届全国人民代表大会四次会议审查通过了我国经济与社会发展"九五"计划和2010年远景规划，要求于2000年在将人口控制在约13亿的前提下，使人均国民生产总值翻两番，并要求至2010年使国民生产总值在2000年的基础上再翻一番。由此，"九五"计划期间的经济增长率应控制在8%，2000～2010年的经济增长率大约为7%。这样，上述2000年我国水资源的需求量和供需平衡情况均会有较大的变化。鉴于有关水资源需求和供需平衡预测方面的基础工作薄弱，要重新进行详细评价是困难的。我们粗略估计，2000年我国的总需水量将在表1-21预测值的基础上再增加15%～20%，即年总需水量约在8000～$8400\times10^8m^3$之间，一些地区的缺水情况将更严重。对远期——2010年需水情况的估计，除考虑经济增长因素外，在很大程度上还要看经济与社会可持续发展战略方针的贯彻实施情况而定，具体还要看工农业生产技术（含科学管理）进步、水资源配置及其合理开发利用以及用水效率提高的状况而定。按国外经济发达国家的情况估计，届时我国的总需水量尤其是工业需水量的增长将会减缓，甚至可能呈停滞或负增长趋势。表1-23是作者新近对我国化工、机械、汽车及医药工业需水量增长情况所作的评价。应该说，我国目前或2000年的总需水量（取水量）当可同更高的国民总产值相适应（参看表1-16）。对此，应进行专门的研究，才可作出比较确切的全面评价。

1995～2000及2000～2010年我国化工、机械、汽车与医药工业需水量增长情况　　表1-23

工业部门	工业产值增长率（%）		需水量增长率（%）	
	1995～2000年	2000～2010年	1995～2000年	2000～2010年
化学	<8	<9	<3.5	<3
机械	13～14	～7	～7.1	～2.9
汽车	13～14	8～9	～2.5	～1.4
医药	～20	～15	～14	～4.7

面对当前和今后水资源短缺的形势，解决城市水资源的供需矛盾，原则上应从下列几方面入手：

1. 实行水资源的统一规划与管理，把用水问题，特别是城市和工业用水（节水）以及水环境保护问题纳入经济、社会发展计划，建立与健全相应的法规和制度，以充分开发利用水资源。

2. 认真贯彻开源与节流并重的方针，加强用水（节水）的科学管理，全面深入开展节约用水工作，进行水资源的优化配置，以最大限度提高水的利用效率。

3. 应通过多种途径开源，除有计划地进行水利工程设施建设、建立新水源外，还应根据不同情况利用海水、苦咸地下水和其他低质水，搞好污水回用，以扩大可利用水资源的范围。

4. 保持生态环境，加强水体保护、水土保持、涵养水源，增加可利用水量。

5. 积极进行跨流域调水的规划与实施，以求进一步缓解缺水地区水的供需矛盾。

第二章　给水水源的科学调配问题*

在我国，由于水资源的匮乏及其在地域上的分布不均，将会越来越多地遇到水资源调配问题。水资源的科学调配，特别是较大规模的跨地区、跨流域调配往往涉及到社会、工程、经济与生态等领域，因而是一个较复杂的问题。水资源本身具有动态性、随机性的特点，而水资源工程一般又是多目标、多宗旨的，这就使水资源的科学调配问题变得愈加复杂。

过去，由于计算技术的限制，人们对水资源调配问题的考虑一般是孤立的、静态的、经验的。近年来随着计算技术的发展，一种以系统科学作为理论基础，以现代电子计算机为工具的系统分析方法逐渐引进到水资源系统规划、设计、运行、管理中来，它与传统的工程技术相结合，开始形成了一种科学开发利用水资源的综合学科领域——水资源系统工程。水资源系统工程，是从系统的观点出发分析水资源问题，综合多学科的知识从错综复杂的现象中寻求各种内在联系与解决问题的思路；然后定量描述各主要因素之间的关系，建立相关模型并借助电子计算机寻找问题的最优方案，为科学决策提供可靠的依据。水资源系统工程的发展，有可能使许多过去难以解决的问题得以解决。

水资源系统工程研究问题的基本程序是系统化、模型化、最优化，从而使决策科学化。大体上讲，系统化阶段相当于总体设计或课题设计；模型化阶段是建立各种模型（数学模型、模拟模型、概念模型等），以定量描述所研究的系统；最优化阶段是科学地协调系统内各组成部分之间的关系，以实现最优规划、最优设计、最优管理。

水资源的科学调配也将是给水工程学科特别是取水工程的探索方向之一。

下面，以举例方式提出几个有关的问题。

一、水源布局问题

在缺水地区进行水源规划时，常要考虑整个区域或流域的水量合理分配或水源合理布局问题。

水量的合理分配至少有两方面的含义：使有限的水资源投入社会各经济部门所产生的效益（主要是间接效益）最佳；水资源本身在分配过程中的消耗（建设投资与经营管理费用）最少。如果不考虑前一种情况，后一种情况即成为单纯的水源合理布局问题。例如：

设某一地区，包括 n 个城市，各需水量 q_j ($j=1, 2, \cdots, n$)，另该地区有 m 个地点可设立水源，其中第 i 个水源 ($i=1, 2, \cdots, m$) 的建设费用为 a_i，建成后可提供水量 Q_i。从 i 水源到 j 城市建造输水管渠的费用为 b_{ij}，单位输水费用为 C_{ij}。问题的目标为在满足各城市需水量的前提下，合理布置水源，使其总建设费用与输水费用之和为最少。

对此问题可作如下抽象并建立数学模型：

对每一可设立水源的地点，是否在该处设立水源用变量 Y_i 描述，Y_i 可取值 0 或 1；$Y_i=0$ 表示不设水源，$Y_i=1$ 表示设立水源。

设由 i 水源供应 j 城市的水量为 X_{ij}，故输水费用为 $C_{ij}X_{ij}$。

由此，为满足 j 城市的需水量 q_j，可得线性等式：

$$X_{1j} + X_{2j} + \cdots\cdots + X_{mj} = q_j \tag{2-1}$$

第 i 水源的供水量为 Q_iY_i，因此有线性不等式：

$$X_{i1} + X_{i2} + \cdots\cdots + X_{in} \leqslant Q_iY_i \tag{2-2}$$

各水源的总建设费用为 $\sum\limits_{i=1}^{m} a_iY_i$

输水管渠的总建设费用为 $\sum\limits_{i=1}^{m}\sum\limits_{j=1}^{n} b_{ij}Y_i$

输水费用为 $\sum\limits_{i=1}^{m}\sum\limits_{j=1}^{n} C_{ij}X_{ij}$ (2-3)

由此问题的数学模型是：

目标函数

$$\min_i Z = \sum_{i=1}^{m}\sum_{j=1}^{n}(C_{ij}X_{ij} + b_{ij}Y_i) + \sum_{i=1}^{m}a_iY_i$$

约束条件

$$\begin{cases} X_{11} + X_{21} + \cdots\cdots + X_{m1} = q_1 \\ X_{12} + X_{22} + \cdots\cdots + X_{m2} = q_2 \\ \cdots\cdots \\ X_{1n} + X_{2n} + \cdots\cdots + X_{mn} = q_n \end{cases} \tag{2-4}$$

$$\begin{cases} X_{11} + X_{12} + \cdots\cdots + X_{1n} \leqslant Q_1Y_1 \\ X_{21} + X_{22} + \cdots\cdots + X_{2n} \leqslant Q_2Y_2 \\ \cdots\cdots \\ X_{m1} + X_{m2} + \cdots\cdots + X_{mn} \leqslant Q_mY_m \end{cases} \tag{2-5}$$

$$X_{ij} \geqslant 0 \tag{2-6}$$

Y_i 取值为 0 或 1。

实际上，这个问题要解决水源选择与水量分配两个问题。

每一 Y_i 有 0、1 两种可能，m 个 Y_i 有 2^m 个可能，即有 2^m 个水源选择方案，因此要解决 2^m 个水量分配问题。然后把输水费用与水源及输水管渠建设费用加起来逐一比较，从中选择一个最佳方案。可见，当 m、n 较大时，计算量很大，需应用计算机求解。但在实际工作中，有些方案显而易见是不合理的，因而可事先筛选以减少计算量。

上述问题是一线性规划问题，有着固定的解算程序，因而应用得较为广泛。在水资源规划工程中，只要目标函数和约束条件是线性的，而又不需要特别强调"时序"，都可以应用线性规划方法求解。

应用线性规划解决水资源工程问题的主要困难在于数学模型的建立及简化。在工程实践中，影响因素、制约因素极多，而且这些因素又相互耦合，理顺杂乱的影响因素、制约因素，确定目标并抽象出数学模型比较困难。在较大的水资源工程中，约束条件可达数百个，这些约束条件有时不一定全是线性的，因而问题的提取、模型的线性化、规范化是解决问题的关键。

二、水资源分配问题

随着国民经济的发展，许多城市都面临供水不足的局面，因而合理地分配有限的水资源使总体效益最佳也是一个比较现实的问题。例如：

有 n 个部门要求增加供水量；由于水源供水能力的限制，最多可增加供水量 Q，问题的目标为寻求合理的水量分配方案使总的水资源效益最佳。

这一问题可以用线性规划法求解，也可用动态规划法求解。

我们定义，用最优策略配水时，n 个部门因增加供水量而获得的最大间接收益为 $f_n(q)$，$0 \leqslant q \leqslant Q$；如果 X_i 代表分配给第 i 个部门的水量。显然，分配水量不会超过水源的供水量：

$$0 \leqslant X_i \leqslant q \tag{2-7}$$

分配水量的总和也不会超过 q，即：

$$\sum_{i=1}^{n} X_i \leqslant q \tag{2-8}$$

另一方面每一部门的净收益又是该部门分配到的水量的函数，用 $V_i(X)$ 来表示，则：

$$f_n(q) = \max \sum_{i=1}^{n} V_i(X) \tag{2-9}$$

若水量只配给第一个部门，则：

$$f_i(q) = \max\{V_i(X_i)\} \tag{2-10}$$

图 2-1 表示水资源工程中常见的典型的净收益函数曲线。这个曲线反映了净收益随供水量增减的变化情况。当分配水量 X 较小时，净收益 $V(x)$ 增长很快，但是当 X 增加到一定程度，$V(x)$ 的增长减慢，当 X 增加到 $X=a$ 时，$V(x)$ 达极大值。由方程（2-10）和图 2-1 可知，如果只向一个部门供水，当 $0 \leqslant q \leqslant a$ 时，全部水量应分配给部门 1，而当 $q > a$ 时，因使收益 V_i 为最大的分配水量 $x=a$，，故其余的水量 $(q-x)$ 应用于它处。此时 x 与 q 之间的关系如图 2-2 所示。

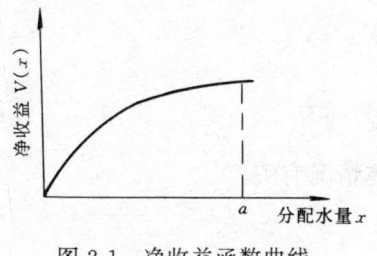
图 2-1 净收益函数曲线

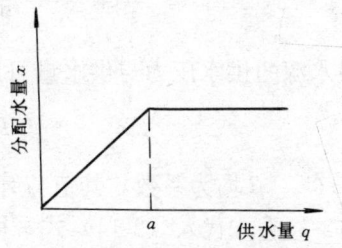
图 2-2 x、q 关系曲线

若向两个部门配水。分配给部门 2 的水量为 x，则分配给部门 1 的水量为 $(q-x)$。其净收益分别为 $V_2(x)$ 和 $f_1(q-x)$。如果 f_1 已由方程（2-10）确定，则：

$$f_2(q) = \max\{V_2(x) + f_1(q-x)\} \tag{2-11}$$

净收益函数 $V_2(x)$ 与 $V_1(x)$ 可能是相同的，也可能是不相同的。若 $V_2(x)$ 函数曲线上升段的斜率小于 $V_1(x)$ 即 $\frac{dV_2(x)}{dx} < \frac{dV_1(x)}{dx}$，则水量应优先分配给部门1，直到它的收益函数曲线的坡度小于部门2的时候为止。然后才把剩余水量分配给部门2。

对于有3个部门的情况：

$$f_3(q) = \max\{V_3(x) + f_2(q-x)\} \tag{2-12}$$
$$0 \leqslant x \leqslant q$$

如果按上述原则在向部门3配水 x 以后，其余部门的配水量为 $(q-x)$，如果对它们进行最优分配，则其余部门可得到如方程（2-11）所示的净收益 f_2。

对于 N 个部门的一般方程为：

$$f_N(q) = \max\{V_N(x) + f_{N-1}(q-x)\} \tag{2-13}$$
$$0 \leqslant x \leqslant q$$

这就是（2-9）式所要求的结果。

上例为有关问题动态规划过程的一个简单描述。实际上，水资源系统的优化过程是多阶段决策过程，动态规划是解决水资源系统优化问题的最有效的办法之一，它对系统的方程式类型、约束因素或费用泛涵没有任何限制，因此它能解决许多线性规划难于解决的问题。当求解水资源系统最优运行方式这类"时序"概念很强的问题时，几乎都采用动态规划法。

三、多水源给水系统的水量分配问题

多水源给水系统的工作情况较复杂，在此不考虑净水厂、二级泵站及给水管网的影响，只简要介绍解决类似问题的思路。

设某城市有 n 个水源，统一向城市输水，总供水量为 Q。设水源 i 的供水量为 Q_i 供水压力为 H_i。问题的目标为求各水源的供水量，使其运转费用最省，以达到优化分配的目的。

这一问题与前面所提的水源布局问题的不同点在于城市给水管网为统一的系统，水源 i 的供水量 Q_i 及供水压力 H_i 与其他水源的工作状态有关。

记 γ_i 为电耗系数，则目标函数为：

$$\min Z = \sum_{i=1}^{n} \gamma_i Q_i H_i \tag{2-14}$$

一般水源的供水压力与供水量可用下式表示：

$$H_i = C_{i0} + C_{i1} Q_i^\beta \tag{2-15}$$

式中 C_{i0}、C_{i1}、β 均为系数，其值与管网及泵站的具体情况有关。

将（2-15）式代入（2-14）式，得：

$$\min Z = \sum_{i=1}^{n} \gamma_i Q_i (C_{i0} + C_{i1} Q_i^\beta) \tag{2-16}$$

为了满足最不利点的服务水头 H_{ic}，可得下列约束条件：

$$H_i \geqslant H_{ic} + \Sigma h_i \tag{2-17}$$

Σh_i：i 水源到最不利点的水头损失。

设各水源供水压力上、下限分别为 H_{im}、H_{in}，供水能力的上、下限公别为 Q_{im}、Q_{in}，则：

$$H_{in} \leqslant H_i \leqslant H_{im} \tag{2-18}$$

$$Q_{in} \leqslant Q_i \leqslant Q_{im} \tag{2-19}$$

综合上述方程，可得问题的数学模型：
目标函数为：

$$\min Z = \sum_{i=1}^{n} \gamma_i Q_i (C_{i0} + C_{i1} Q_i^{\beta}) \tag{2-20}$$

约束条件为：

$$\begin{cases} C_{i0} + C_{i1} Q_i^{\beta} \geqslant H_{jc} \\ H_{jn} \leqslant C_{i0} + C_{i1} Q_i^{\beta} \leqslant H_{im} \\ Q_{in} \leqslant Q_i \leqslant Q_{im} \\ \sum_{i=1}^{m} Q_i = Q \end{cases} \tag{2-21}$$

实际上，这一模型还不能直接应用于工程实际。首先，模型还是概略的，与管网的实际工况有差距；其次，模型中各个系统的确定也较困难；第三，问题的求解很麻烦。这是一个非线性规划问题，迄今尚无普遍适用方法可以求解各种非线性规划问题，已研究出的各种方法都有自己特定的适用范围。

四、水资源分配中随机偏差的影响

工程实际中，各种技术经济指标的选取一般是由设计人员凭经验在一定范围内取定的，这不可避免地要产生某种偏差，从而可能对水资源的分配产生某种程度的影响。

由于偏差的产生是随机的，这类问题需用随机规划法解决。所谓随机规划法是指数学模型中的一部分参数为随机量时的一种优化。目前可解的随机规划问题还很有限且多属于线性问题。

【例】 某城市拟建 A、B 两水源，供城市生活用水及生产用水，并采取分质供水方式。按规划要求，两水源供生活用水量应不少于 $8 \times 10^4 \text{m}^3/\text{d}$，供生产用水量应不少于 $4 \times 10^4 \text{m}^3/\text{d}$。实际取水量：$A$ 水源不超过 $10 \times 10^4 \text{m}^3/\text{d}$，其中 70% 供生活用水，25% 供生产用水；$B$ 水源的取水量不超过 $13.5 \times 10^4 \text{m}^3/\text{d}$，其中供生活及生产用水的比重分别为 55% 和 35%。若两水源的单位造价平均为：$E(C_A) = 9 \times 10 \text{元}/(\text{m}^3 \cdot \text{d})$，$E(C_B) = 11 \times 10 \text{元}/(\text{m}^3 \cdot \text{d})$，试在上述条件下以最低造价确定水源水量分配方案。

【解】 设 A、B 两水源供水能力各为 X_1、X_2，根据题意，按一般线性规划：
目标函数为：

$$\min Z = 9X_1 + 11X_2 \tag{2-22}$$

约束条件为：

$$\begin{cases} X_1 \leqslant 10 \\ X_2 \leqslant 13.5 \\ 0.25X_1 + 0.35X_2 \geqslant 4 \\ 0.7X_1 + 0.55X_2 \geqslant 8 \end{cases} \quad (2\text{-}23)$$

解得结果为:

$$X_1 = 5.58 \times 10^4 \text{m}^3/\text{d}$$

$$X_2 = 7.44 \times 10^4 \text{m}^3/\text{d}$$

相应的最低总造价为 $Z_{min} = 132 \times 10$ 万元

由于平均单价与实际单价可能有一定的偏差,因而实际总造价有可能偏离所求得的总造价的最小期望值,这样就使求得的最优解背离了"最优"的原始含义。为此,我们有时宁愿按可能出现的偏离度为最小的目标来寻找最优解,偏离度的估计一般可采用方差 σ^2 来度量。

【例】 在相同条件下设 A、B 两水源平均建设单位的均方差各为 $\sigma_A = 1.0 \times 10$ 元$/(\text{m}^3 \cdot \text{d})$, $\sigma_B = 0.5 \times 10$ 元$/(\text{m}^3 \cdot \text{d})$,且设两单价间无相关性,试按总造价的可能偏差为最小确定水源水量分配方案。

【解】 按题意,目标函数应为:

$$Z' = (\sigma_A X_1)^2 + (\sigma_B X_2)^2 + 2\gamma_{AB}(\sigma_A X_1)(\sigma_B X_2)$$

由于单价之间无关,故 $\gamma_{AB} = 0$

代入题中的具体数值得:

$$\min Z' = (1 \times X_1)^2 + (0.5X_2)^2$$

问题的约束条件仍未变:

$$\begin{cases} X_1 \leqslant 10 \\ X_2 \leqslant 13.5 \\ 0.25X_1 + 0.35X_2 \geqslant 4 \\ 0.7X_1 + 0.55X_2 \geqslant 8 \end{cases}$$

由于在目标函数中出现了变量的二次式,所以问题已不再是线性规划。用图解法求解得:

$$X_1 = 3.3$$

$$X_2 = 10.35$$

且

$$Z'_{min} = 37.67$$

即

$$\sqrt{Z'_{min}} = 6.14 \times 10 \text{万元}$$

故两处水源的总造价的偏差可能是 6.14×10 万元。而相应的两座水源的总造价仍可按（2-22）式计算，其值为 $Z=143.6\times 10$ 万元。

由此可见，在本例中由于单价的偏差，导致的水量分配方案相差颇大。

上例中仅目标函数中的系数是随机量，而其余的系数都是确定量，这类问题可称为统计型随机规划。一般统计型随机规划的处理办法是设法使目标函数中的随机量转化为确定量，并按一般的数学规划方法求解。

此外，由于用水量的随机性，对水源的水量分配方案亦有一定的影响。

【例】 在原题条件下，要求两水源保证供给生活用水量大于 Q_1、供给生产用水量大于 Q_2 的可靠度分别为 $\alpha_1=0.95$、$\alpha_2=0.93$。Q_1 和 Q_2 服从正态分布，且已知其值各为 $E_1=8$ 和 $E_2=4$，均方差各为 $\sigma_1=0.8$ 和 $\sigma_2=0.5$，水源的平均造价指标不变，试在总造价为最小的条件下确定水源水量分配方案。

这一问题属随机约束规划，它的特点是某些约束条件有可能在很小的概率下破坏失效。对于线性体系，它的数学模型可写出如下：

目标函数为：

$$\max Z=\sum_{j=1}^{n}C_jX_j \tag{2-24}$$

约束条件为：

$$\begin{cases}\sum_{j=1}^{n}a_{ki}X_j\leqslant b_k;K=1,2,\cdots,L\\ P\left(\sum_{j=1}^{n}a_{ij}X_j\leqslant b_i\right)\geqslant a_i;i=L+1,\cdots,m\\ X_j\geqslant 0\end{cases}$$

式中 $P(\cdots\cdots)$ 表示括号内的表达式得以成立的概率，a_i 为该概率的给定值，$0\leqslant a_i\leqslant 1$，且一般应要求 a_i 接近于 1，以表示该约束条件破坏失效的概率 $(1-a_i)$ 很小。

这类问题的处理办法同统计型随机规划的处理办法类似，也要将概率形式的约束条件设法转化成确定形式的约束条件，然后再求解。

我们现在写出上例的数学模型：

目标函数为：

$$\min Z=9X_1+11X_2$$

约束条件为：

$$\begin{cases}X_1\leqslant 10\\ X_2\leqslant 13.5\\ P(0.7X_1+0.55X_2\geqslant Q_1)\geqslant 0.95\\ P(0.25X_1+0.35X_2\geqslant Q_2)\geqslant 0.93\end{cases}$$

且 Q_1、Q_2 服从正态分布：

$$Q_1 \Rightarrow N[8, 0.8]$$

$$Q_2 \Rightarrow N[4, 0.5]$$

按照概率理论，有：

$$\frac{Q_1 - 8}{0.8} \Rightarrow N[0,1]$$

$$\frac{Q_2 - 4}{0.5} \Rightarrow N[0,1]$$

且两个随机约束条件等价于下列两个非随机形约束条件：

$$0.7X_1 + 0.55X_2 \geqslant E_1 + \delta_1\sigma_1$$

$$0.25X_1 + 0.35X_1 \geqslant E_2 + \delta_2\sigma_2$$

当

$$P\left(\frac{V_1 - 8}{0.8} \leqslant \delta 1\right) = 0.95$$

$$P\left(\frac{V_2 - 4}{0.5} \leqslant \delta 2\right) = 0.93$$

时，查标准正态分布表，得到 $\delta_1 = 1.645, \delta_2 = 1.476$，，问题的随机约束条件可写作：

$$0.7X_1 + 0.55X_2 \geqslant 9.32$$

$$0.25X_1 + 0.35X_2 \geqslant 4.74$$

这样就可求得问题的最优解：

$$X_1 = 9.19$$

$$X_2 = 6.09$$

$$Z_{\min} = 155.9 \times 10 \text{ 万元}$$

与前面的结果相比较，两水源的供水能力都增大了，这是由于要确保供水安全的需要而引起的，相应的水源总造价也有所增加。

随机规划无论在理论上或对于具体问题的处理方法上都比确定性规划模型复杂，而且计算量也成倍增长。这种规划模型的理论研究至今还不成熟，具体应用更困难。但勿庸置疑，由于水文现象及工程问题中的随机性，应用随机规划将更切合实际。

五、水资源系统的谱系模型化及综合评价概念

自系统分析、优化技术引入到水资源系统以来，其分析问题的观点、处理问题的方法以及采用的计算手段都发生了根本性的变化，可以预计在不久的将来还会在与水资源系统分析及评价的下列两方面有较大的进展。

1. 水资源系统谱系模型化

目前，在水资源系统规划、设计的各个阶段是分别采用不同的模型。例如，在初始阶段，需要大量筛选方案时，常用较为简化的模型，以便于计算。在工程方案初步确定后，再

用模拟技术对经筛选得到的最有希望的少数方案作深入的分析比较,并进行必要的修改。

随着社会的发展,水资源日益匮乏,人们开始认识到,水资源管理需具备区域的概念,这样才可以从水量、水质及其对环境和社会的影响上来评价和协调各部门之间、城市之间对水资源的需求。这就使水资源系统成为一个十分庞大而复杂的系统。一方面,人们主观上希望建立一个严格代表真实系统的详尽而综合的逼真模型;另一方面又想在数学处理、优化技术上不会遇到克服不了的困难(如维数过高),由此而发展出一种新的建模方法——谱系多级分析法。该方法的基本思路是先分解后协调,首先将复杂系统(区域)分解成许多相互关联的子系统(子域区),它们各有自身的目标和约束,这种相对独立而又相互关联的子系统构成谱系的下级,由上级进行协调。上级则规定和实现全系统的目标,其任务是解决子系统之间的矛盾,并保证实现全系统的目标。

这种谱系多级分析法与一般的分析法相比,具有明显的优点:

(1) 减少维数。通过分解,将一个高维问题变成若干个低维的子问题,使原来无法求解的问题可以模型化、最优化。

(2) 子系统模型比较逼真,建立子系统模型也比较容易,不必作过多的简化,从而使模型更接近于真实系统。

(3) 便于套用现有模型。分析人员可以从文献现有的模型中经过识别、修改用作子系统模型,从而有助于较快地建立总体模型。

(4) 可根据子系统不同的目标函数选用最合适的优化技术求解。

(5) 可应用多准则分析原则,将系统按目标功能来分解,将不同的目标函数分配到相应子系统中,通过上级系统的协调变成一个多目标最优化问题。

(6) 便于模型的调试、修改,一个子系统的修改,不会影响到整个系统。

2. 水资源工程的综合评价

在水资源工程中,目前广泛采用的是经济准则,即将系统多目标规划的各种成果折算成统一的货币尺度作为评定方案的标准。但是一个水资源系统的规划,往往包含许多相互矛盾的目标,如经济的、环境的、技术的、社会的目标,这些目标的度量和评价实际很难用统一的尺度衡量比较,甚至有些目标很难定量来描述,且各目标的相对重要性也各不相同;因此要用单一的经济准则来评价投资的社会效果等是不全面的。近年来,人们更多地用一种变通的评价方法,使待决策问题(包括一些不定形的问题)能够更全面地建立在多尺度分析的基础上,这种建立在以权值系统作为决策准则的基础上的方法使我们有可能对方案进行全面的综合评价,而不一定要将规划成果转换成货币形式。例如,在应用评分法时,我们可将规划的目标分为效益目标和成本目标,并分别赋予权重;对于效益目标,又可以根据规划提出的各种效益的主次关系来排定各种效益目标的权重。最后我们将效益及成本按加权评分法择优。这种方法简单易行,还可反映每个目标的相对重要性。

应该指出,利用权值系统进行综合评价虽可考虑许多不定的因素,但出现了一定的主观随意性。这主要反映在权重定量方面。如果权重定量不够标准,所作出的决策就不一定是最优决策。但从总体上讲,这种分析法也许能更全面反映水资源系统多目标开发的本质。

第三章 给水水源工程概论

第一节 给水水源与取水工程

取水工程是给水工程系统的重要组成部分,其任务是按一定的可靠度要求从水源取水并将水送至给水处理厂或用户。由于水源的类型、状况及水源的布局对整个给水工程系统的组成、布局、建设、运行管理、工作的经济效益及可靠性有重大的影响,因此取水工程在给水工程中占有相当重要的地位。

从系统观点考察,取水工程是给水工程系统同系统外部——天然水源相关联的重要环节,它涉及的范围很广。对于取水工程,通常应从两方面进行研究。属于给水水源方面需要研究的有:各类天然水体的存在形式、运动变化规律、特点,作为给水水源的可能性以及为供水目的而进行的水源勘测、规划、调节治理、卫生防护、水资源分配与保护等问题。这些问题是分属于各有关学科讨论研究的,本书将顺便提及。属于取水工程的问题是:各种水源的选择与利用、水源布局、自各种水体中取水的方法、各种取水构筑物的构造型式、设计计算、施工、运行维护等。这些问题将着重在本书中讨论或涉及。

应当看到,随着社会的发展,在世界许多地区可用水量显得越来越匮乏,水资源问题已成为各国政府与科技工作者所面临的亟待解决的问题。取水工程是一门工程技术学科,它所涉及的主要是水资源问题中的取水技术,即在一定的技术经济条件下获得水质合格的可用水量的技术。由此可见,取水工程亦是水资源综合学科中的一个分支。

第二节 给水水源的特点及选择

一、给水水源的特点

给水水源可分为两大类:地下水源和地表水源。地下水源按水文地质条件和地下水的分类,包括潜水(无压地下水)、自流水(承压地下水)和泉水;地表水源按水体的存在形式有江河、湖泊、蓄水库和海洋。两类水源具有迥然不同的特点。

地下水受形成、埋藏、补给和分布条件的影响,一般有下列特点:水质澄清、色度低、水温较稳定变幅小、分布面广且较不易被污染;另一方面,水的矿化度和硬度较高,如铁、锰、钙、镁、氯根、硫酸根或氟离子等含量较大,径流量是有限的。在部分地区,受特定条件或污染的影响,可能出现水质较浑浊、有机物含量较多、矿化度很高或其他污染物质含量高的情况。

大部分地区的地表水源,因受各种地面因素影响较大,通常表现出与地下水源相反的特点,如浑浊度与水温变化幅度较大,水质易受污染;但是水的矿化度及硬度较低,含铁量及其他物质含量较少。上述地表水的一些特点的季节变化较大。地表水的径流量一般较大,径流情况的季节变化明显。此外,地表水的其他取水条件,如地形、地质、冰情、水流状况、水体变迁及人防卫生条件均较复杂。

相对地表水源与一定的条件而言，在一般情况下，采用地下水源具有以下优点：

1. 取水条件及取水构筑物的构造简单，便于施工与运行管理；

2. 对于一般用户而言，通常无需澄清处理，在水质不合要求时，水质处理程序一般比较简单，处理构筑物的投资及运行费用较低，并且可以在一定程度上简化给水系统。

3. 便于靠近用户建立水源，便于建立多水源给水系统，从而可以降低给水系统（特别是输水管、管网及调节构筑物）造价，减少电耗，提高给水系统的可靠性；

4. 便于分期修建，减少初次投资，从而也可以降低系统的运行管理成本（折旧费、资金占有所引起的费用）；

5. 人防、卫生条件较好；

6. 适合于矿区、铁路沿线、山区与小型给水系统，适于低温、恒温用水。

但是，对于规模较大的地下水取水工程而言，开发地下水源的勘察工作量较大，开采水量通常受到限制，而地表水源常能满足大量用水的需要。

二、给水水源选择的原则

根据我国的工程实践经验，选择水源时应注意以下原则：

首先，所选水源应水质良好、便于防护、水量充沛可靠。对水源水质而言，生活饮用水源要符合《生活饮用水卫生标准》中关于水源水质的规定；工业企业生产用水的水源水质则随生产性质与生产工艺要求而定。对于水源水量而言，按设计保证率，除满足当前生活、生产需要外，还应考虑发展的需要。地下水源的取水量应不大于其允许开采贮量，严禁盲目开采；天然河流的取水量应不大于该河流枯水期的可取水量❶。

符合卫生要求的地下水，可考虑优先作为生活饮用水源。鉴于开采和卫生条件，采用地下水源时，通常按泉水、承压水、潜水的顺序考虑。对工业企业生产用水而言，如水质、水量符合要求，经充分的技术经济论证，也应先考虑采用地下水源，但须经有关部门批准；否则，应考虑采用地表水源。采用地表水源时，须首先考虑自天然河道中取水的可能性，而后考虑河流的径流调节（筑坝蓄水）。

应当指出，在工程实际中当考虑建立较大规模的地下水源时应结合具体条件进行深入的技术经济分析。这是因为当采用不同类型的水源而引起的费用变化情况是很复杂的，例如，当取水规模很小时，地下水源的单位投资低于同等规模地表水源取水构筑物的单位投资；反之，则高于同等规模地表水源的单位投资；另一方面，如前所述，从整个系统分析，采用地下水源时可能会引起系统投资的节约。但是考虑到，由于地下水源比较分散、地下水取水构筑物的使用年限短、井泵的效率较低，由此而增加的运行管理费用可能超过因采用地下水源而节约的运行管理费用（如处理、输配水系统的运行管理费）。在这种情况下，应通过适当的技术经济比较（如常年费用分析法）才能作出正确的判断。根据我国的工程实践经验，当取水规模超过一定范围后采用地下水源很可能是不经济的。从技术上讲，采

---

❶ 当无坝取水时，河流枯水期可取水量应根据河流的水深、宽度、流速、流向和河床地形等因素，结合取水构筑物的型式，参照相似河段的取水量确定。在有利情况下，如河流窄而深、流速小，下游有浅滩、浅槽，在枯水期形成壅水，或取水河段为深槽时，则可取水量占枯水流量的百分比大致可达30%～50%，而在一般情况下，则在15%～25%左右。当无坝取水时，取水量占枯水流量的百分数比较大时，应对可取水量作充分论证，必要时需通过水力模型试验论证确定。

用地下水源，由于水源过多且过于分散，给水系统的组成和管理可能复杂化。此外，如果再考虑各种自然、规划条件，特别是城市工业与农业在用水和用地上的矛盾，情况也会相当复杂。

由此可见，上述关于采用地下水源的优点是相对的。建国以来，在工程实践中，我国一些地区在水源选择问题上曾经走过弯路。初期，因受经济条件限制，更主要的是由于对上述水源选择的技术经济条件认识不足，加上对我国城市与工业用水量的增长缺乏足够的估计，过份地强调开发利用地下水源的优越性，以致长期在许多城市与地区盲目地过量开采地下水，造成许多不良后果。

我国的工程实践经验还表明，如条件允许，在一个地区或城市，上述两种水源的开采和利用有时是相辅相成的。这对于用水量大、水质要求不同、自然条件复杂以及缺少水资源的地区或城市尤应注意。例如，在地区或城市的边远地带，地势较高的地段，对水质水压有特殊要求的用户，远期发展区等可考虑适当采用地下水源。这种地下水源与地表水源相结合的原则、集中与分散相结合的多水源给水的原则不仅能够发挥各类水源的潜力，而且对降低整个给水系统的投资，提高给水系统的经济效益，加强给水系统工作的可靠性有很大的作用。

选择水源时须全面考虑统筹安排，正确处理给水工程同有关部门，如工业、农业、水力发电、航运、环境保护等方面的关系，以求合理地综合开发利用水资源。这在缺水地区尤为重要，比如在适当的条件下利用经处理后的污水灌溉农田，在工业企业以至更大的范围内提高水的重复利用率（循环利用率与回用率），大力节约用水，以减少水源的取水量；在某些沿海地区，淡水缺乏，应尽可能考虑利用海水作为某些工业企业的给水水源；在某些地区和沿海地带，应注意控制因过量开采地下水而引起的地下水污染、海水入侵、地面沉降等问题；在北方地区随地表水调蓄程度的提高，水库水源的合理开发利用也是选择水源时应予以考虑的一个重要问题；此外，随着我国社会主义建设事业的发展，为解决远期社会对水资源的需求，会出现越来越多的远距离调水问题，由此而产生的各种矛盾需予妥善解决，这也是我国给水排水工程技术人员所面临的一项重大任务。

选择水源还应密切结合工业总体布局和城市近远期规划要求。

最后，选择水源时考虑取水工程本身和其他各种具体条件，如水文、水文地质、工程地质、地形、人防卫生、施工、运行管理等有很大的实际意义。

第三节 给水水源的可靠性

给水水源的建设与运行管理，应以最小的消耗保证顺利实现系统的功能目标。前面已多次提到给水水源对于给水系统有多方面的影响，保证系统的可靠性是给水水源的主要任务之一。给水水源的可靠性问题包含着多方面的内容，如天然水体和人工调节构筑物（水库）作给水水源的保证率、取水工程系统自身的可靠性问题，还有给水水源作为一个总体对整个给水系统可靠性的影响。上述每一个方面的内容都涉及到一些专门的知识并互相关联。从总体布局上讲，给水水源对给水系统可靠性的影响涉及水源类型、性质、规模、位置（相对于整个系统而言）与数量。本节仅就水源数量对整个系统可靠性的影响作一简要介绍，使读者对有关的内容有初步的印象。

根据定义，可靠度（无故障工作概率）$R(t)$ 为系统或组件在规定条件下和规定的时间内完成规定功能的概率。所谓组件，是一个相对的概念。就整个给水系统而言，给水水源系统（连同水源在内）可以看作为构成系统的一个子系统，其可靠度应根据组成给水水源的组件的可靠度确定，后者一般都借助于大量的统计资料求得。

与可靠度相对的概念（对立事件）是不可靠度 $F(t)$。显然，$R(t)+F(t)=1$（两者都是无故障工作时间 t 的函数，下面按常数对待）。

下面，以极简单的方式讨论两个问题。

一、水源数量对给水系统可靠度的影响

水源数量对给水系统可靠性指标的影响，可以举例说明如下：

某城市给水系统有三种水源方案：1. 单水源，供水量为 $1.2Q$；2. 两个水源，供水量各为 $0.6Q$；3. 三个水源，供水量各为 $0.4Q$。若水源发生故障，要求对城市给水系统的供水量不得低于 $0.6Q$，否则即引起给水系统功能障碍（故障）。

设各水源的可靠度均相等，为 $R_0=0.9$，则各方案对给水系统供水的可靠度 R 为：

1. 单水源　　　　$R=R_0=0.9$

   　　　　　　　$F=1-R=0.1$

2. 两个水源　　　$R=R_0^2+2R_0(1-R_0)$

   　　　　　　　$=2R_0-R_0^2$

   　　　　　　　$R=0.99$

   　　　　　　　$F=1-R=0.01$

3. 三个水源　　　$R=R_0^3+3R_0^2(1-R_0)+3R_0(1-R_0)^2$

   　　　　　　　$=R_0^3-3R_0^2+3R_0$

   　　　　　　　$R=0.999$

   　　　　　　　$F=1-R=0.001$

由此可见，上例中在投资数量基本相同的情况下，随水源数量的增加，水源的可靠度逐渐增加，水源向城市给水系统供水的不可靠度，则以一个数量级的速度迅速下降。

显而易见，上例中若各水源的可靠度不同、规模不同，其结果将发生相应变化。

二、多水源给水系统中水源规模与故障状态对系统可靠度的影响（举例）

城市给水系统由两个水源供水。若两水源中的任一水源均足可满足城市的需水量（即两水源之一的故障均不引起给水系统的故障），水源的可靠度分为 $R_1=0.92$，$R_2=0.85$，则整个水源对给水系统供水的可靠度为：

$$R=R_1+R_2-R_1R_2=0.988$$
$$F=1-0.988=0.012$$

如果两水源的规模与故障状态（水源可靠度不变）不同，则水源系统对给水系统可靠度的影响将发生变化：

1. 如果两个水源之一的故障不引起系统的故障，而另一系统的故障将引起系统的故障，显然这时水源对给水系统供水的可靠性应为 $R=0.92$。

2. 如果两水源中任一水源的故障均会引起整个系统的故障，则两个水源相对于城市供水系统相当于"串联"，这时水源对给水系统供水的可靠度应为 $R = 0.85$（薄弱环节）。

第四节 给水水源水质管理概念*

给水水源的特点之一是数量与质量的统一，即不仅要求有足够的水量，也要求有良好的水质。近一二十年以来，由于工农业的迅速发展，城市、工业企业排污量大量增加，农田广泛施用化肥、农药，使许多地区的水源受到严重污染、水质恶化。在这种情况下，加强对水资源的保护，改善水源水质，保证为社会提供更多的可用水量，已日益成为人们关注的亟待解决的重大课题之一。

近年来定量地描述、分析及预测水资源的水质变化规划，对水源水质进行宏观的、区域性的管理控制工作已得到相当的发展。这也是今后给水水源水质管理及卫生防护的努力方向之一。

1. 地下水水质模型

水质模型的建立及其在各种定解条件下的解算是定量描述、控制管理水源水质的基础工作之一。

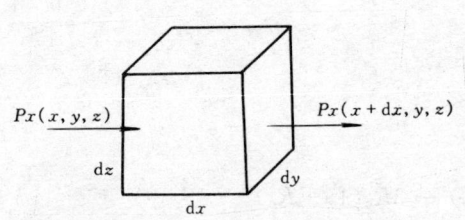

图 3-1 含水层微元体示意图

污染的地下水在含水层中的分布是空间和时间的函数。由于污染水与洁净水和含水层的相互作用，水中污染物的含量 $C(x,y,z,t)$ 随空间和时间而变化。若在含水层中取一个微元体来研究（图 3-1），微元体内物质的浓度变化是由三个方面的作用引起的。一是弥散作用，即在多孔介质中两种不同成分的可溶混流体之间过渡带的发生和发展过程。弥散有机械弥散与分子扩散两种形式。二是由液体平均整体运动而引起的物质通量，称为对流。三是源汇作用，即物质由于化学作用、生化作用或其他作用而引起的量的变化。

（1）弥散作用

设 M'_X、M'_Y、M'_Z 分别表示在 dt 时间内沿 x、y、z 轴方向由于弥散而引起的微元体内浓度的变化；P 为弥散通量，即单位时间在单位面积上由于弥散而通过的物质含量，则：

$$M'_X = [P_x(x,y,z) - P_x(x+dx,y,z)]dydzdt \tag{3-1}$$

或写为：

$$M'_X = -\frac{\partial P_x}{\partial x}dxdydzdt \tag{3-1'}$$

同理：

$$M'_Y = -\frac{\partial P_y}{\partial y}dxdydzdt \tag{3-2}$$

$$M'_Z = -\frac{\partial P_z}{\partial z}dxdydzdt \tag{3-3}$$

因而在 dt 时间内，由于弥散作用使整个微元体中物质浓度的改变量为：

$$M' = -\left(\frac{\partial P_x}{\partial x} + \frac{\partial P_y}{\partial y} + \frac{\partial P_z}{\partial z}\right) \mathrm{d}x\mathrm{d}y\mathrm{d}z\mathrm{d}t \tag{3-4}$$

(2) 对流作用

令 q 为单位渗流量（即渗流速度），并以 M''_x、M''_y、M''_z 分别表示在 dt 时间内沿 x、y、z 轴方向，由于水的平均整体运动（对流）而引起微元体内物质浓度的改变量，分别为：

$$M''_x = [cq_x(x,y,z) - cq_x(x+\mathrm{d}x,y,z)]\mathrm{d}y\mathrm{d}z\mathrm{d}t \tag{3-5}$$

或写成：

$$M''_x = -\frac{\partial(cq_x)}{\partial x}\mathrm{d}x\mathrm{d}y\mathrm{d}z\mathrm{d}t \tag{3-5'}$$

同理：

$$M''_y = -\frac{\partial(cq_y)}{\partial y}\mathrm{d}x\mathrm{d}y\mathrm{d}z\mathrm{d}t \tag{3-6}$$

$$M''_z = -\frac{\partial(cq_z)}{\partial z}\mathrm{d}x\mathrm{d}y\mathrm{d}z\mathrm{d}t \tag{3-7}$$

则：

$$M'' = -\left[\frac{\partial(cq_x)}{\partial x} + \frac{\partial(cq_y)}{\partial y} + \frac{\partial(cq_z)}{\partial z}\right]\mathrm{d}x\mathrm{d}y\mathrm{d}z\mathrm{d}t \tag{3-8}$$

(3) 源汇作用

微元体内由于化学作用、生化作用或其他作用而引起的物质浓度的改变量记为 $W\mathrm{d}x\mathrm{d}y\mathrm{d}z\mathrm{d}t$。

假设微元体内浓度随时间的变化率为 $\frac{\partial c}{\partial t}$，并以 n 表示其孔隙率，则在 dt 时段内，微元体内总的浓度改变量 M 为：

$$M = n\frac{\partial c}{\partial t}\mathrm{d}x\mathrm{d}y\mathrm{d}z\mathrm{d}t \tag{3-9}$$

根据质量守恒定律，有：

$$M = M' + M'' + W\mathrm{d}x\mathrm{d}y\mathrm{d}z\mathrm{d}t \tag{3-10}$$

将以上各式代入并整理，可得：

$$n\frac{\partial c}{\partial t} = -\left[\frac{\partial P_x}{\partial x} + \frac{\partial P_y}{\partial y} + \frac{\partial P_z}{\partial z}\right] - \left[\frac{\partial(cq_x)}{\partial x} + \frac{\partial(cq_y)}{\partial y} + \frac{\partial(cq_z)}{\partial z}\right] + W \tag{3-11}$$

或

$$n\frac{\partial c}{\partial t} = -\mathrm{div}P - \mathrm{div}(cq) + W \tag{3-12}$$

这就是物质在地下水流运移中，带有源汇项的三维弥散基本方程。

下面，讨论 P、q 的表达形式。

理论及实践证明，机械弥散与分子扩散均服从弗克（Fick）型线性扩散定律，即：

$$P = -D \cdot \mathrm{grad}C \tag{3-13}$$

式中 D——水动力弥散系数,包括机械弥散与分子扩散。

如果弥散是各向异性的,弥散主方向与坐标轴一致,则:

$$P_x = -D_x \frac{\partial c}{\partial x}; P_y = -D_y \frac{\partial c}{\partial y}; P_z = -D_z \frac{\partial c}{\partial z} \tag{3-14}$$

按达西定律,单位渗流量(滤速)与水力坡降成正比,即:

$$q = -k \cdot \text{grad} h \tag{3-15}$$

若地下水的主渗方向与坐标轴一致,则:

$$q_x = -k_x \frac{\partial h}{\partial x}; q_y = -k_y \frac{\partial h}{\partial y}; q_z = -k_z \frac{\partial h}{\partial z}$$

若在坐标轴的方向上 D_x、D_y、D_z 和 k_x、k_y、k_z 均为常量,将 P、q 的表达式代入(3-11)式,可得:

$$n\frac{\partial c}{\partial t} = D_x \frac{\partial^2 c}{\partial x^2} + D_y \frac{\partial^2 c}{\partial y^2} + D_z \frac{\partial^2 c}{\partial z^2} + k_x \frac{\partial}{\partial x}\left(c\frac{\partial h}{\partial x}\right)$$

$$+ k_y \frac{\partial}{\partial y}\left(c\frac{\partial h}{\partial y}\right) + k_z \frac{\partial}{\partial z}\left(c\frac{\partial h}{\partial z}\right) + W \tag{3-16}$$

或以滤速 v 表示 q,则有:

$$n\frac{\partial c}{\partial t} = D_x \frac{\partial^2 c}{\partial x^2} + D_y \frac{\partial^2 c}{\partial y^2} + D_z \frac{\partial^2 c}{\partial z^2} - v_x \frac{\partial c}{\partial x} - v_y \frac{\partial c}{\partial y} - v_z \frac{\partial c}{\partial z} + W \tag{3-16'}$$

2. 河流水质模型

取 x 轴与水流方向一致,y 为横向坐标,z 为垂向坐标,则应用类似的方法,可推导出河流水质模型:

$$\frac{\partial c}{\partial t} = E_x \frac{\partial^2 c}{\partial x^2} + E_y \frac{\partial^2 c}{\partial y^2} + E_z \frac{\partial^2 c}{\partial z^2} - u_x \frac{\partial c}{\partial x} - kc \tag{3-17}$$

式中 E_x、E_y、E_z——分别为污染物质在 x、y、z 轴方向上的扩散系数;

   u——河流流速,在河流中横向及垂向流速接近于零,故可只考虑水流方向上的对流项;

   kc——污染物质因降解作用减少量,即源汇项,k 为降解率。

如果作为稳定流情况,即河流的流量、流速以及排污口排放的污水量都是稳定的,则 $\frac{\partial c}{\partial t} = 0$,由(3-17)式可得:

$$u\frac{\partial c}{\partial x} = E_x \frac{\partial^2 c}{\partial x^2} + E_y \frac{\partial^2 c}{\partial y^2} + E_z \frac{\partial^2 c}{\partial z^2} - kc \tag{3-18}$$

对于较小的河流,污染物质几乎在断面中均匀混合,只有在水流方向上有浓度的沿程变化,因而无横向及垂向上的扩散现象,则:

$$u\frac{\partial c}{\partial x} = E_x \frac{\partial^2 c}{\partial x^2} - kc \tag{3-19}$$

一般纵向扩散项与对流项相比，数量很小，可以略去，故得：

$$u\frac{\partial c}{\partial x} = -kc \tag{3-20}$$

而$\frac{\partial x}{u}$恰为在 dx 河段水流运动的时间，故上式为：

$$\frac{dc}{dt} = -kc \tag{3-21}$$

这就是稳定流条件下河流的水质模型，也即是 Streeter-Phelps 模型。

3. 关于水质预测

有了水质模型，即可以描述给水水源水质的动态变化，从而提出水质管理规划。例如，我们可以利用地下水水质模型，来确定污染水从污染中心流入水源地的可能性，确定开采水中污染物的可能最大浓度，确定首批污染水流入水源地的时间，确定开采水中污染物浓度的变化；利用河流水质模型，确定河流的纳污能力，确定水源之上游污水厂 BOD 去除率（以便利用河流自净能力，减少处理费用），确定污染的治理方案。

当然，在实际工作中，还存在着模型的识别与参数的确定，特别是对地下水水质模型，由于水文地质条件复杂，模型的形式并非上述一种，其微分方程的求解也非易事。

地下水水质模型的应用一般要有以下步骤：

（1）确定目标和任务。首先应根据所考虑的实际问题确定研究的目标和任务，不同的问题会提出不同的任务，对结果的精度亦有不同的要求，而选用模型的复杂程度以及为建立模型所需要的野外工作量的多少主要取决于这一精度的要求。

（2）现场调查。收集有关地质、水文和环境方面的现场资料，包括含水层的分布和边界条件、非均质性、地下水的补给和开采情况；地下水与地表水的联系；现有的污染状况；污染源位置、大小和强度等。

（3）选择模型。现场调查的结果和问题的精度要求是选择模型的依据，不同的模型精度不同，使用范围不同，求解的难易也不同，选用时应予注意。

（4）现场试验。当模型类型确定后，通常遇到的问题是缺乏足够的历史观测资料。为了确定有关的水文地质参数，就要靠在现场进行各种规模的抽水试验和示踪剂注入试验。

（5）编制程序与整理数据。实际上，水质模型的求解大都要靠数值方法，因此必须编制相应问题的计算机程序，整理程序所要求的基本数据。

（6）模型检验。将各种参数代入到选定的水质模型程序中模拟已有的污染历史或试验过程，比较模拟结果与现场观测资料是否一致。否则，应对参数进行修正，直到拟合为止。

（7）模型运转。只要有了可靠的数学模型，便可根据问题提出的具体任务进行预测计算，预测各种条件下污染的发展趋势，也可用作水资源管理模型的组成部分。

河流水质模型的应用亦有类似的步骤，但由于河流的水文情况较地下水简单，加上多年的研究、应用，使用时不致遇到更多的困难。

有了水质预测结果，如何对给水水源提出管理规划？可以河流的水质管理为例加以说明。

【例】 设 n 个城市的废水排入同一条河流，并假设河流的流速不变，相邻两城之间河段的流量不变（如有支流汇入可视作虚设城市），水温不变。已知任一污水处理厂的最大

BOD 去除率为 90%；目标是在满足河流水质标准条件下确定各污水厂的处理程度，使总处理费用最低。

首先，我们要知道 BOD 在该河的降解规律；可以根据水质模型，选择适当的参数来描述这一规律，这样可得上游城市排出的 BOD 经过水体自净在河流中的去除率。

兹以下列符号表示：

P_j——j 城污水 BOD 含量，$j=1, 2, \cdots, n$；

P_{jk}——j 城排入河流的 BOD 经河流自净后的去除率；

η_j——j 城污水处理厂 BOD 去除率；

Q_j——j 城污水量；

Q——河流流量（不包括污水量）；

C_j——j 城污水处理费用；

B_i——i 河段的水质标准；

一般，污水处理厂的费用函数可表示为：

$$C = (K_1 + K_2 \eta K_3) Q K_4 \tag{3-22}$$

其中，K_1、K_2、K_3、K_4 均为与污水水质、污水厂运转情况有关的系数。

第 i 河段的河流 BOD 含量为：

$$\frac{\sum_{j=1}^{i} P_j (1 - \eta_j)(P_{ji}) Q_i}{Q + \sum_{j=1}^{i} Q_j}$$

因而可以列出问题的数学模型：

目标函数为：

$$\min Z = \sum_{j=1}^{n} C_j = \sum_{j=1}^{n} (K_{1j} + K_{2j} + \eta_j K_{3j}) Q_j K_{4j} \tag{3-23}$$

约束条件为：

$$\begin{cases} \dfrac{\sum_{j=1}^{i} P_j (1 - \eta_j) P_{ji} Q_j}{Q + \sum_{j=1}^{i} Q_j} \leqslant B_i \\ 0 \leqslant \eta_j \leqslant 0.90 \end{cases} \tag{3-24}$$

这是一个非线性规划问题，经求解后就可将得到考虑到水体自净能力的各处理厂的最佳运行方案。当用于给水水源的水质管理时，只需将 B_i（设取水口位于第 i 河段）的值赋予以相应的给水水源水质标准即可。

第五节 给水水源保护

选择城镇或工业企业给水水源时，通常都经过详细勘察和技术经济的论证，所采用的水源在水量和水质方面都已考虑到满足用户的要求。然而，由于各种自然因素及人类活动的影响，常使水源出现水量降低和水质恶化的现象，以致发生不能满足用户要求的严重后果。在此情况下，如改变水源，不仅对已在运行的给水系统是极其困难和不经济的，而且在缺水地区也是不可能的。因此，最根本的办法是预先采取保护水源、防止水源枯竭和被污染的措施。应该指出，只有采取预防性措施，才是保护给水水源最有效、最经济的办法。

水源保护措施涉及的范围甚广，它包括了整个水源和流域范围并涉及人类活动的各个领域和各种自然因素的影响。水源保护的一些措施还应该在给水系统运行中实施，如专门为生活饮用给水系统和水源规定的卫生防护范围内的措施。

一、保护给水水源的一般措施

前已述及，防止水源枯竭和污染是水源保护的两方面任务。

关于合理利用水源，防止水源枯竭，有以下几方面措施：

1. 配合经济计划部门制定水源开发利用规划。水源开发利用规划应作为城市和地区经济发展规划的组成部分来考虑，应当在国民经济发展总方针指导下，根据统筹兼顾、合理安排的原则，制定各部门用水规划、各种水源开发利用规划，以防滥肆开采，破坏水源。在制定规划时，应考虑：正确评价地表水和地下水资源；地表水和地下水综合利用问题；各种节水措施；各类可能的补充水源，如地下水人工补给（地下水回灌）、工业回用水、矿坑水和地下热水利用。

2. 加强水源的管理工作。对于地表水源要进行水文观测和预报；对于地下水源则要进行区域地下水动态观测，尤应注意开采漏斗区的观测，以便及时采取制止过量开采的措施。

3. 进行流域范围内的水土保持工作。水土流失不仅使农业遭受灾害，而且还加速河流淤积，减少地下径流，导致洪水流量增加和常水流量降低，不利于水量的常年利用。为此，要加强流域面积上的沟壑整治、植树造林，在河流上游和河源地区要防止滥伐森林、破坏植被。

关于防止水源水质污染和水质恶化，有以下几方面可行的措施：

1. 合理地进行城镇和工业区规划，减轻对水源的污染。容易造成污染危害的工厂，如化工、石油、电镀等厂应尽量放在城镇及水源地的下游。

2. 勘察新水源时，应从防止污染的角度，提出水源合理规划布局的意见，提出卫生防护要求与防护措施。

3. 对滨海及其他水质较差的地区，要注意由于开采地下水引起的水质恶化问题，如咸水入侵和同水质不良含水层发生水力联系等问题。

4. 进行水体污染调查研究与评价，建立水体污染监测网。水体污染调查评价要查明污染来源、污染途径、有害物质成分、污染范围、污染程度、危害情况与发展趋势。地下水源要结合地下水动态观测网点进行水质变化观测。对地表水源要在影响其水质的流域范围内建立一定数量的监测网点。建立水体监测网点是为了能及时掌握水体污染状况和各种有害污染物的动态，便于及时采取有效措施，制止对水源的污染。

二、给水水源的卫生防护

设计和使用水源时，应遵照我国《生活饮用水卫生标准》的规定，进行水源的卫生防护。

1. 地下水源的卫生防护

（1）取水构筑物的卫生防护范围主要取决于水文地质条件、取水构筑物的形式和附近地区的卫生状况,如覆盖层较厚、附近地区卫生状况较好时,防护范围可以适当减小。一般,在生产区外围不小于10m的范围内不得设立生活居住区、禽畜饲养场、渗水厕所、渗水坑;不得堆放垃圾、粪便、废渣或铺设污水渠道;应保持良好的卫生状况,并充分绿化。

(2) 为了防止取水构筑物周围含水层的污染,在单井或井群的影响半径范围内不得用工业废水或生活污水灌溉和施用有持久性或剧毒的农药,不得修建渗水坑、厕所、堆放废渣或铺设污水渠道,并不应从事破坏深层土层的活动。如果含水层在水井影响半径范围内不露出地面或含水层与地表水没有互补关系时,含水层不易受到污染,其防护范围可以适当减小。

(3) 地下水人工回灌时,回灌水的水质应严格控制,其水质应以不使当地地下水水质变坏或低于饮用水质标准为限。

2. 地表水源的卫生防护

(1) 为防止取水构筑物及其附近水域受到直接污染,在取水点周围半径不小于100m的水域内,不得停靠船只、游泳、捕捞和从事一切可能污染水源的活动,并应设有明显的范围标志。

(2) 为防止水体受到直接污染,在河流取水点上游1000m至下游100m的水域,不得排入工业废水和生活污水;其沿岸防护范围内不得堆放废渣、设置有害化学物品的仓库或堆栈、设立装卸垃圾、粪便及有毒物品的码头;沿岸农田不得用工业废水或生活污水灌溉及施用有持久性或剧毒的农药,并不应从事放牧。

供生活饮用的专用水库和湖泊,应视具体情况将整个水库、湖泊及其沿岸列入防护范围,其防护措施和上述相同

至于潮汐河流取水点上下游的防护范围,湖泊、水库取水点两侧的范围,沿岸防护范围的宽度,应根据地形、水文、卫生状况等具体情况确定。

(3) 在水厂生产区或单独设立的泵站和清水池等构筑物的防护范围不应小于10m(距外墙),其防护措施和地下水取水构筑物相同。

(4) 在地表水源取水点上游1000m以外,排放工业废水和生活污水,应符合现行的《工业"三废"排放标准》和《工业企业设计卫生标准》的要求;医疗卫生、科研和牧兽医等机构含病原体的污水,必须经过严格消毒处理,彻底消灭病原体后方准排放。

对于水源卫生防护地带以外的周围地区(包括地下含水层补给区),还应经常观察工业废水和生活污水排放及污水灌溉农田、传染病发病和事故污染等情况,如发现可能污染水源时,应及时采取必要措施,保护水源水质。

3. 国外水源卫生防护的某些规定

应该指出,随社会经济的发展和人民生活水平的提高,总的趋势是对给水水源的卫生防护要求会继续提高,保证水质方面的贮备也将增加。目前国外在卫生防护方面的某些规定与要求可作为借鉴:

(1)卫生防护带的划分及其防护措施是作为给水水源工程设计不可分割的组成部分,与设计同时由卫生与设计主管部门批准执行。

(2)卫生防护地带,划分为两个地带并明确标明界线。

对地下水源而言,卫生防护带的划分是在水文地质勘探的基础上根据地下水径流情况(流向、流速)、补给条件与补给范围等考虑的。第一卫生防护带——戒严带,包括取水井、

水泵站、处理系统与蓄水池所在范围，其大小是根据取水要求按管井范围为 0.25 公顷、大口井周围为 7000～10000m² 的面积确定的。在此范围内，地面降水应引至区外，严禁无关人员进入、工作人员不得常住。第二带——限制带，此带的界线应根据当地水文地质条件和地下水的利用性质确定，对其基本要求是防止含水层遭致各种可能的污染。

对地表水而言，第一带包括取水点附近的水体和取水构筑物、水泵站、净水系统与蓄水池所在的地带，其防护措施与地下水的相同。第二带，对小河流应包括影响水源水质的全部流域，对大、中河流应按水体自净能力确定其界线，其防护措施主要着眼于限制一切直接或间接污染水源水质的人类经济活动和其他活动。

可见，上述防护范围较大，界线明确，限制亦较严。

第二篇 地下水取水工程

第四章 地 下 水*

第一节 自然界中水的循环及地下水

自然界中的水存在于大气层（大气圈）、地表（水圈）及地壳（岩石圈），分别称为大气水、地表水（海洋、河川、湖泊等）和地下水。三者是互相联系的一个整体，并且在一定的条件下互相转化。它们之间的联系，从宏观上看，表现为水的水文循环：海洋和陆地表面的水由太阳热作用蒸发成水汽进入大气，大气中的水汽随气团移至上空并凝结成降水而落到地面（部分直接降到海面），大气降水一部分形成地表径流入海，一部分蒸发直接返回大气，另一部分渗入地下被含水层贮存、调节或转输，形成所谓的地下水。地下水又由于地下自然径流、植物蒸散或人类活动而重返地表或大气，处于动态平衡状态。这种循环对地下水的形成有决定性的意义。此外，尚有部分地下水是由冷凝和分子凝结（吸收）作用而构成的凝结水，在内陆干旱地区有时这是主要的；还有初生水，它是伴随岩浆凝结而分离出来的，如某些矿泉水；共生水，如伴随岩石沉积而封存于地层中的水，我国西北地区某些盐湖盆地之下的地下淡水、渤海湾海底下部的淡水、华北平原东部部分地层中残留的盐水等即属此类。但这些都不是地下水的主要来源。

第二节 岩石的一般特性与地下水在岩石中存在的形式

组成地壳之岩石，按其地质成因可分为岩浆岩（火成岩）、沉积岩、变质岩三种。岩浆岩和变质岩多为坚硬的岩石，而沉积岩由于各种地质作用可分为疏松的和胶结的两种。疏松的沉积岩主要形成于近代，如砂、砾、粘土（以后也统称为土）层等，其中于第四纪形成的称为第四纪层。胶结的沉积岩形成的年代一般较古老，如砂岩、砾岩、页岩等。作为各种水源的地下水即存在于上述各种岩石的空隙：孔隙、裂隙、溶洞—喀斯特之中。通常，在冲积层中的地下水多属前种，也就是人们利用和研究最多的一种，存在于裂隙和溶洞中的水多见于基岩（非疏松岩层之统称）区，分别称为裂隙水和喀斯特水。

岩石孔隙（以后如无特别说明，所说的孔隙即泛指各种空隙）的特性对于地下水的存在及运动有很大影响。对于疏松的岩石而言，孔隙即颗粒集合体之间的空隙，以孔隙率表示：

$$n = \frac{V_P}{V} \text{ 或 } n = \frac{V_P}{V} \times 100\% \tag{4-1}$$

式中 V_P——岩样中孔隙的体积；

V——岩样的总体积。

n 的大小与颗粒的大小、形状、分选程度（均匀性）及排列情况（沉积条件）有关，一般在 20%～40% 之间。显然，疏松岩石的颗粒越均匀、越小、棱角越多、排列疏松，则孔隙率越大，岩石容纳的水量也大。但是，岩石的透水性并不一定同孔隙率的大小成正比，例如，粘土的孔隙率高达 40%～55%，而透水性却很差。

孔隙大小是影响岩石透水性的重要指标。一般地讲，孔隙越小，水与颗粒接触面越大，水运动时的阻力越大。例如，对细、粉砂地层，即使在较大的水力坡降下，水流运动也极缓。

在工程实践中，除孔隙率外，还可以从不同方面用一系列的特征或方法来表示岩石的这一类特性。例如：

1. 颗粒尺寸

按颗粒大小分类，见表 4-1。

岩石颗粒大小分类　　　　表 4-1

岩 石 名 称	颗粒直径（mm）	岩 石 名 称	颗粒直径（mm）
粘土类	<0.005	砾砂	1.0～2.0
粉土	0.005～0.05	细砾砂	2.0～3.0
粉砂	0.05～0.1	中砾砂	3.0～5.0
细砂	0.1～0.25	粗砾石	5.0～10（20）
中砂	0.25～0.5	卵石	20～60
粗砂	0.5～1.0	漂石	>60

2. 以圆度、球度表示砂砾颗粒形状

这是两个相似但又有区别的概念。圆度表示颗粒角的扩张程度，球度表示颗粒接近于球形的程度（以其长宽比衡量）。粘土质颗粒的形状和结构远比砂砾石复杂。

3. 颗粒筛分曲线（级配曲线）

图 4-1 为在半对数坐标纸上表示的各种疏松岩石的筛分曲线。用这种办法可以说明岩石的多种特性，如颗粒大小、均匀性（一般以 $\eta = d_{60}/d_{10}$ 表示）、颗粒的组成情况，进而

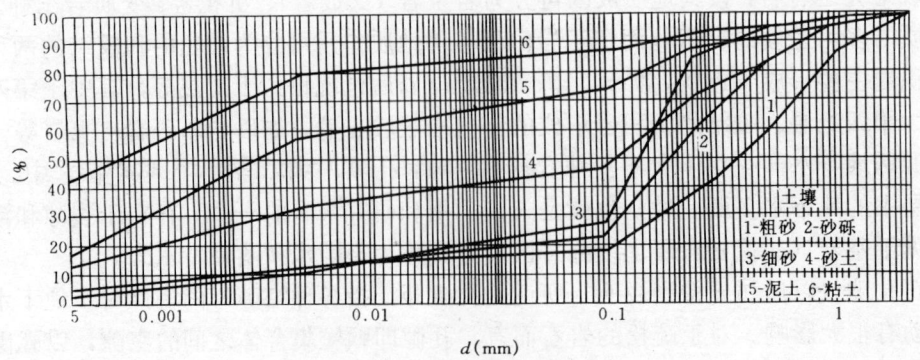

图 4-1 颗粒筛分曲线

还可以判断岩石的其他特性,如透水性、渗透稳定性等,因此很重要。

4. 排列情况。

由于影响疏松岩层天然排列情况的因素很多,情况又十分复杂,至今还缺乏适当的判断方法。孔隙率只能间接地反映一个侧面,即颗粒排列的密实性。对另一些影响地下水运动的重要特征,如岩层透水性的方向性,只能求助于特殊试验进行,即使是孔隙率,由于要取未经扰动的土样,欲测得精确结果也非易事。

对于裂隙或喀斯特岩层,其裂隙率或喀斯特率可类似地以(4-1)式表示。对其他不同于疏散岩层的特征应作专门地质描述。

水在岩石中存在的形式,通常分作汽态水、吸着水、薄膜水、重力水和毛细管水。

汽态水同空气一道存在于未被水饱和的地层空隙中。它的特点与水蒸气相同,有很大的活动性,能从绝对湿度大的地方向绝对湿度小的地方移动,汽态水主要来自大气圈或岩石中水分的蒸发,遇冷凝结。因此对岩层中水的重分布有很大影响。

吸着水是由大于大气压力1000倍的分子力和静电引力的作用吸附于岩石颗粒表面的水,约数十排分子层的厚度,结合很牢固。因此表现出一系列不同于普通水的特征,只有在温度大于105~110℃时,吸着水才能转化为汽态水。在细颗粒和粘土质岩石中吸着水含量可达15%~18%,在砂土中含量不超过5%。

在吸着水外围,分子力和静电引力影响逐渐减小,在厚度约数百个水分子直径范围内的一层水膜称为薄膜水。它同颗粒的结合不如吸着水那样牢固,呈现一系列过渡性的特征,如:(1)不受重力影响,不传递静水压力;(2)可自膜较厚处移至较薄处;(3)冰点为-15℃;(4)粘性大,溶解盐类的能力差;(5)外层水能被植物吸收。实际上,吸着水和薄膜水之间并无明确分界面。

当薄膜厚度继续增大,分子力和静电引力不能继续吸引薄膜外层的水时,水即受重力影响而移动,这样就形成可以"自由"移动的所谓重力水。它的特征和普通水相同,其运动完全服从水力学规律。重力水就是我们所说的用作水源的地下水,也是以后各章研究讨论的对象。

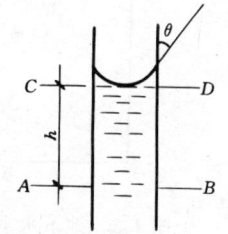

图 4-2 毛细管水上升高度

此外,在地下水潜水位上还存着毛细管水。它是由于水与颗粒表面分子力的作用——毛细管力超过重力,使部分地下水上升到某一高度而产生的。毛细管水可以部分(如空隙角处)或全部充斥于岩石空隙中。在圆形断面的毛细管中,毛细管水的上升高度为(图4-2):

$$h = \frac{2\tau}{r\gamma}\cos\theta$$

式中 τ——水的表面张力(10℃,0.074g/cm);

γ——水的容重(1g/cm³);

r——毛细管的半径(cm);

θ——毛细管水面与管壁的交角。

在疏松岩石中,毛细管水上升高度不仅与毛细管直径而且与颗粒形状、排列有关,情况甚为复杂,其极限上升高度大致为:

粗砂　　2.0～3.5cm
中砂　　12.0～35.0cm
细砂　　35.0～120cm
亚砂土　120～350cm
亚粘土　250～650cm

在图 4-2 中，如 AB 面上为大气压 p_a，则 CD 面上之压力为 $p = p_a - \gamma h_c$，由 AB 面到 CD 面压力从 p_a 到 p 呈直线变化。可见，毛细管面随地下水位而变动，通常所述的地下水运动也存在于毛细管区，这点有时被用于较精确的地下水渗流计算中。

第三节　地下水的垂直分布与岩石的水理性质

按地下水的存在形式，地下水的垂直分布如图 4-3 所示。地下水位以下的岩石孔隙为重力水充满，称为饱和带。地下水位以上至地表未被地下水所饱和的一段称为包气带。包气带自下而上又分为毛细管水带、中间带（吸着水和薄膜水）和土壤水带（吸着水）。具有实际开采价值的是饱和水带，因只有重力水才能被取水构筑物集取。

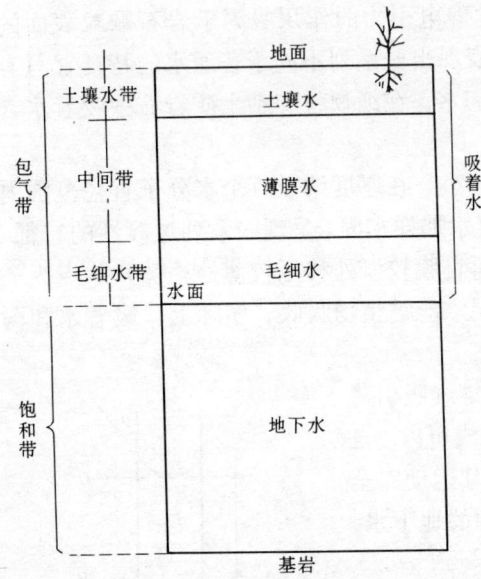

图 4-3　地下水垂直分布图

岩石孔隙中的重力水被排除以后，仍保留着吸着水、薄膜水以及存在于孔隙角的毛细管水。岩石的这种容纳并保持一定水量的性能，称为持水度（容水度），如以 μ' 表示，则：

$$\mu' = \frac{V_r}{V} \tag{4-2}$$

式中　V_r——某一体积岩石孔隙中所保持的水量；
　　　V——岩石的总体积。

另一方面，岩石能排出一定水量（重力水）的能力称为给水度，如以 μ 表示，则：

$$\mu = \frac{V_y}{V} \tag{4-3}$$

式中　V_y——某一体积岩石能排出的水量；
　　　V——岩石的总体积。

持水度、给水度与岩石颗粒直径、级配、形状、沉积情况、密实度、水温以及水自岩石中排出的时间等因素有关。图 4-4 表示随颗粒粒径变化、岩石的孔隙率、给水度与持水度的变化情况以及它们之间的相互关系。

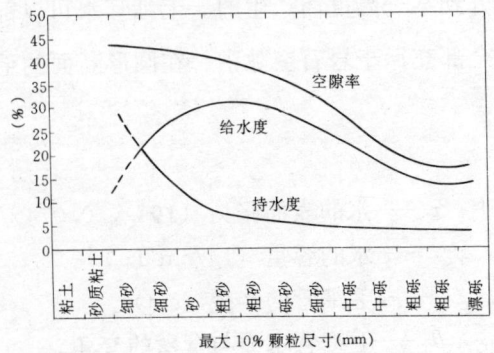

图 4-4　n、μ、μ' 随岩石颗粒粒径变化曲线

给水度或持水度是表示岩石水理性质和判断地下水贮量的重要水文地质参数，其变化范围一般在10%～35%之间。表 4-2 为各种砂砾土给水度的参考值。

砂砾给水度参考值　　　　　　　　表 4-2

岩　石　名　称	给水度（%）	岩　石　名　称	给水度（%）
粘质砂土	8～12	粗　砂	19～23
粉　砂	11～15	砂　砾　石	22～25
细　砂	14～18	砂　卵　石	25～28
中　砂	17～21	粘土质砂石	2～3

正确测定或估计给水度有很大的实际意义。目前用以测定或估计给水度的方法有下列几种：

1．在实验室条件下使岩样充水或排水；
2．在现场条件下使地下水位上部岩层充水或排水；
3．地下水位下降后随即在毛细管区的上部取岩样测定其中的含水量；
4．现场扬水试验，已知井的抽取水量，估计被这部分水量占据的岩层体积；
5．已知地面渗透补给条件及补给水量，估计为这部分水量饱和的岩层体积；
6．用离心法测定岩样的"水分当量"（即在1000倍于重力的离心力作用下，岩样中剩余的水量与干燥岩样重量之比，即相当于吸着水、薄膜水的总量），间接估计岩样的给水度；
7．根据筛分曲线估计孔隙率、持水度和给水度。

上述方法各有利弊。实验室测定由于岩样被扰动结果不准确；而现场测定工程量大、困难较多。工程实际中以扬水试验法多用。

除持水度、给水度之外，透水性也是岩石的重要水理性质之一。它表示岩石允许水通过的性能，通常以渗透系数 K 表示（见第五章）。透水性与孔隙的大小密切相关，孔隙越大透水性越强，反之则弱。按透水性一般可将岩石分为三类：

1．透水性岩石：卵石、砾石、砂、裂隙和喀斯特比较发育的基岩，疏松砂岩、砾岩等。由这种岩石组成的含水层称为透水层，也是有实际开采价值的含水层。
2．弱透水性岩石：亚砂土、黄土、泥炭。
3．不透水性岩石：粘土、亚粘土、无裂隙或溶洞的沉积岩、变质岩或火成岩。

由后两种岩石构成的岩层，通常称为不透水层。即使其中有的可被地下水所饱和（如粘土、亚粘土），但由于透水性差，给水度小，不宜开采。

图 4-5 是按岩石的渗透率（第五章第二节）对疏松岩石透水性的分类。

渗透率 K_0（达西）	10^5	10^4	10^3	10^2	10	1	10^{-1}	10^{-2}	10^{-3}	10^{-4}	10^{-5}
岩石种类	清洁砾石		清洁砂土砾石夹砂			细砂 粘土	粉砂 水积石	砂夹粘土及层状粘土		粘土	
透水性	透水层					弱透水层			不透水层		

图 4-5　岩石透水性分类

第四节 水文地质条件与地下水的分类

任何具有开采价值的地下水源,都有一定的形成条件。这些条件概括地讲,分岩石、构造、地史、气候、地理五方面。例如,岩石条件,首先必须有疏松多孔的沉积岩,有溶洞的石灰岩、石膏及其他碳酸含量高的沉积岩,或者具有大量裂隙的各种基岩,这是基本的先决条件。再如构造条件,应使上述透水层具备能够积蓄地下水的各种地质构造,如下降构造单元(形成沉积)、盆地(有利于汇集水)、向斜构造(利于存水)等。此外,历史条件、气候条件及地理条件对于地下水的形成也会产生各种不同的影响。

按地下水的形成和其他条件,可以从不同角度对地下水进行分类。下面列举的是比较实用于给水水源的地下水分类和其特点。

1. 上层滞水

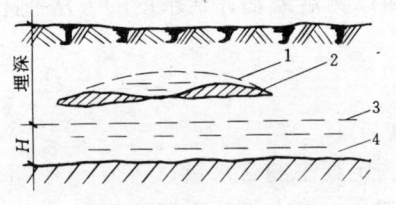

图 4-6 上层滞水形成条件示意图
1—上层滞水;2—不透水透镜体;
3—地下水位;4—地下水

图 4-6 表示上层滞水的形成条件,它实际上是在地表以下包气带中留存于某些不透水透镜体上的地下水。这类地下水的特点是:量小且直接决定于不透水透镜体的分布面积;靠近地表,直接靠大气降水补给,故季节性变化大,水量极不稳定,水质差,易污染。这种地下水通常只能作小型、临时水源。

2. 潜水

地表以下第一隔水层(不透水层)之上的地下水称为潜水。图 4-7 中的潜水为不承压即有自由水面的地下水,有时可局部承压。按地下水径流情况,潜水一般都有补给区、分布区和泄水区。这种地下水分布很广,除第四纪层外也可分布于基岩风化带。根据形成条件,潜水又有下列类型:

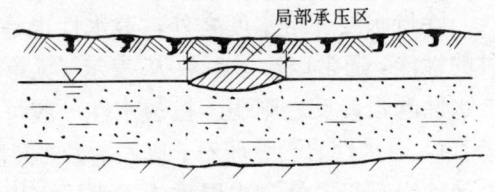

图 4-7 潜水形成条件示意图

(1) 河谷冲积层潜水,广泛分布于我国平原地区及各河流沿岸;
(2) 冰川沉积层潜水,主要分布于青藏高原;
(3) 山前平原洪积冲积层潜水,广泛分布于大青山、天山、祁连山、太行山等山麓;
(4) 草原、沙漠、半沙漠潜水;
(5) 滨海砂层地下水;
(6) 基岩裂隙潜水,分布于山区。

潜水的特点是:靠近地表,分布与补给区基本一致,主要靠大气降水补给,水量变化大且较不稳定;同地表水的联系较密切;水质差,较易污染。

这种地下水广泛用作各种水源。

对于潜水或不承压的层间水,通常统称为不承压或无压含水层,可用含水层的埋深和厚度来表示其水力特征（图4-7），它们与地下水位直接相关，而地下水位又受到许多因素影响，特别以降水、河水水位及人工扬水的影响最大。地下水位的变化反映含水层贮水量的改变，通常以贮留系数表示。含水层的贮留系数可以这样定义，即由每单位含水层水位（或水头）的垂直变化而引起的单位面积下含水层贮存或释放的水量。显然，对于无压含水层，贮留系数即相当于给水度。因此，地下水位、含水层的埋深和厚度等水力特征以及相应的水理性质是地下水取水构筑物设计计算的重要依据。

3. 承压水（自流水）

埋藏于两个不透水层之间含水层中的地下水称为层间水。按含水层的水力状况，层间水有承压（图4-8）和不承压之分。当承压层间水的水头高于地表时即为"自流水"，不过习惯上常不管承压水头的大小也将自流水称为承压水（从计算角度），或者不加严格区分。

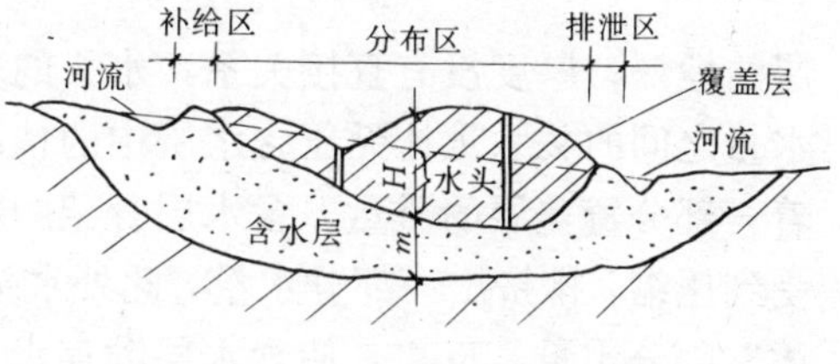

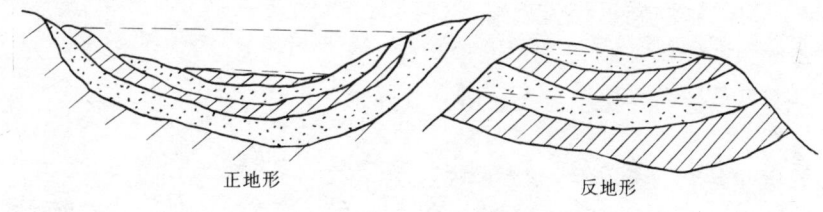

图4-8 向斜自流盆地承压水

承压水的形成与地质构造密切相关，一般按地质构造可将承压水分为三种类型：

（1）向斜自流盆地承压水（图4-8）

完整的自流盆地都由补给区、分布区和排泄区组成，一般分布面积很大。分布面积越大，则含水层厚度和补给面积也越大，自流盆地中的水资源亦越丰富。在自流盆地区域通常有数个承压含水层发育，当岩层呈正地形时下部含水层具有较大的水头；反之，呈反地形时则下部含水层具有较小的水头（图4-9）。这种情况对地下水的开采和计算影响甚大。我国自流盆地分布很广，如华北寒武—奥陶纪自流盆地、华南石炭二迭纪自流盆地以及广泛分布的第四纪坳陷盆地。

图4-9 地形对承压含水层水头之影响

（2）山前自流斜地

在山区和山前地区含水层发生尖灭形成所谓山区自流斜地（图4-10），承压区即于标高低的一侧。山前自流斜地的特点是补给区和泄水区相近。

（3）单斜构造自流盆地（图4-11）

此外，还有裂隙自流水，其水力状况不同于裂隙水。

自流水的普遍特点是：有明显的补给区和泄水区，一般补给区与泄水区相隔很远，含水层埋深大，贮量丰富；与大气降水没有直接联系；水质稳定，但水质好坏决定于地下水的交替速度；不易污染。因此，自流水常可作大型给水水源。

承压含水层的水力特征（条件）——埋深、厚度和水头，如图4-8所示。其水头与含水

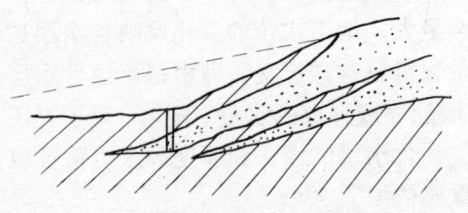
图 4-10　山前自流斜地

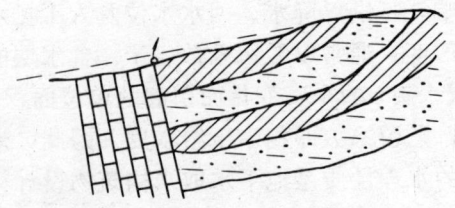
图 4-11　单斜构造自流盆地

层的埋深、厚度没有直接关系，水头的变化只反映含水层内的压力改变，它同含水层的贮水量之间的关系远比无压含水层中的情况复杂。在承压含水层内，水头（静水压力）支承着一部分覆盖层的重量，含水层骨架颗粒支承着其余的覆盖层荷载。若水头下降，含水层受到压缩，排挤出一部分水量，此外水头下降也会引起地下水或岩层体积的轻微膨胀，"释放"部分水量。反之，使含水层贮存水量。通常也以前面定义的贮留系数，在此也称弹性贮量系数表征承压含水层的这种性质，其值一般在 $0.00005 \leqslant S \leqslant 0.005$ 之间。对于大面积压力较大的承压含水层，若水头变化大，则由此产生的水量变化也很大。在这种情况下，地下水取水构筑物的设计计算必须考虑弹性贮量系数的影响，按非稳定流情况计算。在某些地区因地下水过量开采而引起的地面沉降即与这种情况有关。由此可见，承压含水层的水力条件及有关的水理性质对地下水取水构筑物以及地下水的人工补给有重要的意义。还应指出，影响承压含水层水头变化的因素很多，情况远比人们想象的要复杂。这些因素有：上部荷载影响，如气压、地震、潮汐、列车运行、大量土方工程；气象因素的影响，如气压、蒸发、风、降水；河流水位的影响；人工抽水的影响等。

第五章 地下水取水构筑物的形式及渗流计算基本方法

第一节 地下水取水构筑物的形式及其适用条件

用于开采和集取地下水的取水构筑物很多,如各种类型的管井、水平集水管(渠)(包括坎儿井)、大口井、复合井与辐射井等。每种形式的取水构筑物,又因水文地质条件、施工方法、抽水设备、材料不同而有各种各样的构造。离开这些因素去讨论各种形式、各种构造的取水构筑物的适用条件是很困难的。

下面,我们主要从合理利用含水层的角度(以水文地质、水力条件为主),简单地讨论各类地下水取水构筑物的适用条件。

1. 管井

在地下水取水构筑物中用得最多的是管井。我国广大的地下水灌溉地区这类井数以万计。在城市和工业企业也多用这类取水井。管井的口径一般为150~1000mm,深度为10~1000m。通常所见的管井口径多在500mm上下,深度小于150m。在工程实践中,常将深度在20~30m以内的管井称为浅井,深度在20~30m以上的管井称为深井;将直径小于150mm的管井称为小管井,直径大于1000mm以上的称为大口径管井。由于管井便于施工,因此被广泛用于各种类型的含水层,但习惯上多用于取深层地下水,在埋深大、厚度大的含水层中可用管井有效地集取地下水。按开凿深度(含水层的开发程度),管井又有完整式与非整式(图5-1)之分。

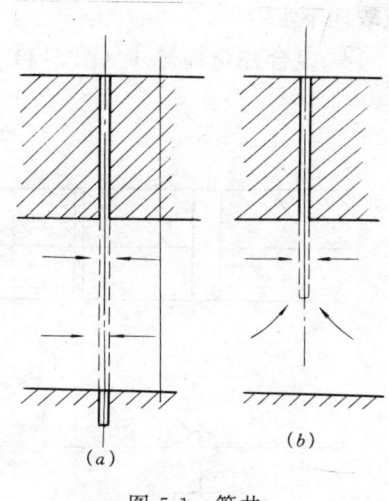

图 5-1 管井
(a) 完整式管井;(b) 非完整式管井

2. 大口井

大口井通常以沉井法施工,其直径一般为3~8m,深度一般小于20m。农村或小型给水系统多用直径小于3m的大口井,直径3m以上的大口井则多用于城市或工业企业。受施工条件及大口井尺度的限制,大口井多限于开采埋深小于20~30m、厚度不大于5~15m的含水层。大口井也有完整式与非完整式之分(图5-2)。完整式大口井只能从井壁进水,非完整式大口井则可以从井壁、井底进水。而井底进水面积远大于井壁,故非完整式大口井的水力条件比完整式的好,集水范围较大,适于开采较厚的含水层。

3. 水平集水管(渠)

水平集水管(渠)(图5-3)一般直径或断面尺寸为200~1000mm,常用600~1000mm,

长度十至数百米。少数渠道的断面尺寸或长度可能很大,但主要是出于维护管理或施工需要(如西北的坎儿井)。

受施工条件的限制,集水管(渠)埋深一般在 5~7m,最大也不超过 8~10m,因此,水平集水管(渠)适用于厚度小于 5m、埋藏深度小于 5~8m 的含水层。水平集水管(渠)多用于集取潜水,也常敷于浅河床或水体下部,或敷于岸边以集取河床地下水或渗取地表水。后一种集水管(渠)的计算情况与前者不同,为区别起见称为"渗渠",但习惯上有时也把水平集水管(渠)统称为"渗渠"。水平集水管(渠)或"渗渠"有完整式和非完整式之分,当管(渠)敷于含水层下的不透水基底上时

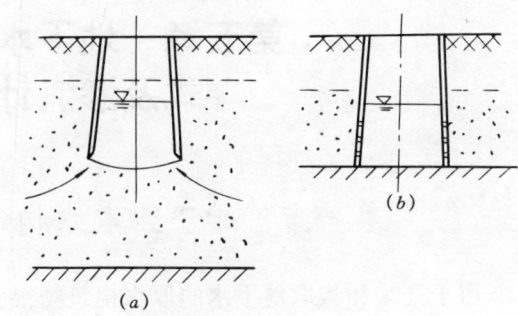

图 5-2 大口井
(a)非完整式大口井;(b)完整式大口井

称为完整式,敷于含水层之中时为非完整式。在同样限制下,非完整式水平集水管(渠)可用于埋深与厚度稍大的含水层,但不利于充分截取地下水。

4. 复合井与辐射井(图 5-4)

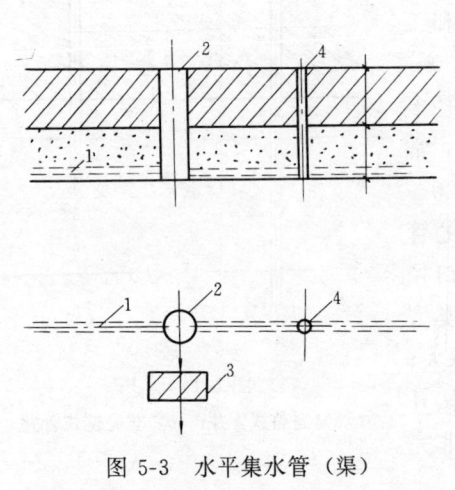

图 5-3 水平集水管(渠)
1—集水管;2—集水井;3—水泵站;4—检查井

有时为了充分开采含水层增加取水构筑物的出水量,可以采用由上述三种形式取水构筑物组合而成的取水构筑物:复合井与辐射井。复合井是由非完整式大口井同一至数根过滤器(管井)组合而成(图 5-4,(a)),这种形式的取水井适用于含水层较厚、地下水位较高,单独采用大口井或管井都不能充分开发利用含水层时(分层取水管井系统除外)。根据大口井(井底进水)的影响范围、过滤器渗流分布的不均匀性及过滤器的实际有效长度,适于采用复合井的范围是含水层厚度与大口井半径之比为 $m/r_0=3\sim 6$。辐射井较复合井有更大的适用范围。我国目前采用的是有辐射状水平集水管的辐射井。若自完整式大口井(实际上是集水井)井壁向外呈辐射状设置水平集水管(图 5-4,(b)),由于扩大了集水面积和范围,可使井的出水量有较大的增长。这类辐射井适用于埋深与厚度均不大的含水层。国外同类型辐射井的集水管较长(可达数十米),若集水管的材质与施工质量较好,效果亦益加明显。另一种情况,是由非完整式大口井(集水井)与辐射状倾斜集水管组合而成,它适用于厚度较大、地下水位较高的含水层。显然,具有辐射状倾斜集水管的辐射井(图 5-4,(c))的适用范围更广。

辐射井的集水管管径一般为 100~250mm,管长一般为 10~30m。若辐射管用人工锤击施工,则管径不超过 100mm,管长很少超过 10m。集水井深一般为 20~30m。国外有长达

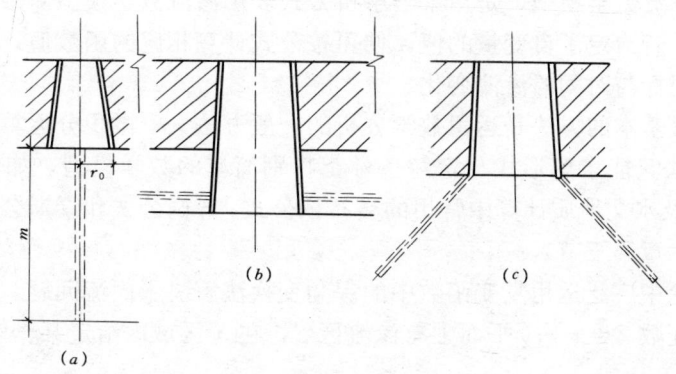

图 5-4
(a) 复合井；(b) 具有水平集水管的辐射井；(c) 具有倾斜集水管的辐射井

100m 以上的辐射管和井深超过 60m 集水井。

辐射井适用于补给条件良好、不含漂砾的含水层。

第二节 地下水取水构筑物渗流计算基本方法概述*

地下水取水构筑物的计算问题，至今还多散见于各有关文献，且多从其他专业（如水工、排灌、流体力学、数学）角度讨论阐述，往往不甚切合给水工程实际；而本专业有关文献在引用地下水取水构筑物的公式时，对推求公式所采取的基本方法、前提条件、适用范围常缺乏分析。由于读者不了解解决有关问题的基本途径与方法，在运用公式时，有时会产生错误；当计算条件改变时，甚至会无所依从、不知所措。另一方面，在工程实际中，对于地下水取水构筑物计算公式的适用性一直存在各种不同的看法。产生这种情况的原因是多方面的，情况十分复杂。单从计算方面讲，就同供水水文地质条件的多变性与复杂性、取水构筑物的多样性以及渗流计算基本方法的局限性有关。为了使读者进一步了解取水构筑物计算的常见公式，作为一般教材、手册的补充，在此概要介绍地下水取水构筑物渗流计算的基本方法，有些基本方法的具体运用，将在有关章节列举公式时举例说明。

解决地下水取水构筑物的基本方法大体可归纳为：

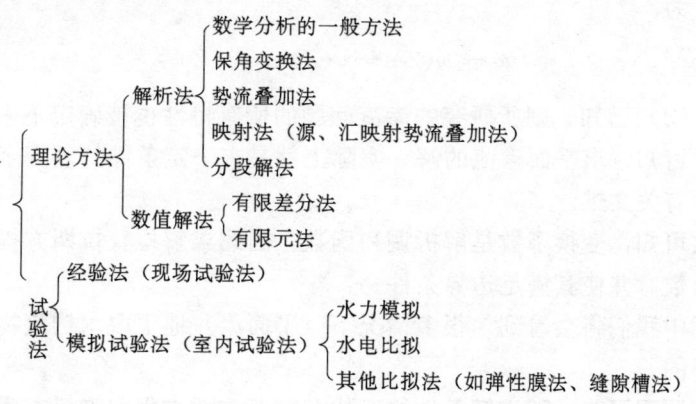

一、理论方法

解析法解渗流数学模型，是用某一解析公式表示渗流数学模型即渗流基本方程中各变量的函数关系。若给定了自变量的值，便可按公式计算相应的函数值，从而可知渗流场中的基本要素随坐标与时间的渗流变化。

解析法中最基本的方法是运用数学分析的一般方法——微积分运算直接求解渗流数学模型，这种方法只能求解形式与定解条件都特别简单的数学模型（如轴对称二维渗流问题）。取水工程及水文地质计算中常用的裘布依公式、齐姆公式和泰斯公式即可由这样方法推导而得（第六章第三节）。

在渗流理论中广泛运用复变函数中的保角变换法解决平面流问题。其基本原理如下：

假定在复变数 $Z=x+iy$ 平面上有渗流区 S，在 S 区域内给定某一解析函数：

$$\xi = f(Z)$$

若以"Z"平面上的点表示自变量 Z 的值，而以"ζ"平面上的点表示 ζ 的值，则函数 $\zeta=f(Z)$ 确定了"Z"平面 S 域内的点和"ζ"平面上某一对应域 S' 的点之间的对应关系。换句话说，函数 $\zeta=f(Z)$ 实现了由"Z"平面的 S 域到"ζ"平面的 S' 域相应点的变换（映射）。函数 $\zeta=f(Z)$ 称为由"Z"平面域 S 到"ζ"平面域 S' 的变换函数。

由复变函数可知，（不加证明）借助单值解析变换函数所得的变换在导数 $f'(Z)$ 不等于 0 或 ∞ 的各点具有"保角"的特性，故称为保角变换。因此，两组互相正交的曲线族在保角变换的情况下由"Z"平面变到"ζ"平面时仍是互相正交的。在平面渗流中，流线族同等势线族是互相正交的两组曲线族，在保角变换下这种正交性不破坏。这样，在渗流理论中就可以借助于某一适当的变换函数，将一种势流变换成另一种势流。由此即可以用已经充分研究清楚的简单渗流（已知条件），用保角变换变成所需研究的另一种渗流，然后求其解。

此外，还有一种常见情况。

设在"Z"平面上渗流区 S 内的复势为 $\omega(Z)=\varphi(Z)+i\psi(Z)$

式中的实部和虚部分别表示渗流的速度势函数和流函数，且互相正交。若以 φ 为实轴，ψ 为虚轴，则可以构成另一复平面"ω"，称为渗流的复势平面。

如果"Z"平面上渗流区 S 的边界条件已知，则不难根据这些边界条件在"ω"平面上确定与渗流区 S 相对应的复势区域 S'。这样，由"Z"平面的 S 域变换为"ω"平面的 S' 域的变换函数恰好为：

$$\omega = \omega(Z) = \varphi(Z) + i\psi(Z)$$

如果 $\omega=\omega(Z)$ 已知，则所研究的渗流问题的所有特性也被确定下来。

由上述情况可知，求平面渗流的解，实际上就是求一定条件的复变函数。有关变换函数的求法可参看有关文献。

由复变函数可知，变换函数是解析调和函数，因此求解拉普拉斯方程问题就是求所论区域中的这类函数，并使其满足边界条件。

在以后各章中我们将会看到，很多情况下（平面流）地下取水构筑物的计算公式是用保角变换法求得的。

由势流叠加原理可知，随定解条件的变化，拉普拉斯方程和泊松方程都有其特解，这些特解的任何线性组合仍是它们的解。而任何一个特解都表示一种渗流情况，因此把两个以上的简单渗流叠加起来就可构成更为复杂的渗流。势流叠加原理是地下水取水构筑物渗流计算的基础，以下所讨论的势流叠加法、源汇映射势流叠加法（映射法）和分段解法实际上都是势流叠加原理的具体运用。

势流叠加法，是势流叠加原理最简单最直接的运用。当含水层足够大，即补给边界对取水构筑物的工作无特殊影响时，常用势流叠加法去解井群互阻计算问题。第三章中关于井群的互阻计算（理论法与经验法）及分层取水系统的计算，都应用了势流叠加法。

映射法（源汇映射势流叠加法），是势流叠加原理的进一步应用，主要是用以解决各种边界条件对地下取水构筑物渗流的影响。源汇映射势流叠加法的基本原理可以概括如下：

在空间若流体从一点向各方向均衡地流出，则此点称为源（点源）、反之为汇（点汇）。在平面渗流中源或汇则是无穷长的线源或线汇，这样流体才能分别沿平面由直线流向四方或从四方流向直线。在有边界影响时所产生的渗流情况，可以视边界的性质（透水边界或不透水边界）以及边界的相对位置与组合情况，用对称于边界映射的另一个或一系列源、汇的影响来代替并反映边界的影响。图5-5即为平面渗流中边界影响的简单示意图。

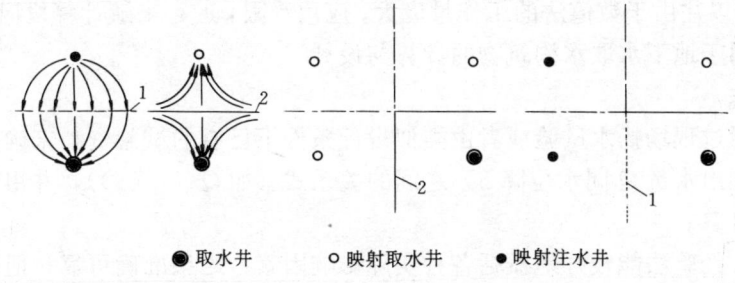

● 取水井　　○ 映射取水井　　● 映射注水井

图 5-5　平面渗流中边界影响示意图
1—透水边界；2—不透水边界

对于一般情况，应用映射法时必须遵循下列原则：

（1）所有对渗流有影响的边界都须当作映射面；

（2）当对某一边界（映射面）映射时，须把源、汇和其他边界一同反映到边界的另一侧。同理，对于所有的其他边界亦应如此。

（3）当以映射的源、汇最终取代某一边界时，必须保持原渗流条件不变，并据此原则确定虚拟的源或汇的性质（是源还是汇？）。

由此可见，对于某种有边界影响的复杂渗流情况，完全可以通过源、汇映射代替边界的影响，并以经映射后的若干比较简要的已知渗流运动，运用势流叠加原理求得问题的解。

在二维渗流中，应用映射法可以解决许多有边界影响的渗流问题。如呈直线布置的井群计算（第六章）、水体下部渗渠的计算（第八章）。

对于三维渗流情况，一些难以用一般方法求解的问题，常可用映射法求得近似解（如第六章中承压地层非完整井的计算——马斯克特公式）。

应该提出，因用映射法求解，常需用有限项代替无穷极数之和，故映射法是一种近似解法。遇复杂的边界条件有时难得理想的结果。

分段解法，是势流叠加原理的推广。方法的实质是将求解渗流区近似地用某等水头线（面）或等流线（面）分成若干部分（片段），而各片段的渗流情况已经充分研究或可用某种较简单的方法求解，由此可将各片段的解按分段的关系求得整个渗流区的解。上述按流线（面）分段的方法称为垂直分段叠加法，第六章无压含水层非完整井、第七章无压含水层非完整式水平集水管等的计算公式即由此法求得；按等势线（面）分段的方法称为水平分段叠加法，第九章辐射井的计算可用此法求解。

上述各种解析算法用于解渗流数学模型均有其局限性，若水文地质条件或流动状态稍复杂便难以适应。由于所用渗流数学模型一般都经一定程度的抽象，比较理想化，难以概括实际情况下的一些复杂因素，加上现场条件难以控制，许多水文地质参数难以准确测定；因此，所有地下水取水构筑物的有关公式计算精度不高、通用性差，在水源工程设计中通常只用于初步计算或估算。但是，就方法论而言，解析法在理论上较完整、系统性较强，所得结果形式简单、能明确反映各种渗流运动因素的互相关系，便于人们了解地下水取水构筑物的渗流运动规律及存在的问题。因此，无论是对初学者还是对在渗流理论或取水工程技术上有一定造诣的科学工作者而言，了解掌握解析法是必要的。

数值解法则可对任何复杂的情况求得足够精确的近似解，所考虑的数学模型也可更接近于实际情况。以往由于数值法的工作量庞大，应用受限，近年来随计算机应用的推广，数值解法已逐渐用于地下水取水构筑物的计算与设计。

二、经验法

经验法是通过现场扬水试验或者由类似设计条件下已有的试验资料来确定取水构筑物各主要参数（如出水量 Q 同水位降 S）之间的关系式（如 $Q=f(S)$），并用于地下水取水构筑物的设计计算。

显而易见，经验法能较好地概括各种实际影响因素，结果准确可靠；但只局限于某一特定试验设计情况，且费工、费时、耗资大。实际上，经验法多用于规模较大的水源工程设计。如条件允许，在工程实践中无论工程规模大小应尽可能地占有实际试验资料。

在研究地下水取水构筑物渗流运动的过程中，经验法和模拟试验法往往是必不可少的一种手段。这是因为：应用理论法时，对实际情况进行了许多简化与假定，致使推导结果的偏差较大，往往需要通过试验，特别是现场试验去验证、分析；用于理论分析的各种水文地质参数须靠试验获得；更主要的是由于实际情况复杂，许多工程实际问题，特别是那些大规模地下水取水工程设计计算问题一般都要通过试验直接取得设计参数。由此可见，经验法、模拟试验法同理论分析法是相辅相成的。

同模拟试验法相比，经验法是更直接、可靠的研究手段，是解决地下水取水构筑物设计计算问题的主要手段。

三、模拟试验法

模拟试验法类别很多，其中比较主要和通用的是水力模拟法和水电比拟法。模拟试验法多用作理论方法的补充和验证，有时也用于解决一些用理论分析法难以解决的渗流问题。

鉴于实际含水层介质的颗粒组成与级配的复杂性，难以准确模拟，故水力模拟多用于作定性观测分析。这对揭示某些在地下无法观测到的水力现象是很有意义的。

水电比拟法，是鉴于透水介质的渗流（层流）场与导电介质中的直流电场的相似性原理而建立的试验方法。这种试验方法用于模拟平面渗流比较方便，故多用；有时也用以模拟空间渗流。由于在直流电场中电流与电阻呈线性关系，取水构筑物的模拟装置多为一般导体构成的电极，因此无法模拟实际发生的偏离层流状态的水流现象和取水构筑物周围水流的空间分布情况。同水力模拟法相比，这是水电比拟法的一种局限性。

在地下水取水构筑物的计算中，有一些计算公式是通过上述模拟试验方法取得的，如复合井、辐射井的计算。

在其他比拟试验法中，值得一提的是弹性膜法。同其他比拟法一样，它是基于弹性膜表面和渗流运动都可以用拉普拉斯方程描述而建立的一种比拟试验方法。这种方法在研究稳定二维流均质含水层井的抽水渗流问题时得到比较广泛的应用。如果以一个按一定比例和一定边界条件绷紧的弹性膜代表含水层的静水表面，以测针代表井，则按一定降深用测针使弹性膜发生变形即可看到含水层自由表面的变化，并测得渗流场中任一点的"水位"下降值。由此可以用来研究井群互阻问题。

将弹性膜法与水电比拟法相结合，可以使三维流水电比拟法试验变得简单易行。

第六章 管 井

第一节 管井的形式和构造

管井的一般构造如图 6-1（a）所示。它由井室 1、井壁管 2、过滤器（滤管）3、填砾 6 及沉淀管 4 等组成。此种管井为我国应用最广泛的管井形式之一。凡是只开采一个含水层时，均可采用此种形式。当地层存在两个以上含水层，且各含水层水头相差不大时，则可采用图 6-1（b）所示之多过滤器管井，同时从各含水层取水。

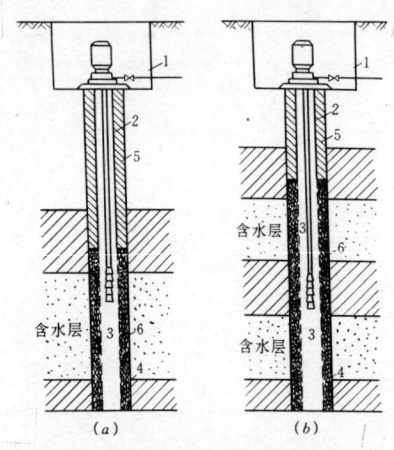 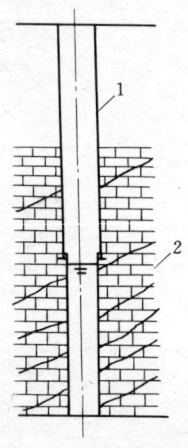

图 6-1 管井的一般构造
(a) 单过滤器管井；(b) 多过滤器管井
1—井室；2—井壁器；3—过滤器；4—沉淀管；5—粘土；6—填砾

图 6-2 建于裂隙岩层中的无过滤器管井
1—井管；2—裂隙地层

在稳定的裂隙岩和喀斯特岩层中，或是在水头较高、上部覆盖层较稳定的砂质含水层中，可以采用不设过滤器的管井——无过滤器管井（图 6-2、图 6-3）。后者如应用得当会取得较好的技术经济效果。

现将管井各主要构造部分分述如下：

一、井室

井室通常是保护井口免受污染、安放各种设备（如水泵机组或其他技术设备）以及进行维护管理的场所；因此应满足设备的技术要求，应有一定的采光、保温、通风、防水、防潮设施，应符合卫生防护要求；如应有粘土填塞井室外壁（地下井室）或室底，井头部分构造应严密并应高出井室地面 0.3～0.5m。

通常抽水设备是影响井室的主要因素，其形式应根据井的出水量、井的静水位和动水位、井的构造（井深、井径）、给水系统布置方式等确定，此外还应考虑井的施工方式与水质的影响，其他条件，如气候、水文地质条件及取水井附近的卫生状况也会在不同的程度上影响井室的形式与构造。

对于静水位及动水位较高的自流井或虹吸式管井，因无需在井口设抽水设备，且无需经常维护，故井室多设于地下，其构造类似于给水阀门井（图6-4），如为虹吸式管井则不设井管上的阀门。

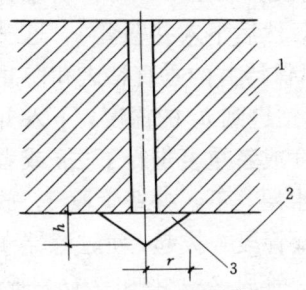

图6-3 建于坚实覆盖层下砂质
含水层中的无过滤器管井
1—稳定的覆盖层；2—砂层；3—进水漏斗

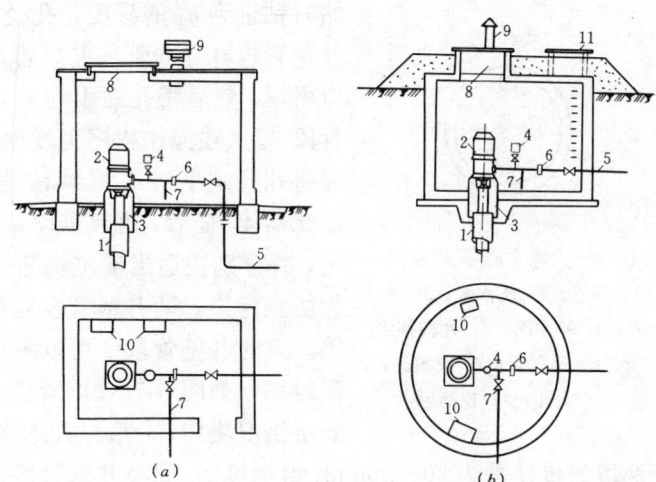

图6-5 深井泵站布置图
(a) 地面式深井泵站；(b) 地下式深井泵站
1—井管；2—电机；3—水泵基础；4—排气阀；5—压水管；6—水表；
7—冲洗排水管；8—安装孔；9—通风孔；10—控制柜；11—人孔

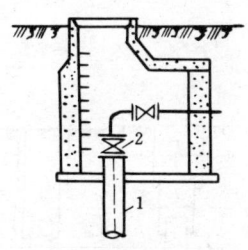

图6-4 自流井井室
1—井管；2—井管上的阀门

采用卧式泵的管井，其井室可以与泵房分建或合建，前一种情况的井室形式与上述自流井井室相似（图6-4）；后一种情况的井室实际上即为一小型泵站，其工艺构造按一般泵站要求确定，由于受水泵吸水高度的限制，这种井室多设于地下。

采用深井水泵的井室即为深井泵站。根据不同条件，深井泵站可以设于地面、地下或半地下。图6-5所示为地面式和地下式深井泵站布置图。

由于潜水泵生产技术的发展，取水工程中已较多地采用深井潜水泵。深井潜水泵具有很多优点，诸如结构简单、使用方便、重量轻、扬程高、运转平稳、无噪音等。它还可简化井室构造；此外，对井的垂直度要求较低，图6-6表示地下式深井潜水泵站布置图。

装有空气扬水装置的管井，其井室与加压泵站分建。井室中设有气-水分离器。这种井室的形式与一般的深井泵站大体相同。

二、井壁管

设置井壁管的目的在于加固井壁、隔离水质不良或水头较低的含水层。井壁管应具有足够的强度，以经受地层和人工填充物的侧压力，其内壁应平滑、圆整，以利安装抽水设备和井的清洗、维修。井壁管可由钢管、铸铁管、钢筋混凝土管、石棉水泥管、塑料管或玻璃钢管等组成。一般情况下，非金属管适用于井深不超过150m的管井。

井壁管的构造与施工方法、地层岩石稳定程度有关，通常有两种情况：

1. 分段钻进时井壁管的构造

分段钻进法通常称为套管钻进法。如图6-7（a）所示，开始时钻进到 h_1 的深度，孔径为 d_1，然后下入井壁管1，这一段井壁管也称导向管或井口管，用以保持井的垂直钻进和防止井口坍塌；然后将孔缩小到 d_2，继续钻进到 h_2 的深度，下入井壁管2。上述操作程序可视地层厚度或者重复进行下去，或者接着将孔径减小到 d_3 继续钻进至含水层，下入井壁管段3，放入过滤器4。最后，用起重设备将井壁管段3拔起，使过滤器4露出，并分别在适当部位切断管段3、管段2，如图6-7（b）所示。为防止污染，两井壁管段应重叠3～5m，其环形空间用水泥封填。有时井壁管段2可以不切断。此管段与导向管之间也用水泥封填，如图6-7（c）所示。每段井壁管的长度由钻机能力和地层情况决定，一般是几十米至百米左右，有时可达几百米。相邻两段的口径差为20～50mm。由上可知，此类井壁管构造形式适用于建造深度很大或井孔岩石很不稳定的管井。这种构造形式还便于过滤器的维修或更换。

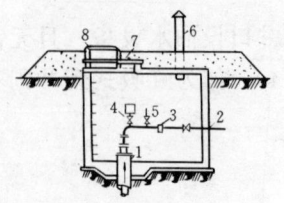

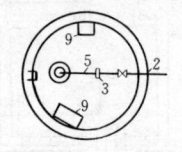

图6-6 地下式深井泵站
1—井管；2—压水管；3—水表；4—排水阀；5—冲洗排水管；6—通风管；7—安装孔；8—人孔；9—控制柜

2. 不分段钻进时井壁管的构造

在地层比较稳定和井深不大的情况下都不进行分段钻进，而采用一次钻进的方法。在钻进中利用清水或泥浆对井壁的压力和泥浆对松散颗粒的胶结，使井壁不发生坍塌。这种方法又称清水钻进法和泥浆钻进法。当钻进到设计深度后，将沉淀管、过滤器、井壁管一次下入井孔内，然后在过滤器与井壁之间填入砾石，并在井口管和井壁之间用粘土封填。不分段钻进的管井构造如图6-1所示。

三、过滤器

过滤器又称滤管，安装于含水层中用以集水

图6-7 分段钻进时井壁管的构造

和保持填砾与含水层的稳定性。过滤器是管井的重要组成部分，它的形式和构造对管井的出水量和使用年限有很大影响，所以在工程实践中，过滤器形式的选择非常重要。对过滤器的基本要求是：应有足够的强度和抗蚀性；具有良好的透水性且能保持人工填砾和含水层的渗透稳定性。

过滤器的形式很多，现仅就数种常用的介绍如下：

1. 钢筋骨架过滤器

如图6-8所示，每节钢筋过滤器长3～4m，由位于两端的短管1、直径为16mm的竖向钢筋3（间距30～40mm）和支撑环2（间距250～300mm）焊接而成。此种过滤器一般只适用于不稳定的裂隙岩、砂岩或砾岩含水层。有时也用作其他形式过滤器,如缠丝过滤器、包网过滤器的骨架。钢筋骨架过滤器用料省、易加工、孔隙率大,但其机械强度,抗蚀能力较低,不宜用于深度大于200m的管井和侵蚀性强的含水层。

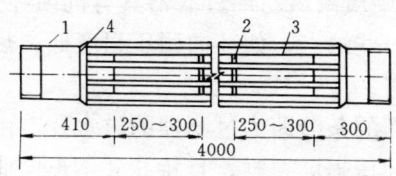

图 6-8 钢筋骨架过滤器
1—短管;2—支撑环;3—钢筋;4—加固环

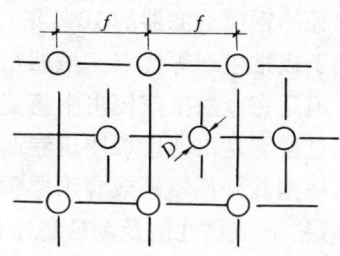

图 6-9 圆孔布置

2. 圆孔、条孔、桥孔过滤器

圆孔、条孔过滤器可用各种金属管材和非金属管材加工而成。

圆孔、条孔过滤器可用于粗砂、砾石、卵石、砂岩、砾岩和裂隙含水层。但实际上单独应用较少,多数情况下用作缠丝过滤器、包网过滤器和填砾石过滤器等的支撑骨架。

过滤器的孔眼布置如图 6-9、6-10 所示。过滤器进水孔眼直径或宽度与含水层的颗粒粗成有关。恰当的孔眼尺寸能够在洗井时使含水层内的细小颗粒通过孔眼被冲走。而留在过滤器周围的粗颗粒形成渗透性良好的天然反滤层。这种反滤层对保持含水层的渗透稳定性、提高过滤器的透水性、改善管井的工作性能(如扩大实际进水面积、减小水流进口速度和水头损失)、提高管井的单位出水量、延长管井的使用年限都有很大作用。表 6-1 是为上述目的而提供的各种过滤器的孔眼直径或宽度。圆孔孔眼间距约为孔径的 1～2 倍,条孔的长度约为宽度的 10 倍。

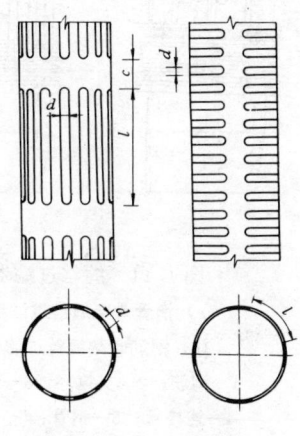

图 6-10 条孔布置

过滤器的孔眼直径或宽度   表 6-1

过滤器名称	进水孔眼的直径或宽度	
	均匀颗粒 $\left(\dfrac{d_{60}}{d_{10}}<2\right)$	不均匀颗粒 $\left(\dfrac{d_{60}}{d_{10}}>2\right)$
圆孔过滤器	$(2.5\sim3.0)\,d_{50}$	$(3.0\sim4.0)\,d_{50}$
条孔和缠丝过滤器	$(1.25\sim1.5)\,d_{50}$	$(1.5\sim2.0)\,d_{50}$
包网过滤器	$(1.5\sim2.0)\,d_{50}$	$(2.0\sim2.5)\,d_{50}$

注:1. d_{60}、d_{50}、d_{10} 是指颗粒中按重量计算有 60%、50%、10% 粒径小于这一粒径;
  2. 较细砂层取下限;较粗砂层取上限。

当用圆孔过滤器作其他过滤器的骨架时,圆孔直径一般采用 10～25mm。当用条孔作其他过滤器的骨架时,条孔宽度一般采用 10～15mm 或更大一些。

为保证管材具有一定的机械强度，各种管材的孔隙率宜为：钢管25%～30%、铸铁管23%～25%、石棉水泥管和钢筋混凝土管15%～20%、塑料管15%。

近年来，非金属过滤器的使用有了发展，其中钢筋混凝土过滤器的应用，在农灌井中取得较好的效果。如内径300mm的钢筋混凝土条孔过滤器，其孔隙率可达16.2%，耗钢量仅为同口径的钢质过滤器的10%左右。又如玻璃钢、硬质聚氯乙烯过滤器具有抗蚀性强、重量小、便于成批生产等优点。虽然塑料井管仍存在一些缺点，如环向耐压强度低、热稳定性差等，但是在今后推广使用中将能得到进一步改善。

桥孔过滤器是由薄钢板冲压卷制而成，桥孔侧面的条缝即为过滤器的进水孔。由于条缝宽度可根据其外部填砾或含水层颗粒组成情况由冲压强度控制，且桥孔并不正向面对填砾或含水层，其成拱性能及渗透稳定性较好；因此桥孔过滤器可直接应用于各种含水层。加工制作桥孔过滤器通常须用不锈钢板，工艺复杂，价格高，故这种过滤器在国内极少应用。

3. 缠丝过滤器

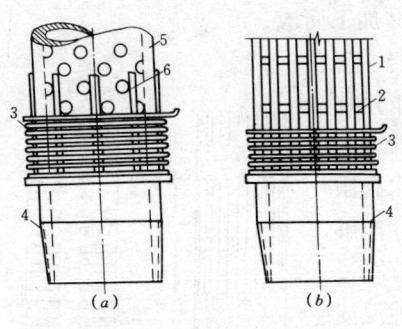

图6-11 缠丝过滤器
(a)钢管骨架缠丝过滤器；
(b)钢筋骨架缠丝过滤器
1—钢筋；2—支撑环；3—缠丝；
4—连接管；5—钢管；6—垫筋

缠丝过滤器（图6-11）可由除桥孔过滤器以外的上述各种过滤器构成的骨架、竖向垫筋和缠丝组成。这种过滤器适用于粉细砂、中砂、粗砂、砾石及卵石层。

竖向垫筋通常用直径为6mm的钢筋，间距40～50mm。

在我国缠丝一般采用8～10号镀锌铁丝，其间距可根据含水层颗粒组成，参照表6-1或表6-2确定。这种缠丝过滤器因镀锌铁丝极易锈蚀，使过滤器堵塞或漏砂，从而导致管井早期报废。为克服这一缺陷，特别是在侵蚀性较强的地下水中可用铜丝、不锈钢丝或其他非金属丝（如尼龙丝、玻璃纤维增强塑料丝）。由于铜丝、不锈钢丝价格昂贵、材料短缺，在我国一直未推广应用。非金属丝，在试用中虽取得一定效果，也存在一些问题。

填砾规格和缠丝间距　　表6-2

含水层分类	筛分结果 （以筛分后的重量计算）	填入砾石直径 （mm）	过滤器缠丝间隙 （mm）
卵　石	颗粒>3mm占90%～100%	24～30	5
砾　石	颗粒>2.25mm占85%～90%	18～22	5
砾　砂	颗粒>1mm占80%～85%	7.5～10	5
粗　砂	颗粒>0.75mm占70%～80%	6～7.5	5
粗　砂	颗粒>0.50mm占70%～80%	5～6	4
中　砂	颗粒>0.40mm占60%～70%	3～4	2.5
中　砂	颗粒>0.30mm占60%～70%	2.5～3	2
中　砂	颗粒>0.25mm占60%～70%	2～2.5	1.5

续表

含水层分类	筛 分 结 果 (以筛分后的重量计算)	填入砾石直径 (mm)	过滤器缠丝间隙 (mm)
细　　砂	颗粒＞0.20mm 占 50%～60%	1.5～2	1
细　　砂	颗粒＞0.15mm 占 50%～60%	1～1.5	0.75
细砂含泥	颗粒＞0.15mm 占 40%～50% (含泥不超过 50%)	1～1.5	0.75
粉　　砂	颗粒＞0.15mm 占 50%～60%	0.75～1	0.5～0.75
粉砂含泥	颗粒＞0.10mm 占 40%～50% (含泥不超过 50%)	0.75～1	0.5～0.75

在工程实践中，为减少过滤器被砂粒堵塞的可能性，缠丝的断面最好为梯形（上宽2.5～3.0mm、下宽2.0～2.5mm），并以宽边向外朝向含水层或填砾层。梯形断面金属丝，只限于易于加工的金属材料。

包网过滤器（图6-12）由支撑骨架、支撑垫筋或支撑网、滤网组成，在滤网外常缠金属丝以保护滤网。滤网由直径为0.2～1.0mm的金属丝编织成，网孔大小可根据含水层颗粒组成，参照表6-1确定。

包网过滤器适用于砂、砾卵石含水层，但由于包网阻力大，易被细砂堵塞、易腐蚀，因此已逐渐为缠丝过滤器所取代。

4. 填砾过滤器

填砾过滤器多数是在上述缠丝过滤器的外围填充一定规格的砾石组成。这种人工填砾层亦称人工反滤层。实际上，填充砾石（亦称填砾或填料）也是一般管井施工的需要，因为管井施工过程中在钻孔时，过滤器与井壁管之间形成的环状间隙必须充填砾石，以保持含水层的渗透稳定性。

前面，曾提及过滤器周围形成天然反滤层的有利作用；实际上，天然反滤层的形成，以含水层中颗粒的组成为转移，不是所有含水层都形成效果良好的天然反滤层。因此，工程上常用人工反滤层来取代天然反滤层的作用。

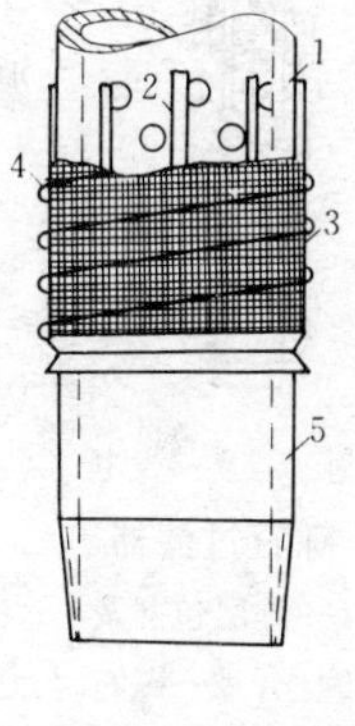

图6-12 包网过滤器
1—钢管；2—垫筋；
3—滤网；4—缠丝；
5—连接管

填砾过滤器适用于各类砂质含水层和砾石、卵石含水层。填砾粒径和含水层颗粒粒径之比（层间系数）一般可采用：

$$\frac{D_{60}^{\mathrm{I}}}{d_{50}} = 6 \sim 8 \qquad (6-1)$$

若需进一步扩大支撑骨架的孔隙尺寸，可以在外填砾层的里侧再增加一层粒径较大的砾石层，两相邻填砾层颗粒粒径之比（层间系数）应为：

$$\frac{D_{60}^{\mathrm{I}}}{D_{60}^{\mathrm{II}}} = 4 \sim 6 \qquad (6-2)$$

式中　　d_{50}——含水层颗粒计算粒径；

D_{60}^{I}、D_{60}^{II}——分别为第一层、第二层填砾颗粒的计算粒径。

余此类推。

按上述要求确定的填砾级配比较均匀，粒径变化范围小，故称均匀填砾或填料。

靠近支撑骨架的填砾粒径还需满足表6-1或表6-2的要求。

填砾层厚度从理论上讲只须达到3～5倍的最大颗粒粒径已足，但实际上考虑施工条件和其他因素的影响，一般采用：单层填砾时，75～150mm；多层填砾时，每层厚度应不小于50mm，总厚度以不超过150～200mm为宜。

实践表明，如能满足上述要求，即可在管井过滤器外围形成透水性与渗透稳定性良好的反滤层。由此，即使对粉砂含水层而言，只要增加均匀填砾层层数即可逐层加大填砾粒径，以扩大过滤器进水孔尺寸、改善井的工作性能。但是，实际上因填砾操作（须分层填充）复杂且受钻孔开口直径限制，通常填砾层不多于两层。这种多层均匀填砾过滤器在国外较多用，在我国一直未推广应用。

5. 装配式砾石过滤器

鉴于填砾过滤器的优点及存在的问题，国内外一直在研究、应用各种形式的装配式砾石过滤器。装配式砾石过滤器既可发挥填砾过滤器的长处，又可避免因现场填砾而产生的一些问题。总的讲，装配式砾石过滤器与填砾过滤器相比有下列优点：便于分层填砾（或贴砾）、砾石层薄、井的质量易于控制、井的开口直径小、可以组织工厂化生产，相应地减少现场的施工工作量。但是，这种形式过滤器的加工较复杂、造价高、运输不便、吊装重量较大。

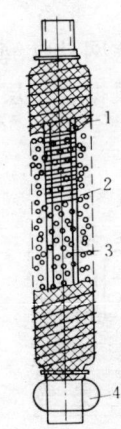

图6-13 笼状砾石过滤器
1—外层包网及缠丝；2—砾石（～50mm）；3—支撑骨架（缠丝过滤器）

装配式砾石过滤器主要有下列几种：

(1) 笼状砾石过滤器（图6-13）

这是在地面事先将砾石包于支撑骨架外围的一种过滤器。图6-13表示一种常用的构造类型。

笼状过滤器外包的砾石层厚度一般仅50mm左右，放入井孔后若再外填细颗粒砾石，即使对细颗粒含水层亦能保持其良好的渗透稳定性。这种过滤器的内外层砾石颗粒级配可参照填砾过滤器的要求确定。

由于这种过滤器一般仍需于现场包填砾石，操作工序多，工作量大，材料消耗亦较多。

(2) 贴砾过滤器（图6-14）

这是用粘接剂将砾石直接胶结固定在穿孔管外围的一种过滤器。支撑管架—穿孔管的孔眼可以是圆孔、条孔或桥孔，从构造上讲以桥孔为好。管材：国内仍多用普通钢管，国外多用高强度钢管（厚3～6mm，外涂塑料防腐层）、不锈钢管或UPVC管。砾石层厚度一般仅20～30mm，砾石粒径视含水层情况而定，其规格可定型化。胶结剂，通常为环氧树脂。

贴砾过滤器可完全作到工厂化生产，现场安装操作简单，如用高材质管材，则过滤器的抗蚀性强、性能可靠。其缺点是加工工艺复杂，造价高，水流阻力较大，在

图6-14 贴砾过滤器

高含铁量含水层中难免被铁质填堵塞。

(3) 水泥砾石过滤器

水泥砾石过滤器是由水泥浆胶结砾石制成，又称无砂混凝土过滤器。被水泥胶结的砾石，其孔隙仅一部分被水泥填充，另一部分仍相互连通，故具有一定的透水性。水泥砾石过滤器的空隙率与砾石的粒径、水灰比、灰石比有关，一般可达 20%，其强度一般可达 50kg/cm^2。

水泥砾石过滤器取材容易、制作方便、价格低廉，在给水工程中也得到了应用。此种过滤器在细、粉砂和含铁量高的含水层中易堵塞，抗蚀性和渗透性较差，过滤器安装不当时易漏砂并导致井管倾斜或错位，在使用中应予注意。在工程中常在这种过滤器周围填入一定规格的砾石，能得到较好的效果。

6. 非均匀填砾过滤器

非均匀填砾过滤器是针对上述一些类型过滤器存在的问题及我国工程实际情况，为提高过滤器的性能而研究开发的一种新型填砾过滤器。

如前所述，一方面在不可能普遍地以高材质缠丝代替镀锌铁丝情况下，缠丝是导致过滤器锈蚀堵塞、漏砂以致管井早期报废的症结所在；另一方面，若取消缠丝直接以穿孔管作填砾过滤器的支撑骨架，在一般的砂质含水层中，由于单层均匀填砾粒径的限制难以同时适应对含水层及穿孔管孔眼（不应过于细小）的级配要求，而增加填砾层层数即改作多层均匀填砾层又受施工条件限制；再一方面，装配式砾石过滤器在加工、材质、安装或工作性能上还存在种种问题。在这种情况下，如能改变单层均匀填砾的结构——级配（即改用单层非均匀填砾），使其能同时适应含水层与穿孔管对填砾粒径的要求，就可为在各种砂质含水层中以穿孔管为支撑骨架，并无须采用多层（均匀）填砾创造条件。从而，可以降低井的造价，改善井的工作性能，延长井的使用年限。

井的非均匀填砾，是以无粘性非管涌土理论为基础，针对含水层级配特点寻求选定的一种特殊级配填料。其特点之一是颗粒粒径变化范围极大、粗细混杂。这样，一方面可以适应穿孔管孔眼对填砾粒径的要求（主要靠填砾中的粗颗粒），另一方面又可以有效地制止地层中细颗粒的流失；更主要的是，通过洗井过程的调整作用，可以在穿孔管外围形成与含水层连续统一级配的透水性高、渗透稳定性强的反滤层。

非均匀填砾的粒径范围一般为 1～20mm，其级配应以在考虑与含水层颗粒相"匹配"的前提下，能形成稳定的非管涌土体系为原则。填砾厚度以 150～200mm 为宜，穿孔管孔眼直径一般不宜大于 12～20mm。填充砾石时，应粗细混杂、连续、均匀、适量地投配，以免水力分层。填砾后应以活塞洗井，以便形成良好的反滤层。

工程实践表明，非均匀填砾过滤器的性能明显地优于缠丝过滤器，且过滤器的加工与施工工艺简单，省工省料，对材质无过高要求，适用面广，符合我国国情，易于推广。如果非均匀填料能与其他类型过滤器（如贴砾过滤器）相配合或用于其他类型的取水构筑物，可望得到好的效果。这种过滤器存在的问题是，要求井孔开口直径较大，人工填砾的劳动强度大。

图 6-15 为缠丝过滤器、填砾过滤器、非均匀填砾过滤器在同一含水层内形成反滤层的对比情况。

由图 6-15 可见，三种情况下的反滤层状态逐级改善，以非均匀填砾的状态最佳。

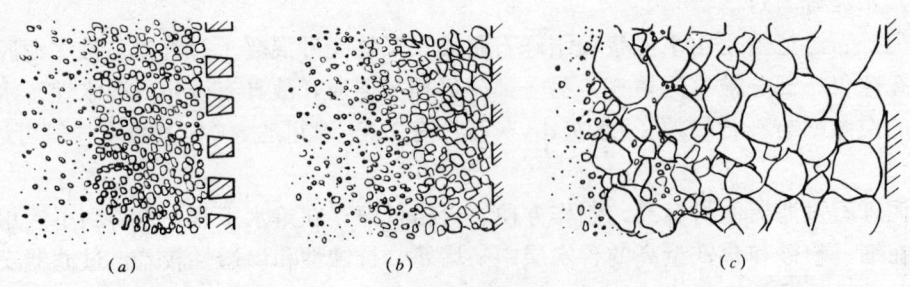

图 6-15 不同过滤器反滤层情况对比
(a) 缠丝过滤器；单层均匀填砾（人工反滤层）；(b) 穿孔管；双层均匀
填砾（人工反滤层）；(c) 穿孔管，非均匀填砾（人工反滤层）

四、沉淀管

井的下部与过滤器相接的是沉淀管，用以沉淀进入井内的细小砂粒和自水中析出的沉淀物，其长度一般为 2~10m。如采用空气扬水装置，当管井深度不够时，也常用加大沉淀管长度的办法来提高空气扬水装置的效率。

第二节 管井的建造

管井的构造与其施工方法有密切联系。为了正确设计管井，应对管井的施工方法有所了解。

管井的建造一般包括钻凿井孔、井管安装与井管外封闭、洗井及抽水试验等程序。

一、钻凿井孔

钻凿井孔的方法主要分两类：冲击钻进和回转钻进。前者主要依靠钻头对地层的冲击作用，后者主要依靠钻头对地层的切削、挤压作用。以上两类方法在多数情况下用于钻凿井深 20m 以上的管井；对于建造 20m 以内的浅管井，还可用挖掘法、击入法、水冲法等。

1. 冲击钻进

凡是松散的冲积地层均可采用冲击式钻机凿井。目前常用的冲击式钻机有 CZ-20、CZ-22、CZ-30 型等。凿井施工前，必须根据地层情况、管井口径、深度以及施工地点的运输和动力供应条件，结合钻机性能，确定钻机型号。

图 6-16 所示为 CZ-30 型钻机。此种钻机开孔直径可达 1200mm，钻进深度可达 300m。钻机往复冲击作用是这样形成的：电动机 5 通过三角皮带 6 驱动主轴 7，主轴经由离合器 8 和齿轮 9 将动力传至冲击轮 10，并通过连杆 11 带动缓冲装置 12 作往复运动，缓冲装置通过钢丝绳带动钻具在井内作往复冲击、破碎井下地层，随着钻头的冲击和转动，就可以逐渐凿出需要的井孔。

在钻进过程中，为保持较高的钻孔进尺速度，应根据地层情况确定冲击频率和冲程。此外，还需及时用抽筒取出井内岩屑和泥砂。

在钻进过程中，为保持井孔的稳定，应不断地往井孔投注一定浓度的泥浆或用套管加固井壁。前者称为泥浆护壁钻进，后者称为套管护壁钻进。泥浆护壁钻进易使含水层堵塞，影响井的出水量，而套管护壁钻进操作困难（如起拔套管），设备笨重。因此，清水水压钻进法受到了重视。清水水压钻进法即在钻孔内保持超过静水位2m以上的水位进行凿井，由于水静压力的作用，有助于井壁的稳定。此外，在钻进过程中，由于井孔的自然造浆，也增加了这种向外的作用力并胶结井孔壁。凡是有充分水源供凿井使用和覆盖层较密实的地方，均可采用此法。

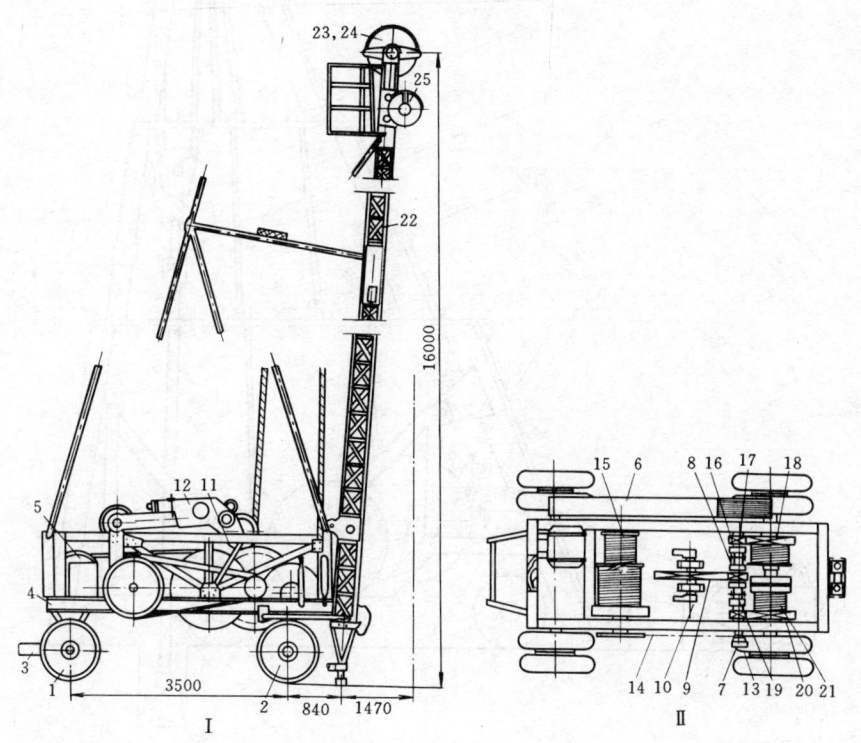

图 6-16 CZ-30 型钻机

1—前轮；2—后轮；3—辕杆；4—底架；5—电动机；6—三角皮带；7—主动轴；8—摩擦离合器；9—齿轮；10—冲击轮；11—连杆；12—缓冲装置；13—摩擦离合器；14—链条；15—钻进工具用卷筒；16—摩擦离合器；17—齿轮；18—抽筒用卷筒；19—摩擦离合器；20—齿轮；21—复式滑车用卷筒；22—桅杆；23—钻进工具钢丝绳滑轮；24—抽筒钢丝绳滑轮；25—起重用滑轮

2. 回转钻进

回转钻进主要方法有一般回转钻进、反循环回转钻进及岩心回转钻进。分述如下：

（1）一般回转钻进

一般回转钻进法既可适用于松散的冲积层，也适用于基岩。此法常用的钻机之一，为图 6-17 所示的红星号 300 型钻机，其开孔井径可达 560mm，对于基岩为 400mm，钻井深度可达 300m。此种钻机用动力机通过传动装置，使转盘转动，转盘带动钻杆旋转，从而使钻头（图 6-18）切削岩层。在钻进同时，钻机上的泥浆泵不断地从泥浆池抽取一定浓度的泥浆，经提引水龙头，沿钻杆内腔至钻头喷射到被切削的工作面上。泥浆与钻孔内的岩屑混合在一起，沿井孔上升至地面，流入沉淀池，在沉淀池内沉淀分离岩屑后的泥浆又重复被泥浆泵送至井下。这种泥浆循环方式又称正循环回转钻进。循环泥浆在钻进中既起清除

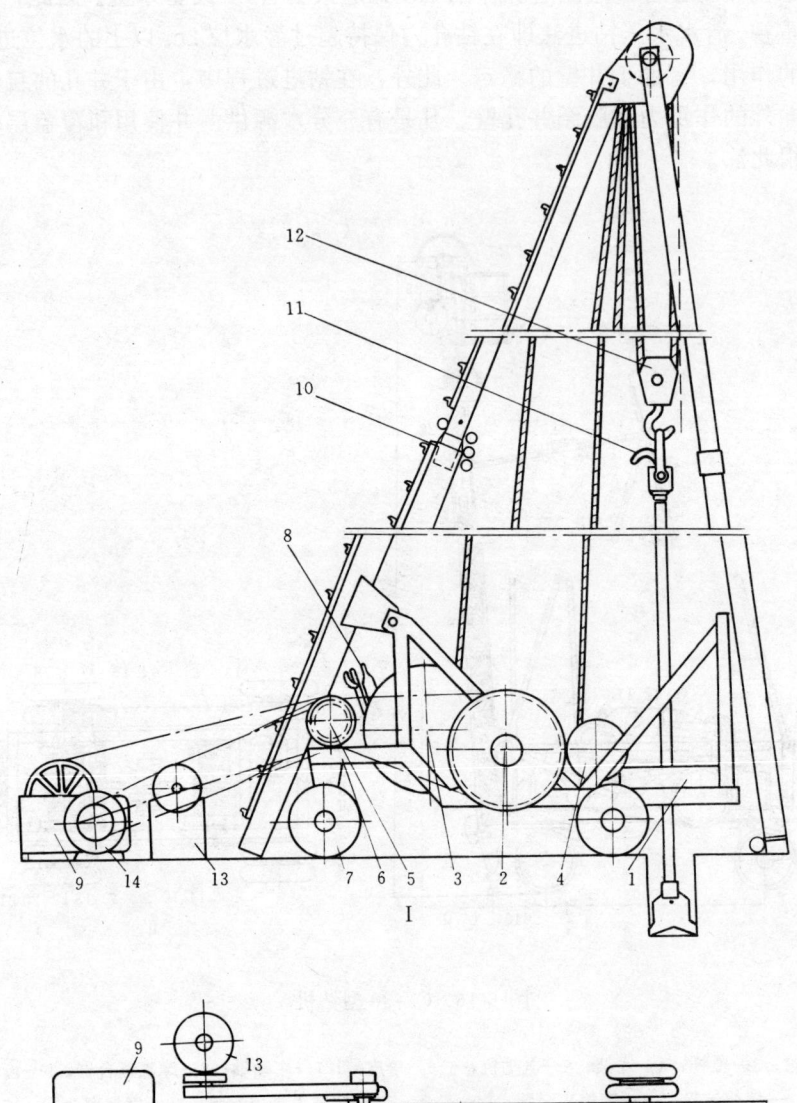

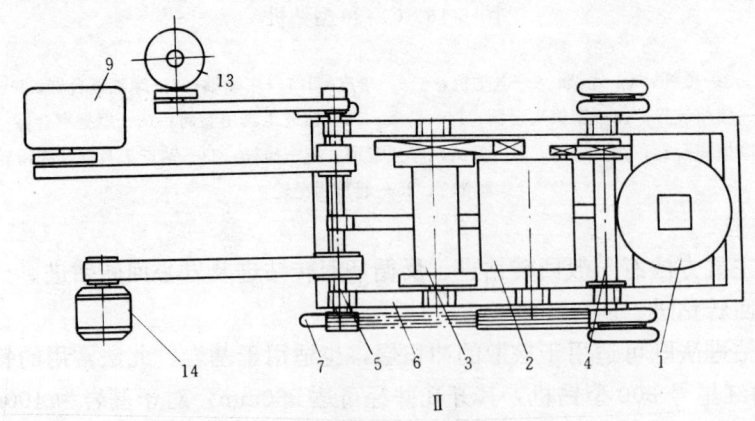

图 6-17　红星号 300 型钻机

1—转盘；2—变速箱；3—钻进工具筒；4—取砂样用卷筒；5—动力分配箱；
6—机架；7—行走轮；8—操纵闸把；9—泥浆泵；10—三角架；11—提引水
龙头；12—三轮滑车；13—泥浆搅拌机；14—动力机

岩屑的作用，又起加固井壁和冷却钻头的作用。

（2）反循环回转钻进

在正循环回转钻进过程中，往往由于井壁有裂隙和坍塌，常发生循环泥浆的漏失和流速降低，以致岩屑在井孔内沉淀而不能从井孔中排出，反循环回转钻进是克服上述弊病所采用的一种方法。

反循环回转钻进原理如图6-19所示。泥浆由沉淀池流经井孔到井底，然后经钻头、钻杆内腔、提引水龙头和泥浆泵回到泥浆沉淀池。它的特点是循环泥浆流量大，在钻杆内腔产生较高的流速。此法凡是松散的地层均可采用，在国外采用较普遍，近年我国已开始应用，但由于设备条件所限，目前钻进深度只达到100m左右。

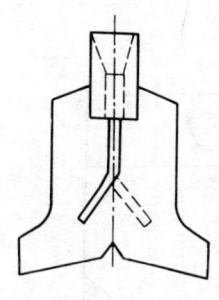

图6-18 鱼尾钻头

（3）岩心回转钻进

岩心回转钻进设备与工作情况和一般回转钻进法基本相同，只是所用的钻头是岩心钻头，见图6-20。岩心钻头只将沿井壁的岩石破碎，保留中间部分，因此效率较高，并能将未被破碎的岩心取到地面供考察地层之用。岩心回转钻进适用于钻凿坚硬的岩石，其优点是进尺速度高，钻进深度大，所需设备功率小。钻凿基岩深管井时，常用此法。

近数十年以来，由于石油、采矿事业发展，推动了钻井技术的迅速发展。一些新技术如激光法、超声波法、侵蚀法、爆炸法等正在试验应用于钻井技术。一些新型的钻井设备如多用钻机、全液压操纵钻机、柔杆钻机、高频冲击钻机、动力头钻机等都已成功地应用于石油、采矿等技术领域，其中某些新设备也已开始应用于水井钻凿。可以预料，水井的钻凿技术今后将有更大的发展。

应当指出，凿井方法的选择对于降低造价、加快工程进度、保证工程质量都有很大的意义，因此，应结合各地的具体情况，选择适宜的凿井方法。

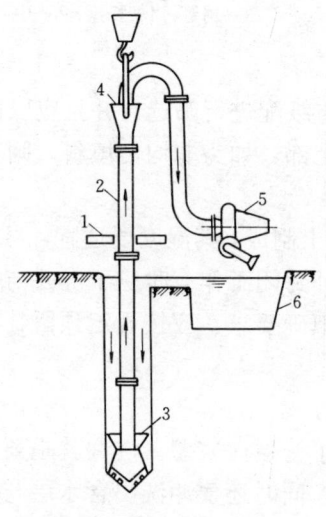

图6-19 反循环回转钻进原理
1—转盘；2—钻杆；3—钻头；4—提引水龙头；5—泥浆泵；6—泥浆沉淀池

二、井管安装、填砾石、管外封闭

当井孔钻进到预定深度后，按照管井构造设计要求，结合井孔取得的岩层资料，对井壁管、过滤器、沉淀管的长度及填砾级配进行最后的修正，并应及时进行井管安装工作。井管安装必须保证质量，如井管偏斜将影响抽水设备的正常工作和填砾质量。

井管安装除了一般的吊装下管方法以外，还有适于较长井管安装的浮板下管法（图6-21）和适用于非金属井管安装的托盘下管法（图6-22）。浮板下管法就是利用在井管中设置的密闭隔板（浮板），使井管下沉时产生浮力，从而减轻起重设备的负荷和井管自重产生的拉力。托盘下管法就是利用钢筋混凝土或坚韧木材制成的托盘4来托持全部井管1，借助通向绞车的钢丝绳2放入井孔内。当托盘放至井底后，提升中心钢丝绳5，抽出销钉3后，即可收回起重钢丝绳5，下管工作即告完成。

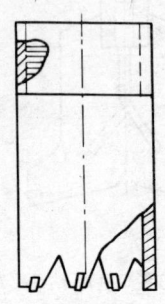
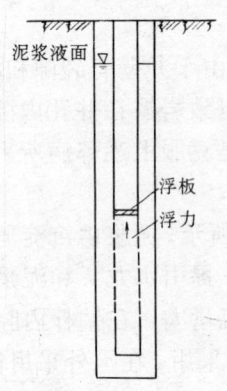
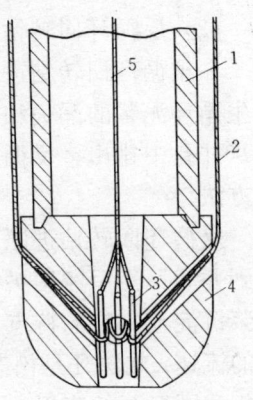

图 6-20 岩心钻头　　图 6-21 浮板下沉法　　图 6-22 托盘下沉法
1—井管；2—起重钢丝绳；
3—销钉；4—托盘；5—中心钢丝绳

填砾及井管外封闭是管井建造工序中一个重要环节。填砾规格、填砾方法以及不良含水层的封闭和井口的封闭适当与否，都可能影响管井的质量。

填砾首先要保证砾石的质量，砾石应按设计要求的粒径与级配进行筛选，并且应以圆浑砾石为主。填砾石时，应徐徐填入，避免砾石充塞于井孔上部，如为非均匀填料，则不应间断。

井管外封闭一般用粘土球，球径一般为 25mm，用优质粘土制成，其湿度要适宜，要求保持球形下沉至预定位置。当填至井口时，进行夯实。井管外封闭工作有时应于洗井与抽水试验后进行，以防洗井时填石层调整塌陷。如设计有补充填砾要求，应按规定预留补充填砾孔（至填砾层）。

三、洗井与抽水试验

在凿井过程中，泥浆和岩屑堵塞、压实在井壁上，形成了一层泥浆壁。洗井就是要消除井孔及周围地层内残余泥浆和破坏井内含水层段的泥浆壁，同时还要冲洗出含水层与填砾层中部分细小颗粒，使井周围形成天然反滤层或人工反滤层。洗井工作的好坏，对井的出水量、含砂量乃至日后的运行效果有重要影响。

洗井工作要在安装井管、填砾工作完成后立即进行，以防泥浆壁硬结，使洗井困难。

洗井工作是在抽筒或空气扬水器清理井内泥浆及细砂砾（这在非均匀填料施工时是不可避免的）后进行的。

洗井方法有活塞洗井法和空气压缩机洗井法两类。活塞洗井法是用安装在钻杆或抽筒上带活门的活塞，于井壁管内上下迅速拉动，在过滤器周围形成反复冲洗水流，以达到破坏泥浆壁、清除填砾层与含水层中残留泥浆、细小颗粒及形成反滤层的目的。活塞洗井效果较好，对于非金属井管，因其机械强度较低，要注意在提拉活塞时损坏井管的可能性。空气压缩机洗井法是利用压缩空气喷射泥浆壁或利用空气压入井内，迫求水流冲刷泥浆壁来达到洗井的目的。

我国以往规定，当洗井达到破坏泥浆壁、出水变清、井水含砂量在 1/500000～1/200000 以下时（1/500000 以下适用于粗砂地层，1/200000 以下适用于中、细砂地层），就可以结束洗井工作。现在新规范对井水含砂量的要求达 1/2000000 以下（体积比）。

抽水试验是管井建造的最后阶段，目的在于测定井的出水量，了解出水量与水位下降值的关系，为设计、安装抽水设备提供依据，同时采取水样进行分析，以评价井的水质。

抽水试验前应测出静水位，抽水时应测定出水量和相应的动水位。抽水试验的最大出水量一般应达到或超过设计出水量，如设备条件限制时，亦不应小于设计出水量的75%。抽水试验中的水位下降次数，一般为3次，至少为2次。每次都应保持一定的水位下降值与出水量稳定的延续时间。

抽水试验过程中，除认真观测、记录以外，还应在现场及时进行资料整理工作，诸如绘制水量与水位下降值的关系曲线，绘制水位、出水量与时间的关系曲线以及绘制水位恢复曲线等，以便发现问题及时处理。

第三节 单 井 计 算

根据地下水取水构筑物渗流运动的解算方法，井的出水量（或水位降落）计算公式通常有两类，即理论公式与经验公式。在工程设计中，理论公式多用于根据水文地质初步勘察阶段的资料进行的计算，其精度差，故只适用于考虑方案或初步设计阶段；经验公式多用于水文地质详细勘察和抽水试验基础上进行的计算，能较好地反映工程实际情况，故通常适用于施工图设计阶段。本节及第四、五节所述井的计算问题不仅适用于管井，也适用于类似情况下的其他取水井。

一、理论公式

井的实际工作情况十分复杂，因而其计算情况也是多种多样的。例如，根据地下水流动情况，可以分为稳定流与非稳定流、平面流与空间流、层流与紊流或混合流；根据水文地质条件，可以分为承压与无压、有无表面下渗及相邻含水层渗透、均质与非均质、各向同性与各向异性；根据井的构造，又可分为完整井与非完整井等。实际计算中都是以上各种情况的组合。管井出水量计算的理论公式繁多，以下仅介绍几种基本公式。

1. 稳定流情况下的管井出水量计算

（1）承压含水层完整井（图6-23）

承压含水层完整井出水量为：

$$Q = \frac{2\pi KmS}{\ln\frac{R}{r}} = \frac{2.73KmS}{\lg\frac{R}{r}} \qquad (6-3)$$

式中　Q——井的出水量，m^3/d；

S——出水量为 Q 时，含水层中距井中心 r 处某点的水位（水头）降，若 r 等于井的半径 r_0，则 $S=S_0$；

m——含水层的厚度，m；

K——渗透系数，m/d；

R——影响半径，m。

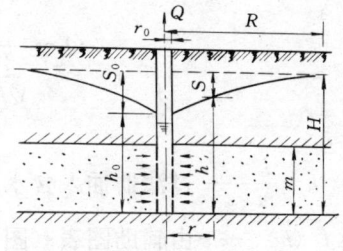

图 6-23　承压含水层完整井计算简图

如已知井的出水量 Q，则可由 (6-3) 式求得：

$$S = 0.37 \frac{Q}{Km} \lg \frac{R}{r} \tag{6-4}$$

(2) 无压含水层完整井（图 6-24）

无压含水层完整井出水量为：

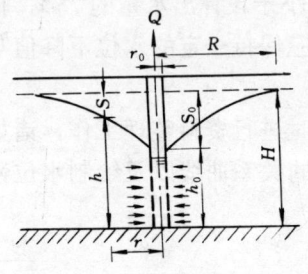

图 6-24　无压含水层完整井计算简图

$$Q = \frac{\pi K(H^2 - h^2)}{\ln \frac{R}{r}} = \frac{1.37K(2HS - S^2)}{\lg \frac{R}{r}} \tag{6-5}$$

式中　H——含水层厚度，m；
　　　h——与 Q 相应的距井中心 r 处的水位，m，如 $r=r_0$，则 $h=h_0$，h_0 为井外壁的水位；
　　　S——与 h 相对应的水位降，如 $r=r_0$，则 $S=S_0$。

其余符号同前。

若已知出水量 Q，则由（6-5）式得：

$$S = H - \sqrt{H^2 - 0.73 \frac{Q}{K} \lg \frac{R}{r}} \tag{6-6}$$

计算时，K、R 等水文地质参数比较难以确定，其中 K 值对计算结果影响较大，故应力求符合实际。

上述公式又名裘布依（Dupuit）公式，它是在下列假设基础上用一般数学分析方法推导而得：地下水处于稳定流、层流、均匀缓变流状态；水位下降漏斗的供水边界是圆筒形的；含水层为均质、各向同性、无限分布；隔水层顶板与底板是水平的。显然，自然界不可能存在上述理想状态的水井，而且公式的水文地质参数（K、R）也难以准确确定，因此理论公式在实际应用上有一定的局限性。

(3) 承压含水层非完整井（图 6-25）

非完整井抽水时，流线呈复杂的空间流状态。马斯克特（Muskat）应用空间源汇映射和势流量叠加原理推导出下面的非完整井的理论公式：

$$Q = \frac{6.28 KmS}{\frac{1}{2\bar{h}}\left(4.6\lg \frac{4m}{r} - A\right) - 2.3\lg \frac{4m}{R}} \tag{6-7}$$

式中　$\bar{h} = \frac{l}{m}$——过滤器插入含水层的相对深度；
　　　$A = f(\bar{h})$——由辅助图表（图 6-26）确定的函数值；
　　　l——过滤器长度，m；

其余符号与前相同。

同完整井相比，在相同条件下用非完整井取同等水量，水流将克服更大的阻力；因此，如用（6-3）式计算非完整井的出水量时，需在完整井水位降（S）的基础上增加一附加水位降值 ΔS，即如以 $S' = S + \Delta S$ 代入（6-3）式就可得所求结果。根据（6-7）式得：

$$\Delta S = 0.16 \frac{Q}{Km}\zeta \tag{6-8}$$

其中：
$$\zeta = 2.3\left(\frac{m}{l} - 1\right)\lg\frac{4m}{r} - \frac{2m}{l}A \tag{6-9}$$

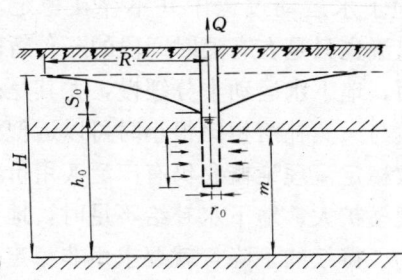

图 6-25 承压含水层非完整井计算简图

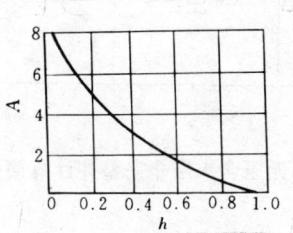

图 6-26 计算附助图表

其余符号同前。

若插入含水层的过滤器长度与含水层厚度相比很小，即当 $\frac{1}{m} \leqslant \frac{1}{3}$ 时，则：

$$Q = \frac{2.73KlS}{\lg\frac{1.32l}{r}} \tag{6-10}$$

当 $\frac{1}{m} \leqslant \frac{1}{3} - \frac{1}{4}$，$\frac{r_0}{m} \leqslant 5 - 7$ 时，由 (6-10) 式求得 Q 的误差不大于 10%，且无须确定难以估计的 R 值。

(4) 无压含水层非完整井 (图 6-27)

无压含水层非完整井可用下式计算：

$$Q = \pi KS\left[\frac{l+S}{\ln\frac{R}{r}} + \frac{2M}{\frac{1}{2h}\left(2\ln\frac{4M}{r} - A\right) - \ln\frac{4M}{R}}\right] \tag{6-11}$$

式中 $M = h_0 - 0.5l$；

$A = f(\bar{h})$，$\bar{h} = \frac{0.5l}{M}$，由图 6-26 查得；

其余符号同前。

式(6-11)表示井的出水量是根据分段解法由两部分水量近似叠加而得的，即图 6-27 中 I-I 线以上的无压含水层完整井和 I-I 以下的承压含水层非完整井水量之和，由(6-5)式、(6-7)式组合而成。

同理，如以 (6-5) 式计算无压含水层非完整井 (图 6-27) 的出水量时，附加水位降应为：

$$\Delta S = H' - \sqrt{(H')^2 - 0.37\frac{Q}{K}\zeta} \tag{6-12}$$

式中 $H' = H - S_0$。

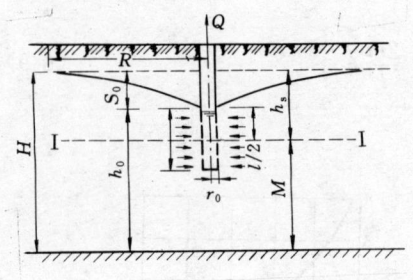

图6-27 无压含水层非完整井计算简图

ζ 由 (6-9) 式求得,其中 $m=H-\dfrac{S_0}{2}$,$l=l_0-\dfrac{S_0}{2}$,$\bar{h}=\dfrac{l}{m}$。

2. 非稳定流情况下管井出水量的计算

自然界地下水运动过程中并不存在稳定流状态,所谓稳定流也只是在有限时间段的一种暂时平衡现象。然而,地下水运动十分缓慢,尤其是当地下水开发规模与天然补给相比很小时可以近似地视为稳定流,故稳定流理论概念仍有广泛实用价值。

当开发规模扩大、地下水补给不足时,地下水位发生明显的、持续的下降,就要求用非稳定流理论来解释地下水的动态变化过程。

包含时间变量的泰斯(Theis)公式是非稳定流理论的基本公式。泰斯公式除了在抽水试验中确定水文地质参数有重要意义外,在地下水开发中可以用于预测水源建成后地下水位的变化。以下介绍非稳定流承压、无压含水层完整井公式。

(1) 承压含水层完整井的泰斯公式

$$S=\frac{Q}{4\pi Km}W(u) \tag{6-13}$$

$$W(u)\int_u^\infty \frac{e}{u}du=-0.5772-\ln u+u-\frac{u^2}{2.2!}+\frac{u^3}{3.3!}-\cdots\cdots \tag{6-14}$$

$$u=\frac{r^2}{4at} \tag{6-15}$$

式中 S——抽水 t 时间后任意点的水位下降值,m;

Q——井的出水量,m³/d;

r——任意点至井的距离,m;

t——抽水延续时间,d;

$W(u)$——井函数,可自专门编制的图表查得;

a——承压含水层压力传导系数(m²/d),$a=\dfrac{Km}{S}$,此处 S 为弹性贮留系数,a 或 S 由现场扬水试验求定。

其余符号同前。

对于透水性良好的密实破碎岩石层中的低矿化度水而言,a 值一般为 $10^4\sim10^6$ m²/d;在透水性差的细颗粒含水层中,a 值在 $10^3\sim10^5$ m²/d 之间。

当 u 很小,如 $u\leqslant0.01$ 时,(6-13) 式可简化为:

$$S=\frac{Q}{4\pi Km}\ln\frac{2.25at}{r^2}$$

$$\approx\frac{Q}{2\pi Km}\ln\frac{1.5\sqrt{at}}{r} \tag{6-16}$$

将上式同（6-3）式比较可知，在非稳定流情况下，相当于（6-3）式中之 $R \approx 1.5\sqrt{at}$。

(2) 无压含水层完整井的泰斯公式

$$h^2 = H^2 - \frac{Q}{2\pi K} W(u) \tag{6-17}$$

$$u = \frac{r^2}{4at}$$

式中 h——任意点含水层动水位高度，m；

a——水位传导系数（m²/d），$a = -\frac{Kh'}{\mu}$，此处 μ 为给水度；h' 抽水期间含水层的平均动水位高度。

其余符号同前。

在无压含水层中，a 值通常在 $100 \sim 5000 \text{m}^2/\text{d}$ 之间。

当 u 很小，如 $u \leqslant 0.01$ 时，(6-17) 式可简化为：

$$h^2 = H^2 - \frac{Q}{2\pi K} \ln \frac{2.25at}{r^2} \tag{6-18}$$

在水文地质勘探中，通常可根据扬水试验资料 S、t，利用泰斯公式推算含水层常数 S（贮留系数）、T（$T = Km$）；反之，如已知 S、T，也可用泰斯公式计算 S 或 Q。对于前一种计算情况，用普通的代数方法求解是困难的，但用图解法可取得满意的结果。有关算法可参看专门文献或有关手册。对于给水工程设计及运行管理而言，多为后一种计算情况，即已知出水量 Q（保持常量）求某点 r 的水位降 S 随时间的变化，或已知某点的水位降 S（保持常量）求出水量 Q 随时间的变化。这种情况的计算并不难，可直接由泰斯公式进行计算。

泰斯公式是在以下假设的基础上推导的：含水层均质、各向同性、水平且无限广阔；含水层的导水系数 T（对无压地层 $T = KH$）为常数；当水头或水位降落时，含水层的排水瞬时发生；含水层的顶板、底板不透水等。实际上，虽然不存在符合上述假定条件的情况，然而非稳定流理论的发展，已出现不少适应不同条件的公式，如越流含水层、存在延迟给水的无压含水层的计算公式，非完整井的计算公式等。

在上述假设基础上，用数学分析的一般方法解非稳定渗流基本方程得到泰斯公式的过程如下：

在柱坐标系中所述问题及其定解条件为

$$\begin{cases} \frac{1}{r} \frac{\partial}{\partial r} \left(r \frac{\partial h}{\partial r} \right) = \frac{S}{T} \frac{\partial h}{\partial t}, r > 0, t \geqslant 0 \\ h(r, 0) = H \\ \lim_{r \to \infty} 2\pi r T \frac{\partial h}{\partial r} = Q \\ \lim_{r \to \infty} h(r, t) = H \end{cases}$$

用降深 S 代替水头 h，即令 $S = H - h$，上述数学模型可改写为：

$$\frac{1}{r}\frac{\partial}{\partial r}\left(r\frac{\partial S}{\partial r}\right)=\frac{S}{T}\frac{\partial S}{\partial t};r>0,t\geqslant 0 \tag{6-19}$$

$$S(r,0)=0$$

$$\lim_{r\to\infty}2\pi rT\frac{\partial S}{\partial r}=-Q$$

$$\lim_{r\to 0}S(r,t)=0$$

〔解〕令：

$$u=\frac{Sr^2}{4Tt},\quad W(u)=\frac{4\pi TS}{Q} \tag{6-20}$$

则：

$$r\frac{\partial S}{\partial r}=\frac{Q}{4\pi T}r\frac{dW}{du}\frac{\partial u}{\partial r}=\frac{Q}{2\pi t}u\frac{dW}{du}$$

从而：

$$\frac{1}{r}\frac{\partial}{\partial r}\left(r\frac{\partial s}{\partial r}\right)=\frac{1}{r}\frac{Q}{2\pi T}\left(\frac{\partial u}{\partial r}\frac{dW}{du}+u\frac{d^2W}{du^2}\frac{\partial u}{\partial r}\right)$$

$$=\frac{Q}{r^2\pi T}\left(u\frac{dW}{du}+u^2\frac{d^2W}{du^2}\right)$$

另一方面，$\frac{\partial S}{\partial t}=\frac{Q}{4\pi T}\frac{dW}{du}\frac{\partial u}{\partial t}=\frac{Q}{4\pi T}\frac{dW}{du}\left(-\frac{Sr^2}{4Tt^2}\right)$，将以上两式代入（6-19）式，把抛物线形偏微分方程转化为二阶常微分方程：

$$\frac{d^2W}{du^2}+\left(1+\frac{1}{u}\right)\frac{dW}{du}=0 \tag{6-21}$$

定解条件变为：

$$\begin{cases}W(\infty)=0\\ \lim_{u\to 0}u\frac{dW}{du}=-1\end{cases} \tag{6-22}$$

方程（6-18）求解如下，令：

$$P=\frac{dW}{du},P'=\frac{d^2W}{du^2}$$

代入（6-21）式，则：

$$P'+\left(1+\frac{1}{u}\right)P=0$$

此即一阶常数微分方程，分离变量得：

$$P=C\frac{1}{u}e^{-u}$$

即：

$$\frac{dW}{du}=C\frac{1}{u}e^{-u}$$

由条件（6-22）式得 $C=-1$，于是：

$$\frac{dW}{du} = -\frac{1}{u}e^{-u}$$

积分上式并利用（6-21）式得：

$$W(u) = \int_u^\infty \frac{e^{-u}}{u} du \tag{6-23}$$

将（6-23）式代入（6-20）式得：

$$S = \frac{Q}{4\pi T} W(u)$$

二、经验公式

在工程实践中，常直接根据水源地或水文地质相似地区的抽水试验所得的 Q-S 曲线进行井的出水量计算。这种方法的优点在于不必考虑井的边界条件，避开难以确定的水文地质参数，能够全面地概括井的各种复杂影响因素，因此计算结果比较符合实际情况。由于井的构造形式对抽水试验结果有较大的影响，故试验井的构造应尽量接近设计井，否则应进行适当的修正。

经验公式是在抽水试验的基础上拟合出水量 Q 和水位降落 S 之间的关系曲线，据此可以求出在设计水位降落时井的出水量，或根据已定的井出水量求出井的水位降落值。

Q-S 曲线有以下几种类型：直线型；抛物线型；幂函数型；半对数型。

单井出水量经验公式 表 6-3

类型	Q-S 曲线及其方程	Q-S 曲线的转化		系数的计算公式	外延极限
直线型	$Q=\dfrac{Q_1}{S_1}S$				$<1.5S_{max}$
抛物线型	$S=aQ-bQ^2$	$S_0=f(Q)$	两边各除以 Q，则：$S_0=a+bQ$ $\left(S_0=\dfrac{S}{Q}\right)$ 可用直线 $S_0=f(Q)$ 表示	$a=S_0'-bQ_1$ $b=\dfrac{S_0''-S_0'}{Q_2-Q_1}$ $\left(S_0=\dfrac{S}{Q}\right)$	$(1.75\sim 2.0)S_{max}$
幂函数型	$S=\left(\dfrac{Q}{n}\right)^2$	$\lg Q=f(\lg S)$	取对数，则：$\lg Q=m(\lg S-\lg n)$ 可用直线 $\lg Q=f(\lg S)$ 表示	$m=\dfrac{\lg S_2-\lg S_1}{\lg Q_2-\lg Q_1}$ $\lg n=\lg Q_1-\dfrac{\lg S_1}{m}$	$(1.75\sim 2.0)S_{max}$
半对数型	$Q=a+b\lg S$	$Q=f(\lg S)$	可用直线 $Q=f(\lg S)$ 表示	$b=\dfrac{Q_2-Q_1}{\lg S_2-\lg S_1}$ $a=Q_1-b\lg S_1$	$(2\sim 3)S_{max}$

表中符号：Q——井的出水量，L/s；

S——与 Q 相应的水位下降值，m；

Q_1、Q_2——第一次、第二次抽水试验时井的出水量，L/s；

S_1、S_2——与 Q_1、Q_2 相应的水位降落，m；

S_{max}、Q_{max}——抽水试验中最大水位下降值（m）和出水量，L/s；

S_0'、S_0''——第一次、第二次抽水试验时的单位水位下降值，m/(L·s)。

以上四种公式适用于承压含水层，但当无压含水层的抽水试验资料符合上述类型时，也可近似应用。

选用上述经验公式的方法如下：

1. 抽水试验应有 3 次或更多次水位下降，在此基础上绘制 Q-S 曲线。

2. 如所绘 Q-S 曲线是直线，则可用直线型公式计算；如果不是直线，须进一步判别，可适当改变坐标系统，使 Q-S 曲线转变为直线，见表 6-3，这样可以不经过复杂的运算，选定符合试验资料（Q-S 曲线）的经验公式。

为了选择经验公式，须将所有的试验数据按表 6-4 列出。

抽水试验数据　　　　　　　　　　表 6-4

抽 水 次 数	S	Q	$S_0=\dfrac{S}{Q}$	$\lg S$	$\lg Q$
第一次	S_1	Q_1	S_0'	$\lg S_1$	$\lg Q_1$
第二次	S_2	Q_2	S_0''	$\lg S_2$	$\lg Q_2$
第三次	S_3	Q_3	S_0'''	$\lg S_3$	$\lg Q_3$

然后，按表 6-4 的数据作出下列图形：

$$S_0 = f(Q); \quad \lg Q = f(\lg S) \quad Q = f(\lg S)$$

假如图形中 $S_0 = f(Q)$ 为直线，则井的出水量呈抛物线增长，这时可用抛物线型公式计算。

假如图形中 $\lg Q = f(\lg S)$ 为直线，则井的出水量按幂函数增长，这时可用幂函数型公式计算。

假如图形中 $Q = f(\lg S)$ 为直线，则井的出水量按半对数函数增长，这时可用半对数型公式计算。

【例题】 在单井中进行三个水位下降的抽水试验，其试验结果为 $S_1=8.3\text{m}$，$Q_1=1.6\text{L/s}$；$S_2=12.7\text{m}$，$Q_2=2.2\text{L/s}$；$S_3=18.0\text{m}$，$Q_3=27\text{L/s}$。求水位下降值 $S_n=22\text{m}$ 时，井的出水量 Q_n？

【解】 首先作出 $Q=f(S)$ 的图形（图 6-28）。从图可以看到，Q-S 不是直线关系，因此，应列出下面的表 6-5：

表 6-5

抽 水 次 数	S	Q	$S_0=\dfrac{S}{Q}$	$\lg S$	$\lg Q$
第一次	8.3	1.6	5.18	0.920	0.209
第二次	12.7	2.2	5.78	1.104	0.343
第三次	18.0	2.7	6.69	1.256	0.432

然后按表 6-5 作 $S_0=f(Q)$、$\lg Q=f(\lg S)$ 及 $Q=f(\lg S)$ 的图形,见图 6-29。

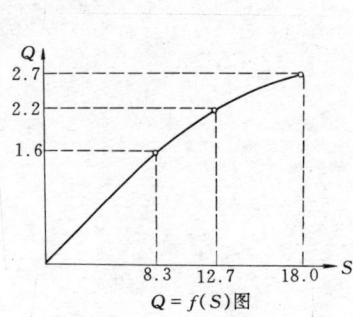

图 6-28 $Q=f(S)$ 图

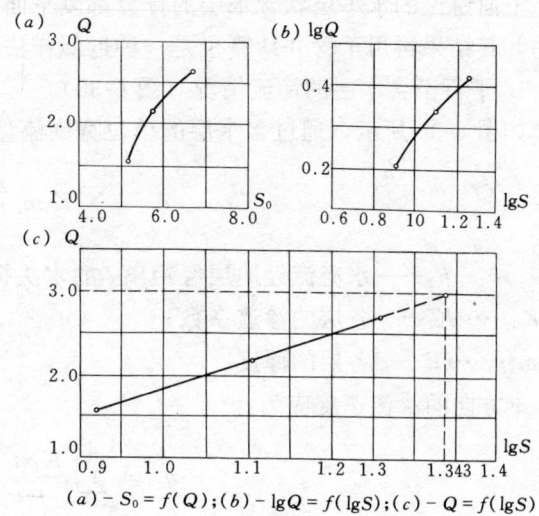

$(a)-S_0=f(Q);(b)-\lg Q=f(\lg S);(c)-Q=f(\lg S)$

图 6-29 出水量与水位下降关系曲线

由图 6-29 可知,抽水试验的资料是符合 $Q=f(\lg S)$ 的关系,即 $Q=f(\lg S)$ 为直线,因此应按半对数型公式进行计算:

$$Q_n = a + b\lg S_n = -1.4 + 3.26\lg 22 = 3.0 \text{ L/s}$$

式中

$$h = \frac{Q_2 - Q_1}{\lg S_2 - \lg S_1} = \frac{2.2 - 1.6}{1.04 - 0.920} = 3.26$$

$$a = Q_1 - b\lg S_1 = 1.6 - 3.26 \times 0.920 = -1.4$$

此外,还可从图 6-29 上可以看出结果,因 $\lg S_n = 1.343$ 相应的出水量为:

$$Q_n = 3\text{L/s}$$

第四节 单井计算中的几个问题**

本节将概略地介绍上节单井计算(理论公式)中几个与实际情况出入较大而且在理论与实际上都十分复杂的问题。应该看到,鉴于问题的复杂性,虽然至今还缺少这方面比较系统和普遍适用的研究成果,但是在工程实际中应予关注。恰当地处理这些问题,会取得较好的技术经济效果。

一、层状含水层中管井的计算问题

在天然情况下均质含水层并不多见,几乎所有的第四纪地层中的含水层都是成层的,甚至是各向异性的。有时含水层的分层构造及其渗透特性对取水物筑物的影响不能忽视。解决这类问题比较简便的办法是,设法把非均质的层状地层或各向异性地层近似地当作一个均质的各向同性的含水层,求得

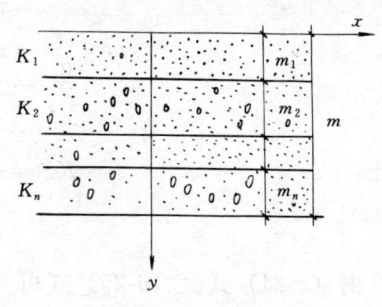

图 6-30 层状含水层

其平均渗透系数，进而用上节有关的理论公式计算。

下面讨论的水平层状含水层的计算都以平面渗流及缓变流为基础，并且只限于各向同性的，其结果再用于管井计算也是一种近似作法。

1. 平行于含水层的渗流情况（图 6-30）

如图 6-30 所示，通过含水层的单位宽度流量应为：

$$q = \sum_{i=1}^{n} K_i m_i \frac{h_1 - h_2}{l}$$

式中 $h_1 - h_2$——水流流经地层经距离 l 的水头损失；

$K_1 \cdots\cdots K_i$——各层的渗透系数；

$m_1 \cdots\cdots m_i$——各层的厚度。

x 方向的渗流速度应为：

$$v_x = \sum_{i=1}^{n} \frac{K_i m_i}{m} \frac{h_1 - h_2}{l}$$

式中 m——含水层总厚度。

则沿水平方向的平均渗透系数为：

$$K_x = \sum_{i=1}^{n} \frac{K_i m_i}{m} \tag{6-24}$$

在地下水流有自由表面的情况下，相应含水层的厚度可近似地取平均值。

2. 垂直于含水层的渗流情况（图 6-30）

根据渗流连续性方程，通过各层的垂直渗流速度应相等，故：

$$v = K_y i = K_1 i_1 = K_2 i_2 = \cdots = K_n i_n$$

式中 K_y——沿 y 方向含水层的平均渗透系数；

i——垂直通过整个含水层的总水力坡降；

$i_1 \cdots\cdots i_n$——垂直通过各含水层的水力坡降。

另一方面，水流通过整个含水层的总水头损失应为通过各含水层水头损失之和，故：

$$i_m = i_1 m_1 + i_2 m_2 + \cdots + i_n m_n$$

$$i = \frac{i_1 m_1 + i_2 m_2 + \cdots + i_n m_n}{m}$$

或

$$\frac{v_y}{K_y} = \frac{v \frac{m_1}{K_1} + v \frac{m_2}{K_2} + \cdots + v \frac{m_n}{K_n}}{m}$$

由此：

$$K_y = \frac{m}{\sum_{i=1}^{n} \frac{m_i}{K_j}} \tag{6-25}$$

由 (6-24) 式及 (6-25) 式可知，$K_x > K_y$。

上述计算的前提是必须取得各含水层的 K_x 或 K_y，显然就目前的技术条件而言是难以做到的。用经验公式计算取水井就不存在这类问题。

二、过滤器的渗流分布和有效长度问题

完整井理论公式是在二维流的基础上推导而得,根据假设地下水渗流沿过滤器的分布是均匀的;非完整井理论公式虽考虑了三维渗流情况,但源汇映射势流叠加法亦假定过滤器是由沿直线分布的等强度点汇或点源所组成。此外,两者都忽略了地下水进入过滤器及其沿过滤器流向吸水管管口的水流运动的影响。实际上,即使对完整井而言,其过滤器周围含水层中的水流也处于三维流状态(有时流态是非线性的),渗流沿过滤器的分布是不均匀的(图6-31)。这自然产生了地下水渗流沿过滤器的分布规律及过滤器的有效长度问题。图6-32表示在厚度为34m的含水层中,当井的水位降为1、2、3m时,出水量与井的完整程度(l/M)的关系。实测曲线表明,大约在$l/M=0.6$以后,井的出水量增长缓慢,即过滤器的有效长度约为$0.6M$。

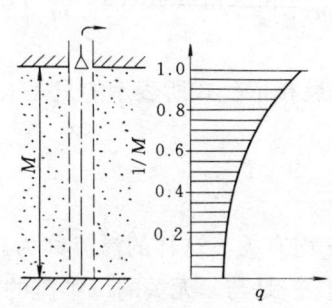
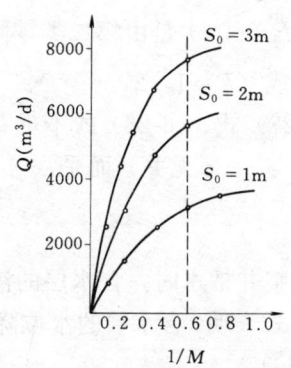

图6-31 渗流沿过滤器的分布   图6-32 Q与l/M关系曲线

1. 过滤器周围含水层中的渗流分布

以承压水井为例,其基本假设条件除渗流为三维流外,其余与裘布依公式的假定条件一致。若吸水管管口位于过滤器顶端。则水流进入过滤器产生的水头损失即决定了渗流场的内边界,而其他边界由假设条件决定,由此,渗流场的数学模型为:

$$\frac{\partial^2 h}{\partial r^2} + \frac{1}{r}\frac{\partial h}{\partial r} + \frac{\partial h}{\partial z^2} = 0$$

$$\frac{\partial h}{\partial z} = 0; z = 0, r_0 \leqslant r \leqslant R$$

$$\frac{\partial h}{\partial z} = 0; z = M, r_0 \leqslant r \leqslant R$$

$$h = H = \text{const}; 0 \leqslant z \leqslant M, r = R$$

$$-\frac{\partial h}{\partial z} = \frac{2K^2}{CA_p g r_0}\left(\frac{\partial h}{\partial r}\right)^2 + \frac{8K^2}{g r_0^2}\left(\frac{\partial h}{\partial r}\right)^2 \int_0^z \frac{\partial h}{\partial r} dz$$

$$+ \frac{K^2 \lambda}{g r_0^3}\left(\int_0^z \frac{\partial h}{\partial r} dz\right)^2 - \frac{gK^2}{gC^2 A_p^2}\frac{\partial h}{\partial z}\frac{\partial}{\partial z}\left(\frac{\partial h}{\partial r}\right) \quad (6-26)$$

$$0 \leqslant z \leqslant M, r = r_0$$

$$\int_0^M r \frac{\partial h}{\partial r} dz = \frac{Q}{2\pi K}; 0 \leqslant z \leqslant M$$

$$r_0 \leqslant r \leqslant R$$

(6-26) 式表示地下水流通过管壁圆孔，水流偏转、流量沿管增加和滤水管摩阻引起的水头损失变化率，其中 C 为流量系数，A_p 为孔隙率，λ 为摩阻系数，其余符号含意同前。

用分离变量法对上述渗流场的数学模型求解，可得单井抽水后含水层水头表达式：

$$h = H - \frac{Q}{2\pi Km} \ln \frac{R}{r} - Q^2 f_1(r,z) \tag{6-27}$$

或

$$S = \frac{Q}{2\pi Km} \ln \frac{R}{r} + Q^2 f_1(r,z) \tag{6-28}$$

其中，$f_1(r,z)$ 是由第二类零阶贝塞尔函数 $K_0\left(\frac{P\pi r}{m}\right)$ 和三角级数 $\cos\left(\frac{P\pi z}{m}\right)$ 所组成的收敛级数构成（$P = 1, 2, \cdots \infty$）。

从 (6-27) 式、(6-28) 式不难看出，h 或 S 不再象裘布依公式所表示的只是 Q 的一次方函数，并与 r、z 无关，而是：

$$S = f(Q, Q^2, r, z)$$

即有完整井抽水时，含水层的渗流与坐标 x、y、z 均有关。这样的渗流称为三维流。

(6-28) 式表明，含水层的水位降 S 是由两部分组成：一是与 z 无关的二维流的水位降，记为 S_1，即：

$$S_1 = \frac{Q}{2\pi Km} \ln \frac{R}{r}$$

这就是裘布依公式，可见裘布依公式是 (6-28) 式的特例；另一部分是受过滤器内水头不均匀分布所控制的三维流性质的水位降，记为 S_2，即：

$$S_2 = Q^2 f_1(r, z)$$

该值是随着含水层的空间位置 (r, z) 而变的。

将下列实测数据：

$$Q = 7230 \text{m}^3/\text{d}; r_0 = 0.1\text{m}; m = 33.3\text{m};$$

$$K = 230 \text{m/d}; \lambda = 0.0546; R = 300\text{m}$$

代入 (6-28) 式（具体公式略），求含水层的水位降分布，并利用流线与等势线正交特性，绘制了流网图（图 6-33）。

从图 6-33 可知，含水层的渗流分布在靠近过滤器处为三维流，远离滤水管为二维流。其分界线约在 $r = 1.6$m 处，即在含水层 $r = 1.6$m 距离处，水位降值基本上已与 z 无关，只是 r 的函数，故等势线为一条铅垂线，而流线是水平的，且间距相等，即流量沿深度分布是均匀的，这就是二维渗流区的特征。从 $r = 1.6$m 处开始，随着水流向井靠近，等势线的曲率

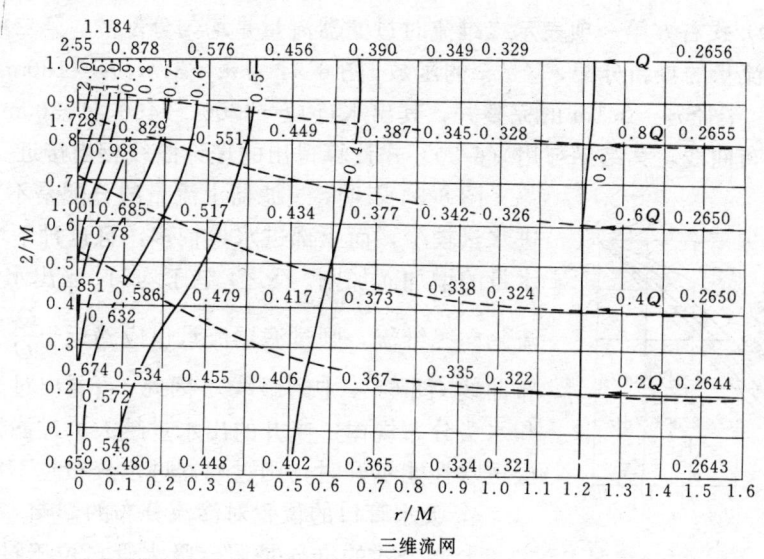

图 6-33 三维流网

越来越大,而流线也逐渐向上弯曲,同时上部流线的间距逐渐缩小,下部则扩大,出现流量向过滤器上部(即吸水口处)集中的趋势。这种趋势越靠近井壁越显得突出,一直至过滤器管壁达到极限。这就是单井抽水时含水层渗流分布的概貌。

2. 过滤器内的水头分布

将 $r=r_0$ 代入(6-27)式,同时对三角级数求和,并略去水流偏转引起的水头损失项,可得过滤器内的水头分布表达式:

$$h = H - \frac{1}{2\pi Km}\ln\frac{R}{r_0} - \frac{Q^2}{g\pi^2 r_0^4}\left\{\frac{\lambda m}{12 r_0}\left(\frac{z}{m}\right)^3 + \left(\frac{z}{m}\right)^2 - \frac{\lambda m}{48 r_0} - \frac{1}{3}\right\} \tag{6-29}$$

上式表明滤水管内水头 h 分布是 z 的三次方的函数。这是由于过滤器中存在 Z 方向水流的水头损失,使得过滤器中靠近吸水管口一端的水头比另一端小。而裘布依公式没有考虑地下水流经过滤器的水头损失,这与实际是不相符的。从(6-29)式看出,h 不但是 z^3 的函数,而且与出水量 Q 的二次方成正比,与井半径的四次方成反比。当 Q 很小,r_0 很大时,(6-29)式与裘布依公式差别就越小,即裘布依公式的误差越小。从而可以推证出,裘布依公式适用于小出水量和大井径的条件,因为此时渗流接近于二维流,否则误差会较大。

3. 地下水沿过滤器的流量分布

由于过滤器周围的渗流分布是三维流动状态,因此,不难推证地下水进入过滤器时的流量分布是不均匀的。

将(6-27)式的 h 对 λ 求偏导,令 $r=r_0$ 并在等式两边各乘以 $2\pi K r_0 dz$,即得过滤器上长为 dz 段的入流量,并对两边从 $z=0$ 到 $z=l$($0 \leqslant l \leqslant m$)积分,最后整理可得流量分布表达式:

$$\frac{Q_l}{Q} = \frac{l}{m} + Q f_1(r, z)|r=r_0 \tag{6-30}$$

81

式中 Q_l 代表从底板算起长度为 l 的过滤器进水量，$\dfrac{Q_l}{Q}$ 表示长度 l 的进水量与井的出水量之比。(6-30) 式右方第一项表示二维流时过滤器流量是均匀分配的，第二项表示产生三维流后过滤器流量的重新分配，它是 z 的函数。图 6-34 为 $m=34m$、$K=180m/d$ 的含水层，摩阻 $\lambda=0.03$、半径 $r_0=0.1m$ 的完整井，其出水量 $Q=4700$、7460、$15300m^3/d$ 时过滤器流量的实测分布曲线，其结果与用 (6-30) 式计算得出的理论曲线相当接近。

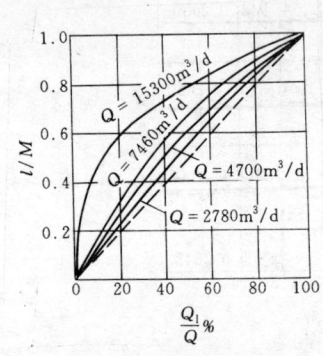

图 6-34　过滤器流量分布与
井出水量的关系

图 6-34 表明，过滤器上流量的分配是不均匀的，下部进水量较少，而上部进水量较多，且这种不均匀性随着出水量的增加而加剧。反之，趋于均匀。当出水量很小时，渗流趋向二维流，则过滤器流量也应趋近于 $\dfrac{Q_l}{Q}=\dfrac{l}{m}$ 的均匀分布曲线（图 6-34 中的虚线）。因此，可看出过滤器流量分布和水头分布规律：当井的出水量越大、过滤器越细、含水层透水性能越好时，则过滤器进水分布越不均匀。

4. 吸水管口的位置对渗流分布的影响

上述公式的推导是假定吸水管口位于过滤器顶端的。但在实际工作中，由于井的深度、地下水位、含水层的埋深和层数、泵的类型等因素影响，有时可将吸水管口放在过滤器上方井壁管内（距离 m' 处）；有时放在过滤器中部；有时放在过滤器下部。由于吸水管口位置不同，管内水流的方向、过滤器过水断面通过的流量也不同，因而改变了摩阻系数 λ，由此含水层的边界条件随之发生变化，水头分布表达式不再是 (6-27) 式的形式，从而导致渗流分布发生变化。其基本规律是：靠近吸水管口断面处过滤器水位降最大，进水流量也最大。实践和理论都表明，当吸水管管口位于含水层中部时，在相同流量下，井水位降深最小，因此将吸水管管口伸入滤水管中部，是个减少井水位降的好方法。

5. 过滤器的有效长度

从过滤器的渗流分布规律得知，如在厚度大、渗透性能强的含水层中用一个小口径井以大出水量抽水时，由于流量分布不均，过滤器下端的进水量在总出水量中占的比值很小，说明远离吸水管口的那一部分过滤器的作用很小，因而产生过滤器的有效长度的问题。所谓有效长度是指在较厚含水层中，水位降一定时，对增加井的出水量实际起作用的那段过滤器的长度。

图 6-32 为厚度 $m=34m$ 含水层中，井水位降深 $S=1$、2、$3m$ 时，井出水量与井完整程度 $\dfrac{l}{m}$ 的关系曲线；图 6-35 为相应流量损失曲线。

从图中可知，出水量增长率随过滤器长度的增大而减小，当 $\dfrac{l}{m}=0.6$ 以后，井的出水量增加很缓慢，若井的完整程度不小于 0.6，则出水量减少仅 10% 左右；井的非完整程度引起的出水量减少，在大降深时要比小降深时为少。这与图 6-35 的情况相同。

由此可见，从技术经济角度考虑，过滤器不是越长越好。过滤器太短，不利于增加单井出水量；太长，则造成浪费。因此在较厚含水层中，合理地确定过滤器的有效长度，对减少管井造价有很大意义。

设过滤器的有效长度 l_a，井水量 Q_a 与完整井出水量 Q 的比值为 α，即：

$$\alpha = \frac{Q_a}{Q}$$

另设吸水管口位于过滤器顶端，有效长度和无效长度交界处的坐标为 Z，则有效长度 $l_a = m - Z$，有效长度的进水量可写成：

$$2\pi r_0 K \int_z^m \frac{\partial h}{\partial r}\bigg|_{r=r_0} dh = \alpha Q \quad (6-31)$$

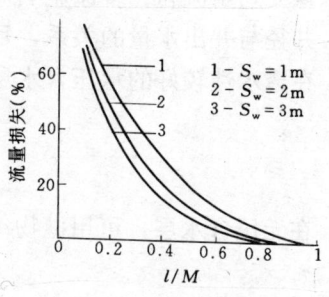

图 6-35 流量损失曲线

将 (6-27) 式 h 对 r 求偏导数后代入上式，并略去 $\frac{l_a}{m}$ 的高次项 $\left(\frac{l_a}{m}<1\right)$，可得：

$$l_a = \frac{\alpha - \left(\frac{B}{4}+1\right)\frac{Q_a m}{\alpha A}}{\left(\frac{3B}{4}+\frac{2}{3}\right)\frac{Q_a m}{\alpha A}+1} \quad (6-32)$$

式中

$$A = \frac{1}{2K} g\pi r_0^4 \ln\frac{1.12m}{\pi r_0}$$

$$B = \frac{\lambda m}{12 r_0}$$

(6-32) 式只适用于承压井。

此外根据井出水量趋近于零时，滤水管有效长度也趋近于零；出水量增大时，有效长度也相应增加的原理，根据出水量 Q 和过滤器长度 l 的试验资料得出的过滤器有效长度 l_a 的经验公式：

$$l_a = \alpha \lg(1+Q_a) \quad (6-33)$$

式中 α——与含水层渗透性能有关的系数，在砂砾卵石层中 $\alpha=17$。

实际工程中，还可用现场分段填塞抽水试验来确定滤水管有效长度。

三、井径对井出水量的影响

由井的理论公式可知，井径 r_0 对井的出水量 Q 影响甚小。然而，实际测定表明，在一定范围内，井径对井的出水量有较大影响。图 6-36 为实测的 Q-r_0 曲线与理论公式计算的 Q-r_0 曲线的对比情况。实测曲线明显反映出井径对井出水量的影响，这是由于理论公式假定地下水流为层流、平面流，忽视了过滤器附近地下水流态变化的影响。实际上，水流趋近井壁，进水断面缩小，流速变大，水流由层流转变为混合流或紊流状态，且过

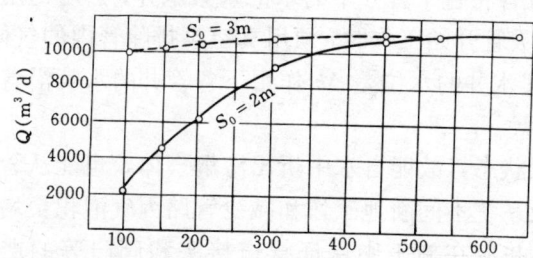

图 6-36 实测的与理论的 Q-r_0 曲线
1—实测的 Q-r_0 曲线；2—用理论公式计算的 Q-r_0 曲线

滤器周围水流为三维流。由图 6-36 还可以看出，在试验条件下，管径在 500mm 以内时，井出水量受到紊流和三维流影响而下降，管径越小，则影响越大。

井径与井出水量的关系，目前仍采用经验公式计算。常用的有下列各式：

在透水性较好的承压含水层，如砾石、卵石、砂砾石层可用直线型经验公式：

$$\frac{Q_1}{Q_2} = \frac{r_1}{r_2} \tag{6-34}$$

在无压含水层，可用抛物线型经验公式：

$$\frac{Q_2}{Q_1} = \frac{\sqrt{r_2}}{\sqrt{r_1}} - n \tag{6-35}$$

式中 Q_2、Q_1——大井和小井的出水量，m^3/d；

r_2、r_1——大井和小井的半径，m；

n——系数。

$$n = 0.021\left(\frac{r_2}{r_1} - 1\right)$$

在设计中，设计井和勘探井井径不一致时，可结合具体条件应用上述或其他经验公式进行修正。

第五节 井 群 系 统

一、井群系统形式

在规模较大的地下水取水工程中，经常需要建造由很多井组成的取水系统——井群。

根据从井取水的方法和汇集井水的方式，井群系统可分自流井井群、虹吸式井群、卧式泵取水的井群、深井泵取水的井群和空气扬水装置取水的井群。

1. 自流井井群

当承压含水层中的地下水具有较高的水头，且当井的动水位接近或高出地表时，可以用管道将水汇集至清水池、加压泵站或直接送入给水管网。这种井群系统称为自流井井群。

2. 虹吸式井群

虹吸式井群如图 6-37 所示。它是用虹吸管将各个管井中的水汇入集水井，然后再用水泵将集水井的水送入清水池或给水管网。虹吸管开始工作时，须用真空泵排除管内的气体，接着起动水泵，集水井水位下降，在管井和集水井的水位差 Δh 作用下各管井的水就沿着虹吸管流入集水井。

由于虹吸式井群工作时虹吸管处于负压状态，故能自水中析出溶解气体，也能从管路不严密之处渗入空气。因此，为了保证虹吸系统不间断地工作和减少管路因气泡积聚增加的水头损失，应及时排除管路中的气体，并应在施工中保证管道接头和阀门等的严密性。

虹吸管路一般是以不少于1‰的上升坡度由管井铺向集水井，沿管路不应有起伏，以保证气体能随水流带走。虹吸管内的流速一般采用 0.5～0.7m/s。由于虹吸管内总会有一些气体和水流一起流动，所以计算虹吸管阻力时应适当加大。

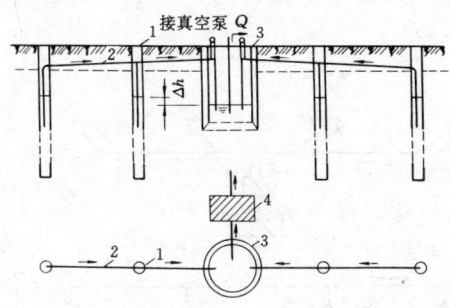

图 6-37　虹吸式井群
1—管井；2—虹吸管；3—集水井；4—泵站

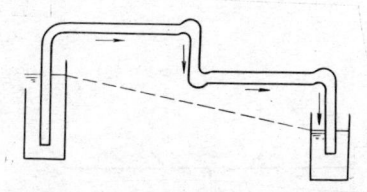

图 6-38　呈阶梯状敷设的虹吸管

有时由于地形限制，不能按固定的坡度铺设虹吸管时，则可用如图 6-38 所示的阶梯状的方式敷设虹吸管，其中水平管段可按前述坡度铺设；其竖管的直径可按不小于 1.5m/s 的流速选择，以保证在管顶端的气体能被水流带至下一管段。

用以排除气体的装置一般为排气器或真空泵，前者用于规模较小的系统，后者用于规模较大系统。图 6-39 (a) 所示的排气器系利用安装在虹吸管竖管上的文氏管经连通管将集气罐 1 内气体排入集水井。图 6-39 (b) 所示的排气器系用压力水通过射流抽气阀 3 将集气罐 1 中气体排出。这种排气器还利用罐内的浮球阀 2 实行自动启闭。排气装置均应设于虹吸管的最高位置。

为了便于检查管路工作情况，及时排除故障，应在管路上设置一定数量的检查井或将管道铺设在管沟之中。

虹吸式井群系统中的集水井具有调节水量、进行简易处理（沉淀砂粒、消毒）及便于检修等作用。集水井的平面尺寸应根据虹吸管和吸水管数目、大小及安装要求来确定。集水井的深度一般应根据虹吸管的水头损失、地下水位、管井的水位下降值以及水泵吸水管的安装要求决定。

虹吸井群无需在每个井上安装抽水设备，造价较低，管理方便。由于虹吸高度限制，这种井群系统只适用于埋藏深度较浅的含水层，否则将使虹吸管和集水井深度过大，难于施工。

3. 卧式泵取水井群

如图 6-40 所示，当地下水位较高，井的动水位距地面不深时（一般为 6～8m），可用卧式泵取水。当井距不大时，井群系统中的水泵可以不用集水井，直

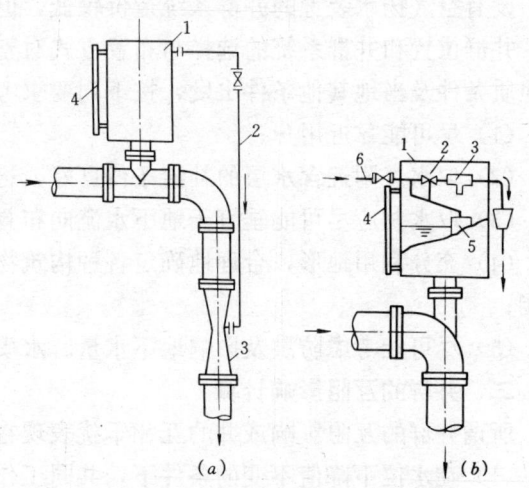

图 6-39　带有射流抽气阀的排气阀
1—集气罐；2—浮球阀；3—射流抽水阀；
4—水位计；5—浮筒；6—压力水管

接用吸水管或总连接管与各井相联吸水,见图 6-40(a)。这种系统具有虹吸式井群的特点,但由于没有集水井进行调节,应用上有一定局限性。当井距大或单井出水量较大时,则应在每个井上安装卧式泵取水,见图 6-40(b)。这种系统工作较为安全可靠,但管理上分散。

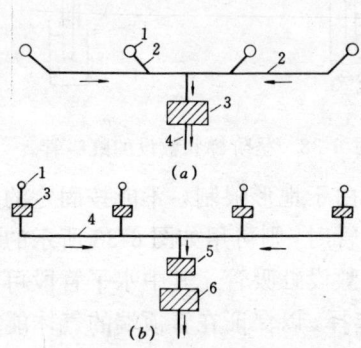

图 6-40 卧式泵取水井群
1—管井;2—吸水管;3—泵站;
4—压水管;5—集水井;6—二级泵站

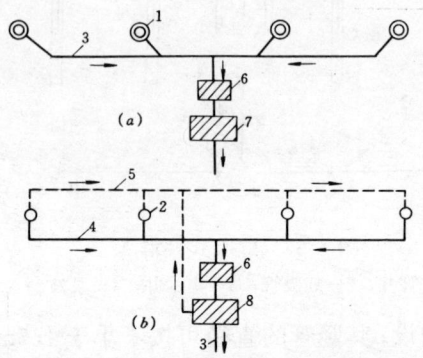

图 6-41 深井泵和空气扬水装置取水的井群
(a)深井泵取水的井群;(b)空气扬水装置取水的井群
1—设有深井泵的管井;2—设有空气扬水装置的管井;
3—压水管;4—重力流管路;5—压缩空气管;6—集水井;
7—二级泵站;8—二级泵站和空气压缩机站

4. 深井泵或空气扬水装置取水的井群

当井的动水位低于 10～12m 时,不能用虹吸管或卧式泵直接自井中取水,需用深井泵(包括深井潜水泵)或空气扬水装置。这两种系统如图 6-41 所示。

深井泵能抽取埋藏深度较大的地下水,因此管井取水系统广泛采用深井泵或深井潜水泵。当井数较多时,宜采用遥控技术以克服此种系统存在的管理分散的缺点。

设有空气扬水装置的井群系统造价较低,但由于设备效率较低,一般较少采用。

井群位置和井群系统的选择与布置方式对整个给水系统都有影响,因此,应切实从水文地质条件及当地其他条件出发,按下列要求考虑:

(1) 尽可能靠近用户;

(2) 取水点附近含水层的补给条件良好,透水性强,水质及卫生状况良好;

(3) 取水井应尽可能垂直于地下水流向布置,井的间距要适当,以充分利用含水层;

(4) 充分利用地形,合理地确定各种构筑物的高程,最大限度地发挥设备效能,节约电能;

(5) 尽可能考虑防洪及影响地下水量、水质变化的各种因素。

二、井群的互阻影响计算

所谓井群的互阻影响或井的互相干扰表现在两个方面:

(1) 在水位下降值不变的条件下,共同工作时各井出水量小于各井单独工作时的出水量;

(2) 在出水量不变的条件下,共同工作时各井的水位下降值大于各井单独工作时的水位下降值(均从含水层的静水位算起)。

以上两种情况实质上是井群中彼此处于影响范围内的各井互相干扰的结果。这两种情况是伴随发生的,但是根据取水设备(或方式)的流量-扬程关系往往会以某一种情况为主。例如,对于深井泵,如扬程的少量变化对泵的出水量影响不大,即 Q-H 曲线较陡,则井的互相干扰结果主要表现为动水位的变化(增加能耗);反之,则主要表现为单井出水量减少,即需增加井数与投资。因此,进行井的互阻影响计算应分析这方面的情况,以确定计算目标。

井群的互阻影响计算的目的在于确定处于互相影响下的井距、各井出水量、水位降及井数,以便为合理布置井群进行技术经济比较提供依据。

井群互阻影响计算可用理论公式或经验法。理论公式不能完全概括各种复杂影响因素,且计算参数不易选取,故有较大的局限性。经验法直接以现场抽水试验为依据,能概括各种影响因素,且不受构造型式限制,所以计算结果比较符合实际情况。因此,除一些简单的情况可用理论公式进行初步计算外,一般应多用经验法计算。实际上,对于规模较小的取水工程,因井数较少,采用较大的井距,互阻影响程度小,一般可不作互阻影响计算。

1. 用理论公式计算井的互阻影响

由于实际上可能出现各种各样的井群布置方案,加之水文地质条件复杂,井的类型也可有多种变化;因此井群互阻影响的理论计算公式繁多。至今,多数这类公式是在平面渗流条件下用保角变换法求得的,适用条件比较局限。下面,仅介绍以势流叠加原理为基础的理论公式计算法。

设在均质含水层中有一任意布置的井群(图 6-42)。各井的出水量规定为 Q_1、Q_2、Q_3……Q_i、…Q_n,各井单独工作时相应于上述出水量的水位降分别为 S_1、S_2、S_3……S_i……S_n。

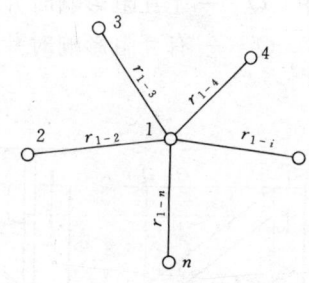

图 6-42 任意布置的井群系统

根据势流叠加原理,在各井出水量不变的情况下,处于互相干扰状态时,i 号井的水位下降值应等于其本身单独抽水时的水位下降值(S_i)与其余各井单独抽水时在 i 号井引起的水位下降值(也称水位削减值,以 t 表示)之和,即:

$$S'_i = t_{i-1} + t_{i-2} + \cdots\cdots + S_i + \cdots + t_{i-n} \tag{6-36}$$

式中 S'_i——干扰抽水时 i 号井的水位下降值;

S_i——i 号井单独抽水时水位下降值;

t_{i-1}……t_{i-n}——其余各井单独抽水时在 i 号井引起的水位下降值。

同理,对于其余各井也可建立类似(6-36)式的方程式:

$$S'_1 = S_1 + t_{1-2} + \cdots + t_{1-i} + \cdots\cdots + t_{1-n} +$$

$$\cdots \quad \cdots \quad \cdots \quad \cdots$$

$$S'_n = t_{n-1} + t_{n-2} + \cdots\cdots + t_{n-i} + \cdots\cdots + S_n$$

上列各方程式等号右侧的各水位下降值可根据水文地质条件、井的类型等用(6-3)式、(6-18)式中的相应公式计算。

这样可得到 n 个方程式。只要给定各井的出水量(或水位降值),就可以求出各井在互阻影响下的水位下降值（或出水量）。

由于已有多种情况下的单井计算公式，上述井群互阻影响计算方法可用于计算承压含水层或无压含水层中稳定流或非稳定流条件下的完整井或非完整井；此外，也可用于由不同类型取水井组合而成的井群互阻影响计算。因此，这种方法在应用上是相当灵活的，但也有类似于单井理论计算公式应用中的局限性。

2. 用经验法计算井群互阻影响

经验法是用影响系数 β 或出水量减少系数 α 来概括井群互阻影响的各种因素，以进行互阻影响计算的方法。

影响系数 β 和出水量减少系数 α 的意义可以用下式表示：

$$\beta = \frac{Q_1}{Q}$$

$$\alpha = \frac{Q - Q'}{Q} \tag{6-37}$$

或 $$Q' = \beta Q = (1-\alpha)Q \tag{6-38}$$

式中　Q——无互阻影响时井的出水量；
　　　Q'——有互阻影响时井的出水量。

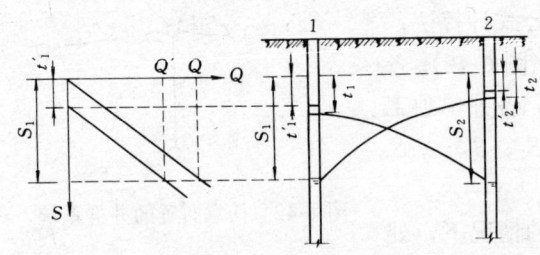

图 6-43　两井互阻影响情况

从 (6-38) 式可知，如已知取水井的 α 值，则可根据单井的出水量 Q 求得处于互阻影响时的出水量 Q'。

为了确定 α 值，现以 Q-S 呈直线关系的两试井的情况加以研究。

设两井建于同一含水层中，且彼此处于互阻影响范围之内，由图 6-43 可知，当 1 号井单独抽水稳定后，测定出水量为 Q_1，水位下降值为 S_1，同时把 2 号井作为观测井，测定其水位下降值（水位削减值）为 t_2。同样，当 2 号井单独抽水时也可测得 Q_2、S_2 及 t_1。

如果两井同时抽水（处于互相干扰），且保持从静水位算起的井的水位下降值不变。显然，两井的出水量因互阻影响减至 Q'_1、Q'_2，从而使 1 号及 2 号井的水位削减值相应减少到 t'_1、t'_2。

假设各井单独抽水和同时抽水时的 $Q = f(s)$ 曲线保持不变，则对于 1 号井而言，如图 6-43 所示，单独抽水和同时抽水的 $Q = f(s)$ 均为直线关系，且斜率（单位出水量）$q_1 = \frac{Q_1}{S_1}$ 不变，则：

$$Q_1 = q_1 S_1$$
$$Q'_1 = q_1 (S_1 - t'_1)$$

代入 (6-37) 式中，得：

$$\left.\begin{aligned}\alpha_1 &= \frac{Q_1 - Q_1'}{Q_1} = \frac{q_1 S_1 - q_1(S - t_1')}{q_1 S_1} = \frac{t_1'}{S_1}\\ \text{同理：}\quad \alpha_2 &= \frac{t_2'}{S_2}\end{aligned}\right\} \quad (6\text{-}39)$$

由上式可知，各井的出水量减少系数与本井的水位下降值成反比，与邻井的水位下降值（或在本井形成的水位削减值）成正比。如 S、t' 值已知，可求得 α 值。但由于两井同时抽水，t' 值无法测得，故（6-39）式仍不能直接应用于计算。

t_1'、t_2' 的计算甚为烦琐，如果设 $t_1' \approx t_1$、$t_2' \approx t_2$（实际上甚为接近），则（6-39）式可写成：

$$\left.\begin{aligned}\alpha_1 &= \frac{t_1}{S_1}\\ \alpha_2 &= \frac{t_2}{S_2}\end{aligned}\right\} \quad (6\text{-}40)$$

抽水试验时试井的水位下降值若相等，即 $S_1 = S_2$ 或 $t_1 = t_2$，则有：

$$\alpha_1 = \alpha_2 = \alpha_0$$

但是，在试井水位下降值不相同的情况下，即 $S_1 \neq S_2$ 时，$t_1 \neq t_2$，则 $\alpha_1 \neq \alpha_2$，这样不便于实际应用。为此，须将水位下降值不同时所得到的这种数据（α_1、α_2）转换为试井水位下降值相同时的数值。由于各井的出水量减少系数与邻井的水位下降值成正比，若假定 2 号井的水位下降值由原先的 S_2 变为 S_1，则与 S_2 相对应的 α_1 将转换成 α_1'，即：

$$\frac{\alpha_1}{\alpha_1'} = \frac{S_2}{S_1}$$

$$\left.\begin{aligned}\alpha_1' &= \alpha_1 \frac{S_1}{S_2} = \frac{t_1}{S_1}\frac{S_1}{S_2} = \frac{t_1}{S_2}\\ \text{同理：}\quad \alpha_2' &= \frac{t_2}{S_1}\end{aligned}\right\} \quad (6\text{-}41)$$

对于 Q-S 呈直线的取水井而言，可以近似地认为本井的水位削减值与邻井的水位下降值成正比，且因两井的基本特性相同，故由（6-41）式可知：

$$\alpha_1' = \alpha_2' = \alpha_0$$

α_0 为某一固定值。

因为，$S_1 = S_2$ 只是 $S_1 \neq S_2$ 的一种特殊情况，所以实际上可以用（6-41）式取代（6-40）式，即无论试井的水位下降值是否相同，都可以用（6-41）式计算试井出水量减少系数 α_0。这个数值反映了给定条件下试井之间的干扰特性及各种影响因素，可以用于设计井的互阻影响计算。

显然，进行设计井互阻影响计算的基本条件是：设计井与试井都建在同一含水层，且设计井与试井的形式、构造尺寸基本相同。

当两个设计井的间距与试井的间距相同时，可以直接应用抽水试验所得的出水量减少系数进行计算，对于 1 号设计井而言：

$$Q'_{p1} = (1 - \alpha_0)Q_{p1} \qquad (6\text{-}42)$$

式中　Q_{p1}、Q'_{p1}——分别为 1 号设计井处于互阻影响前后的出水量；

　　　α_0——试井的平均出水量减少系数。

如两个设计井间距（L_{1-2}）不等于试井的间距（L_i），则试井的出水量减少系数（α_0）须乘以间距校正系数后方能应用，即：

$$\alpha_{1-2} = \alpha_0 \frac{\lg\dfrac{R}{L_{1-2}}}{\lg\dfrac{R}{L_i}} \qquad (6\text{-}43)$$

式中　α_{1-2}——校正后的井的出水量减少系数；

　　　R——井的影响半径。

若为多个设计井之间互阻影响，则对于某设计井（例如 1 号井）而言，其出水量可按下式计算：

$$Q'_{p1} = Q_{p1}(1 - \Sigma\alpha_1) \qquad (6\text{-}44)$$

式中　$\Sigma\alpha_1$——其余各井对于 1 号井的出水量减少系数之和，$\Sigma\alpha_1 = \alpha_{1-2} + \alpha_{1-3} + \cdots + \alpha_{1-n}$。

同理，可以计算其余各井的出水量。

如果设计井之间的设计水位下降值不同，则各井之间的互阻影响程度亦不同，这时应分别进行水位下降校正——乘以水位下降校正系数，如以 1 号设计井为例，其值分别是：

$$\frac{S_2}{S_1}、\frac{S_3}{S_1}\cdots\cdots\frac{S_n}{S_1}$$

其中，S_1 为 1 号井的设计水位下降值，S_2、S_3……S_n 分别为其余各井的设计水位下降值。

余此类推。

应该说明，对于 $Q\text{-}S$ 是直线的情况而言，各井的设计水位下降值不同时，只影响各井之间的出水量分配而不影响井群的总出水量。实际上，因井的 $Q\text{-}S$ 并非完全或始终是线性关系，因此各井的出水量还是以均衡分布为宜。

上述经验法是指 $Q\text{-}S$ 呈直线关系的取水井而言。对于 $Q\text{-}S$ 呈非线性关系的取水井互阻影响计算，在原理和方法上都是相同的，但因其 $Q\text{-}S$ 不是直线关系，所以在推导公式时较为复杂。例如，幂函数型曲线方程式，其出水量减少系数为：

$$\alpha_1 = 1 - \sqrt[m]{1 - \frac{t'_1}{S_1}}$$

$$\alpha_2 = 1 - \sqrt[m]{1 - \frac{t'_2}{S_2}}$$

符号意义与前相同。

上述经验法的计算目标，是考虑单井出水量的减少。如果单井出水量衡定不变，考虑水位下降值的削减，则需要在扬水试验的基础上直接求得各井相互影响的水位削减值，然后进行叠加，使井的动水位调整至新的水平，并以此作为设计动水位。

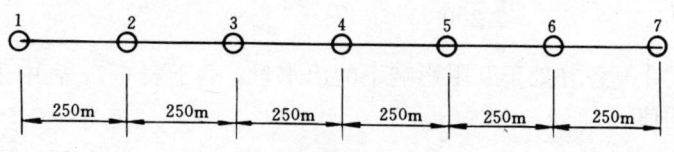

图 6-44 井群互阻影响计算示意图

【例题】 拟在某地砂砾石承压含水层中建造直径为 350mm 管井 7 眼。管井间距 250m，呈直线排列，垂直于地下水流向布置，如图 6-44。已知影响半径为 650m，并已取得建于同一地层，间距为 200m，井径为 350mm 的两眼试井的单井抽水试验资料（表 6-6）。求各设计井水位下降值 6m，共同工作时的出水量。

单井抽水试验资料　　　　　表 6-6

试 井 1				试 井 2			
出水量 Q_1 (L/s)	水位下降值 S_1 (m)	单位出水量 q_1 (L/(s·m))	试井2抽水时试井1的水位削减值 t_1 (m)	出水量 Q_2 (L/s)	水位下降值 S_2 (m)	单位出水量 q_2 (L/(s·m))	试井1抽水时试井2的水位削减值 t_2 (m)
6.10	1.20	5.10	0.19	6.25	1.25	5.00	0.18
14.20	2.75	5.17	0.40	14.00	2.70	5.18	0.42
24.50	4.70	5.21	0.72	25.00	4.80	5.21	0.69

【解】 由抽水试验资料（表 6-6）可知试井的 Q-S 为直线关系，因此可用 (6-40) 式或 (6-41) 式计算出水量减小系数。

试井 2 的三次水位降落时，试井 1 的出水量减少系数分别为：

$$\alpha_1' = \frac{t_1'}{S_1} = \frac{0.19}{1.2} = 0.158;$$

$$\alpha_1'' = 0.145; \alpha_1''' = 0.153。$$

试井 1 三次水位下降时，试井 2 的出水量减少系数分别为：

$$\alpha_2' = \frac{t_2'}{S_2} = \frac{0.18}{1.25} = 0.144;$$

$$\alpha_2'' = 0.155; \alpha_2''' = 0.143。$$

上面所得的出水量减少系数较为接近，为安全起见，取 $\alpha_1 = \alpha_2 = \alpha_{200} = 0.155$。井距为 250m、500m 时出水量减少系数按式 (6-43) 计算，分别为：

$$\alpha_{250} = \alpha_{200} \frac{\lg \dfrac{R}{250}}{\lg \dfrac{R}{200}} = 0.155 \frac{\lg 650 - \lg 250}{\lg 650 - \lg 200} = 0.125$$

$$a_{500} = a_{200} \frac{\lg \frac{R}{500}}{\lg \frac{R}{200}} = 0.155 \frac{\lg 650 - \lg 500}{\lg 650 - \lg 200} = 0.034$$

按（6-44）式计算各井处于互阻影响下的出水量，列于表6-7，表中采用之 q 值系表6-6所列 q 值的平均值。

井群互阻影响计算表　　　　　表 6-7

井号	间距 l (m)	来自左侧的影响		来自右侧的影响		Σa	$1-\Sigma a$	q (L/(s·m))	$Q=qs(1-\Sigma a)$ (l/s)
		a_{250}	a_{500}	a_{250}	a_{500}				
1	750	0	0	0.125	0.034	0.159	0.841	5.15	26.00
2	500	0.125	0	0.125	0.034	0.284	0.716	5.15	22.10
3	250	0.125	0.034	0.125	0.034	0.318	0.682	5.15	21.00
4	0	0.125	0.034	0.125	0.034	0.318	0.682	5.15	21.00
5	250	0.125	0.034	0.125	0.034	0.318	0.682	5.15	21.00
6	500	0.125	0.034	0.125	0	0.284	0.716	5.15	22.10
7	750	0.125	0.034	0	0	0.159	0.841	5.15	26.00

由表6-7，井群在互阻影响下的总出水量为：

$$Q' = 2(26.0 + 22.1 + 21.0) + 21.0 = 159.2 \text{ L/s}$$

不发生互阻影响时，井群之总出水量应为：

$$Q = q \cdot S \cdot n = 5.15 \cdot 6 \cdot 7 = 216.3 \text{ L/s}$$

由于互阻影响，井群出水量共减少：

$$\frac{Q-Q'}{Q} \cdot 100\% = \frac{216.0 - 159.2}{216.0} \cdot 100 = 26.3\%$$

设计时，可根据上列计算结果调整有关设计方案，反复计算直至取得满意的结果为止。

应该指出，上述各种理论公式或经验公式，只是为设计计算提供了手段与方法，在设计中还需要结合具体条件反复调整各种设计参数，如水位下降值、出水量、井数、井距、排列方式等，并进行方案比较。对于地下水贮量不大，含水层透水性较差，补给条件不好或取水量很大的地区，还应充分地估计到地下水位的变化情况，必要时应按非稳定流情况考虑。

三、联合工作时井群计算

井群中取水井的出水量不仅取决于每个井本身的性能及它们之间的互相影响，而且由于井、井泵（在此仅讨论各井分别设有水泵）、井群连接管路、输水管、水池（或水塔）以至配水管网是一个有机组合的整体，因此各部分的工况都可能对井的出水量发生影响。井群中取水井的联合工作情况取决于整个给水工程系统的组成。下面，仅讨论由井、井泵、井群连接管、水池组成的系统，这种组成系统在一般城市地下水源中多见。设系统的布置情况如图6-45（a）所示。

图中，S_i表示各独立管段（各井专用）的摩阻系数，S_i'表示相应的各公共管段的摩阻系数，Q_i表示各井的出水量。

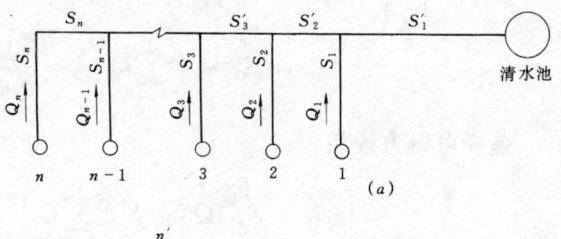

对于1号井，水泵的扬程为：

$$H_1 = \sum h_1 + \Delta h_1' + Z_{c1} \quad (6-45)$$

式中 H_1——1号井水泵总扬程；

$\sum h_1$——1号井水泵吸水管至清水池的管路水头损失；

$\Delta h_i'$——1号井水位下降值；

Z_{c1}——清水池计算水位与1号井静水位间的高差。

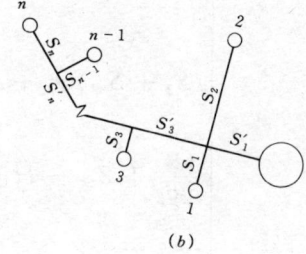

图 6-45 联合工作取水井群系统

由水力学可知：

$$\sum h_1 = S_1 Q_1^2 + S_1' \left(\sum_{i=1}^{n} Q_i \right)^2 \quad (6-46)$$

为简化起见，设干扰抽水时$Q=f(s)$呈直线关系，各井的干扰影响系数β_i基本不变，则：

$$\Delta h_1' = \frac{Q_1}{\beta_1 q_1} \quad (6-47)$$

式中 q_1——1号井单位出水量；

由水泵特性曲线方程：

$$H_1 = H_{x1} - S_{x1} Q_1^2 \quad (6-48)$$

式中 H_{x1}——1号井泵虚总扬程；

S_{x1}——1号井泵虚阻耗系数。

将（6-46）、（6-47）、（6-48）式代入方程（6-45）整理得：

$$(S_1 + S_{x1})Q_1^2 + S_1'\left(\sum_{i=1}^{n} Q_i\right)^2 + \frac{Q_1}{\beta_1 q_1} + Z_{c1} - H_{x1} = 0 \quad (6-49)$$

对于2号井，其管路水头损失为：

$$\sum h_2 = S_2 Q_2^2 + S_1'\left(\sum_{i=1}^{n} Q_i\right)^2 + S_2'\left(\sum_{i=2}^{n} Q_i\right)^2$$

同理可以推导出：

$$(S_2 + S_{x2})Q_2^2 + S_1'\left(\sum_{i=1}^{n} Q_i\right)^2 + S_2'\left(\sum_{i=2}^{n} Q_i\right)^2 + \frac{Q_2}{\beta_2 q_2} + Z_{c2} - H_{x2} = 0$$

一般地，对于第 K 号井得

$$(S_k + S_{xk}) \cdot Q_k^2 + S'_1 \Big(\sum_{i=1}^n Q_i\Big)^2 + S'_2 \Big(\sum_{i=2}^n Q_i\Big)^2 + \cdots +$$
$$+ S'_k + \Big(\sum_{i=k}^n Q_i\Big)^2 + \frac{Q_k}{\beta_k q_k} + Z_{ck} - H_{xk} = 0$$

这样可得方程组：

$$\begin{cases} (S_1 + S_{x1})Q_1^2 + S'_1 \Big(\sum_{i=1}^n Q_i\Big)^2 + \dfrac{Q_1}{\beta_1 q_1} + Z_{c1} - H_{x1} = 0 \\[6pt]
(S_2 + S_{x2})Q_2^2 + S'_1 \Big(\sum_{i=1}^n Q_i\Big)^2 + S'_2 \Big(\sum_{i=2}^n Q_i\Big)^2 + \\[6pt]
\dfrac{Q_2}{\beta_2 q_2} + Z_{c2} - H_{x2} = 0 \\[4pt]
\cdots \cdots \\[4pt]
(S_k + S_{xk})^2 Q_k^2 + S'_1 \Big(\sum_{i=1}^n Q_i\Big)^2 + S'_2 \Big(\sum_{i=2}^n Q_i\Big)^2 + \cdots + \\[6pt]
+ S'_k \Big(\sum_{i=k}^n Q_i\Big)^2 + \dfrac{Q_k}{\beta_k q_k} + Z_{ck} - H_{xk} = 0 \\[4pt]
\cdots \cdots \\[4pt]
(S_n + S_{xn})Q_n^2 + S'_1 \Big(\sum_{i=1}^n Q_i\Big)^2 + \cdots + S'_{n-1}\Big(\sum_{i=n-1}^n Q_i^2\Big) + \\[6pt]
+ S'_n Q_n^2 + \dfrac{Q_n}{\beta_n q_n} + Z_{cn} - H_{xn} = 0 \end{cases} \quad (6\text{-}50)$$

在方程组（6-50）中，未知量 Q_i 的个数恰好等于方程组的个数，求得方程的根就得到井群中每口管井的出水量。

当井的个数较多时，方程组须应用计算机求解。为此，可按下述方式进行：

设

$$\begin{cases} S_{B1}Q_1^2 = S'_1 \Big(\sum_{i=1}^n Q_i\Big)^2 \\[6pt]
S_{B2}Q_2^2 = S'_1 \Big(\sum_{i=1}^n Q_i\Big)^2 + S'_2 \Big(\sum_{i=2}^n Q_i\Big)^2 \\[4pt]
\cdots \cdots \\[4pt]
S_{Bk}Q_k^2 = S'_1 \Big(\sum_{i=1}^n Q_i\Big)^2 + S'_2 \Big(\sum_{i=2}^n Q_i\Big)^2 + \cdots + S'_k \Big(\sum_{i=k}^n Q_i\Big)^2 \\[4pt]
\cdots \cdots \\[4pt]
S_{Bn}Q_n^2 = S'_1 \Big(\sum_{i=1}^n Q_i\Big)^2 + \cdots + S'_{n-1} \Big(\sum_{i=n-1}^n Q_i\Big)^2 + S'_n Q_n^2 \end{cases} \quad (6\text{-}51)$$

式中 S_{B1}、S_{B2} $\cdots\cdots$ S_{Bn} 为折算摩阻系数，则：

$$\begin{cases} S_{B1} = \dfrac{S'_1 \left(\sum\limits_{i=1}^{n} Q_i\right)^2}{Q_1^2} \\ \\ S_{B2} = \dfrac{S'_1 \left(\sum\limits_{i=1}^{n} Q_i\right)^2 + S'_2 \left(\sum\limits_{i=2}^{n} Q_i\right)^2}{Q_2^2} \\ \cdots\cdots \\ S_{BK} = \dfrac{S'_1 \left(\sum\limits_{i=1}^{n} Q_i\right)^2 + S'_2 \left(\sum\limits_{i=2}^{n} Q_i\right)^2 + \cdots + S'_K \left(\sum\limits_{i=1}^{n} Q_i\right)^2}{Q_K^2} \\ \cdots\cdots \\ S_{Bn} = \dfrac{S'_1 \left(\sum\limits_{i=i}^{n} Q_i\right)^2 + \cdots + S'_{n-1}\left(\sum\limits_{i=n-1}^{n} Q_i\right)^2 + S'_n Q_n^2}{Q_n^2} \end{cases} \quad (6\text{-}52)$$

将方程组（6-51）代入方程组（6-50）可将方程组（6-50）化成 $(S_i + S_{xi} + S_{Bi})Q_i^2 + \dfrac{Q_i}{\beta_i q_i} + Z_{ci} - H_{xi} = 0 (i = 1, 2, \cdots\cdots n)$，由此得：

$$Q_i = \dfrac{\sqrt{\left(\dfrac{1}{\beta_i q_i}\right)^2 - 4(Z_{ci} - H_{xi})(S_i + S_{xi} + S_{Bi})} - \dfrac{1}{\beta_i q_i}}{2(S_i + S_{xi} + S_{Bi})} \quad (6\text{-}53)$$

我们用迭代法进行计算（图 6-46），首先按经验估算 Q_i 的值（$Q_i \neq 0$），然后按（6-52）式计算 S_{Bi}，按（6-53）式计算各井的水量 Q_{Ni}（以 Q_{Ni} 表示以便与原值 Q_i 区别），再将 Q_{Ni} 代入（6-52）式重新计算 S_{Bi}，用新的 S_{Bi} 再计算新的 $Q_{Ni}\cdots\cdots$，直至两次迭代误差满足要求为止。

由图 6-45 所示的井的布置形式也可演化成其他的布置形式，例如，当令 $S'_2 = 0$、$S'_n = 0$ 并略改形，井的布置即如图 6-45（b）所示。

实际上，图 6-45（a）是井群布置的一种通用形式。任何一种井群布置形式，只要调整 S_i 及 S'_i 的数值都可化成类似于图 6-45（a）所示的情况，并用上述方法计算。

四、分段取水井组

1. 分段取水的概念

在大厚度含水层中，在一定的水位下降值和出水量下，不仅过滤器只在有效长度范围内起作用，而且也只能影响一定厚度的含水层。受抽水影响的一定厚度的含水层称含水层的有效带。在有效带以外的含水层中，地下水基本上不向井内流动，因此，可以在有效带以外的含水层中另设过滤器，实行垂直分段开采，这对于充分利用含水层有很大意义。

在我国从 50 年代末、60 年代初起，即陆续试验、应用分段取水技术，均取得了良好的效果。以某项分段取水工程为例：在厚度超过 170m 的卵砾石含水层中布置有 3 眼井，井距 3m，按等边三角形排列，3 眼井的过滤器分别置于含水层的上、中、下部，如图 6-47 所示。分段取水井组的单井抽水和同时抽水试验结果表明，同时抽水时，3 眼井因互阻影响出水量的减少并不大，见表 6-8。

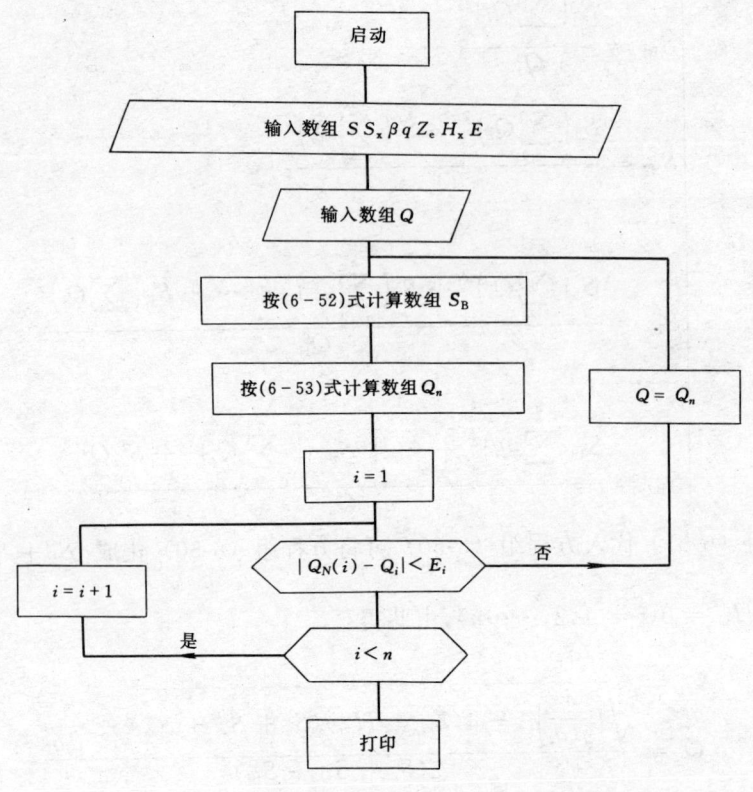

图 6-46 井群系统计算程序框图

分段取水井群的出水量变化　　　　表 6-8

抽水方式	单井抽水			同时抽水		
孔号	1	2	3	1	2	3
水位下降值（m）	3.98	4.06	5.31	3.98	4.06	5.31
出水量（L/s）	39.27	42.18	33.40	32.21	32.57	29.39
单位出水量（L/(s·m)）	9.87	10.39	6.29	8.09	8.02	5.53
出水量减少系数				0.181	0.228	0.12

在大厚度含水层中采用分段取水井组不仅可以节省井的投资，而且使井之间连接管路最短，减少占地面积，管理方便。

2. 分段取水井组的配置

据我国各地的工程实践经验：适于采用分段取水井组的含水层厚度一般宜在 30～40m 以上；每口井的过滤器长度一般为 15～20m 左右（考虑有效长度及进水面积）；井距应以便于凿井而不影响邻井的结构稳定为准，一般为 10～15m；两井过滤器的垂直间距应视含水层结构（层状地层结构）及透水性而定，若含水层在垂直方向上的透水性较差可取 3～5m，否则宜适当增加间距。

3. 分段取水井组的设计计算

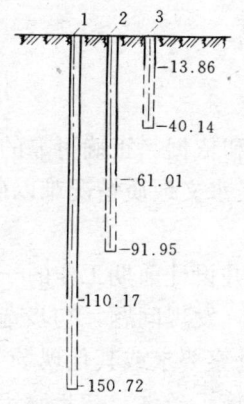

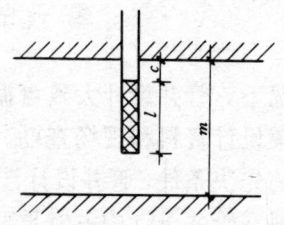

图 6-48 承压含水层淹没式完整井

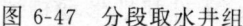

图 6-47 分段取水井组

分段取水井组的设计计算实质上仍为井群的互阻影响计算，所不同的是考虑设于含水层不同深度范围的非完整井之间的水平与竖向干扰。这种计算目前多借助于过滤器处于含水层任意位置的（淹没式）各种非完整井的计算公式进行计算。例如，对于承压含水层中的淹没式非完整井（图 6-48）有下列近似公式：

$$S_{r,t} = \frac{Q}{4\pi Km}\left(\text{Arsh}\frac{t-c}{r} + \text{Arsh}\frac{c+l-t}{r} + \text{Arsh}\frac{t+c+l}{r} - \text{Arsh}\frac{c+t}{r}\right)$$

式中　$S_{r,t}$——距井轴 r、在不透水顶板以下 t 处某点的水位下降值；

其余符号如图 6-48 或同前。

据此，根据势流叠加原理不难进行分段取水井组的互阻影响计算。例如，对于由 3 眼井组成的分段取水井组可分别求得各井的水位降：

$$\sum S_1 = S_1 + t_{1-2} + t_{1-3};$$

$$\sum S_2 = t_{2-1} + S_2 + t_{2-3};$$

$$\sum S_3 = t_{3-1} + t_{3-2} + S_3。$$

式中　S_1、S_2、S_3——各井本身的水位下降值；

t_{k-i}——i 号井在 K 号井引起的水位下降值（水位削减值）。

由此可确定各井的动水位（出水量不变时）或出水量减少系数 $\frac{\sum t_{k-i}}{S_k}$（动水位不变时）。

应该指出，据作者分析，应用分段取水技术的前提条件除地下水渗流沿过滤器分布不均，因而出现过滤器有效长度问题之外，更主要的是由于含水层的各向异性或水平分层因素的影响。这两种情况都可使含水层垂直方向的渗透系数远远小于水平方向的渗透系数，因而使设于不同深度的过滤器之间虽然垂直间距不大，但彼此的水力联系却很少。这点至今仍为人们所忽视。

由于目前仍缺乏对各向异性含水层中地下取水构筑物计算问题的研究，尤其是缺乏实际测定地层垂直或水平渗透系数的手段；因此除用经验法外所有根据理论公式的设计计算都属粗略的估算。

第六节 管井的设计步骤

一般情况下，管井设计大致可循下列步骤进行：

一、搜集设计资料和现场查勘。设计资料是设计的基础和依据。正确可靠的资料是保证设计质量的先决条件，管井设计涉及面广，许多情况特别是水文地质情况难以确切掌握，因此搜集资料在管井设计中占有重要地位。

现场查勘（踏勘）不仅是收集资料的补充手段，也是管井设计前期工作的一个重要步骤。其目的是了解和核对现有水文地质及其他现场条件资料，发现问题，初步选择井位及酝酿系统布置方案，按设计阶段任务提出进一步的水文地质勘察要求或其他现场工作要求。

二、根据含水层的埋藏条件、厚度、岩性、水力状况及施工条件，初步确定管井的型式、构造及取水设备形式。同时根据地下水位、流向、补给条件和地形地物情况，考虑井群布置方案。

三、按理论公式或经验公式确定管井的出水量和水位下降值，并在此基础上结合技术要求、设备和施工条件，确定取水设备。如为井群系统，应考虑井群互阻影响，必要时应进行井群互阻计算，确定管井数目、井距、井群布置方案。此外，须设置一定数量的备用井，其数量约为10%生产井数。

四、根据上述计算成果进行管井构造设计，包括井室、井壁管、过滤器、沉淀管、填砾层等的构造、尺寸及规格。最后，还须校核过滤器表面渗流速度，当其速度超过允许流速时，应调整过滤器的尺寸（长度或口径）或出水量，以保持含水层的渗流稳定性。

过滤器的尺寸应满足下列要求：

$$F = \pi DL \geqslant \frac{Q}{V_f} \tag{6-54}$$

或

$$\frac{Q}{\pi DL} \leqslant V_f$$

式中 F——过滤器的表面积，m²，如过滤器外有填砾层，则应以填砾层外围表面积计算；

D——过滤器的外径，m，当有填砾层时，应以填砾层外径计算；

L——过滤器工作部分长度 m，对于无压含水层中过滤器，则 $L=L_a-\Delta S$，此处，L_a 为过滤器实际长度，ΔS 为水跃值，见 (6-55) 式；

Q——管井的出水量，m³/d；

V_f——进入过滤器表面之允许水流速度，m/d，V_f 值可用下列经验公式计算：

$$V_f = 65\sqrt[3]{K} \text{ (m/d)}$$

式中 K——含水层的渗透系数，m³/d。

水跃值是井壁内外动水位差值，通常以 ΔS 表示。其值主要与地下水通过过滤器外围反滤层、过滤器进水孔及在过滤器内流动的水头损失有关，通常用下列经验公式计算：

$$\Delta S = a\sqrt{\frac{QS}{KF}} \text{(m)} \tag{6-55}$$

式中　Q——井的出水量，m^3/d；

　　　S——井内水位下降值，m；

　　　F——过滤器的表面积，m^2；

　　　a——与过滤器构造有关的经验系数，对于完整井，可近似地取：包网和填砾过滤器 $a=0.15\sim 0.25$，条孔和缠丝过滤器 $a=0.06\sim 0.08$。

对于非完整井，ΔS 值可按井的不完整程度，按上面公式求得的数值增加 25%～50%。

在理论公式中井的水位下降值（S_0）系指井外壁的水位下降值而言，故在计算无压含水层中过滤器的表面积时应从过滤器的实际长度中减去 ΔS。

此外，在井的运行过程中，由于过滤器及其周围反滤层被堵塞，往往使 ΔS 值迅速增加，因此 ΔS 值的变化也是指示井的运行状态的一个重要参数。

第七章 大 口 井

第一节 大口井的形式和构造

大口井是开采浅层地下水的一种主要取水构筑物，在我国的地下水取水构筑物中其数量仅次于管井。小型大口井的构造简单、施工简便易行、取材方便，故广泛地用于农村及小城镇供水，在城市与工业企业的取水工程中则多用大型大口井。对于埋藏不深、地下水位较高的含水层，大口井与管井的单位出水能力的投资往往不差上下，这时取水构筑物类型的选择就不能单凭水文地质条件及开采条件，而应综合考虑其他因素。一般地讲，大口井不存在腐蚀问题，进水（指井底进水）条件较好，使用年限较长，对抽水设备型式限制不大，如有一定的场地且具备较好的施工技术条件，可考虑采用大口井。但是，大口井对地下水位变动的适应能力很差，在不能保证施工质量的情况下会拖延工期、增加投资，亦易产生涌砂（管涌及流土）、堵塞问题。在含铁量较高的含水层中，类似问题可能更加严重。因此，开采中等埋藏深度的浅层地下水时，是否采用大口井，应更多地结合当地的具体条件，通过综合分析比较确定。

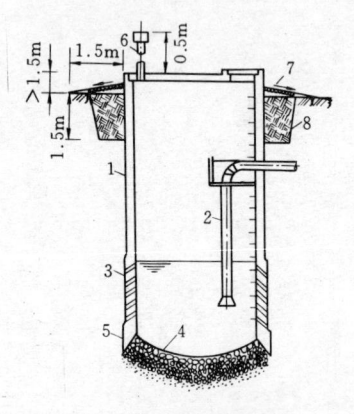

图 7-1 大口井的构造
1—井筒；2—吸水管；3—井壁进水孔；
4—井底反滤层；5—刃脚；6—通风管；
7—排水坡；8—粘土层

大口井的主要组成部分是上部结构、井筒及进水部分。（图 7-1）

一、上部结构

上部结构情况主要与水泵站同大口井分建或合建有关，这点又取决于井水位（静水位与动水位）变化幅度、单井出水量、水源供水规模及水源系统布置。

通常，如井的水位下降值较小、单井出水量大、井的布置分散或者相反、仅 1~2 口井即可达到供水规模要求时，可考虑泵站与井合建。

图 7-2 为泵站与大口井合建的上部构造图。因井的水位下降值不大，故泵房底板位置适中，底板承受的静压力（停止运行时）不大，泵房的埋深有限。

类似构造的平面布置情况如图 7-3 所示。为便于安装、维修、观测水位，泵房底板多设有开口，开口布置形式通常有三种：半圆形、中心筒形及人孔。显然，开口形式主要应根据泵站工艺布置及建筑、结构方案确定。

当地下水位较低或井水位变化幅度大时，为避免合建的泵房埋深过大，使上部结构复杂化，可考虑用深井泵取水。

如泵房与大口井分建，则大口井上部可仅设井房或者只设盖板，后一种情况在低洼地带如河滩、沙洲，可经受洪水冲刷和淹没（需设法密封）。这种情况下，构造简单，但布置

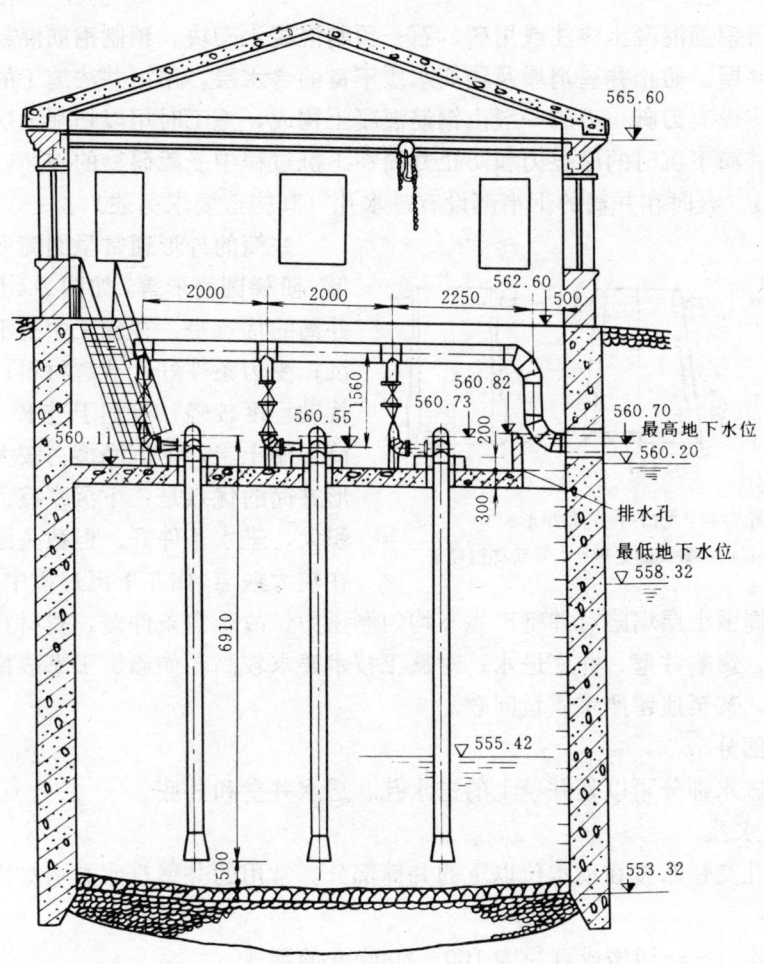

图 7-2 与泵站合建的大口井的上部构造情况

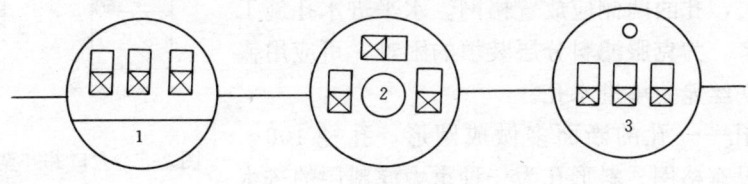

图 7-3 大口井泵站底板开口形式
1—半圆形；2—中心筒形；3—人孔

不紧凑。

上部结构是大口井出露地面的部分，故应特别注意卫生防护及安全：无论分建式或合建式，井口——井筒的上缘应高出地面 0.5m 以上，其周围应填以厚 1.5m 以上的粘土层，粘土层上设宽 1.5m 的散水坡，在一般情况下（密封情况除外）都应设通气管口，这对于设有泵房或井房的大口井尤为重要。

二、井筒

井筒通常用钢筋混凝土浇注或用砖、石、预制混凝土砌块、预制钢筋混凝土圈砌筑而成,用以加固井壁、防止井壁坍塌及隔离水质不良的含水层。用沉井法施工的大口井,在井筒的最下端应设有刃脚。刃脚一般由钢筋混凝土构成,施工时用以切削地层,便于井筒下沉。为减少井筒下沉时的摩擦力和防止井筒在下沉过程中受障碍物的破坏,刃脚要比井筒大 10cm 左右。有时在井筒的下半部设有进水孔(其构造要求另述)。

井筒的外形通常呈圆筒形、截头圆锥形、阶梯圆筒形等,如图 7-4 所示。圆筒形井筒的优点是:在施工中易于保证垂直下沉;受力条件好,节省材料;对周围土层扰动程度较轻,有利于进水。但圆筒形井筒紧贴土层,下沉摩擦力较大。截头圆锥形井筒的优点是:下沉摩擦力小;井底面积大,进水条件好。但截头圆锥形井筒存在较大缺点,如在下沉过程中易于倾斜;由于井筒倾斜及周围土层塌陷对井壁产生不均匀侧压力,故受力条件差,费材料;对周围土层扰动较严重,影响井壁、井底进水;对施工技术要求较高,如遇施工事故拖延工期,将增加工程造价,甚至遗留严重质量问题。

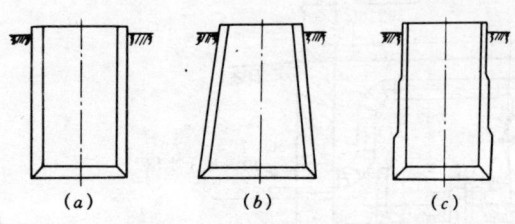

图 7-4 大口井井筒外形
(a) 圆筒形;(b) 截头圆锥形;(c) 阶梯圆筒形

三、进水部分

大口井的进水部分可以是井壁上的进水孔、透水井壁和井底。

1. 井壁进水孔

井壁进水孔交错布置在动水位以下的井筒部分。常用的井壁进水孔有如图 7-5 所示的两种型式。

(1) 水平孔——一般做成直径为 100~200mm 的圆孔或 100mm×150mm~200mm×250mm 的矩形孔。为保持含水层的渗透稳定性,孔中装填一定级配的滤料层。为防止滤料层的漏失,孔的两侧应放置格网。水平进水孔施工方便,采用较多。为克服滤料分层装填的困难,可应用盛装砾石滤料的铁丝笼装填进水孔。

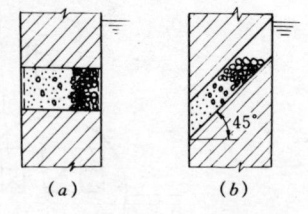

图 7-5 大口井井壁进水孔型式
(a) 水平孔;(b) 斜形孔

(2) 斜形孔——孔的断面多做成圆形,孔径 100~150mm,外侧设有格网。斜形孔为一种重力滤料层的进水孔,滤料层稳定且易于装填、更换、清洗,是较好的一种进水孔形式。

进水孔中滤料一般为 1~3 层,总厚度不应小于 25cm,与含水层相邻一层的滤料粒径,可按下式计算:

$$\frac{D}{d_i} \leqslant 7 \sim 8 \tag{7-1}$$

式中 D——与含水层相邻一层滤料粒径;
  d_i——含水层计算粒径。

当含水层为细砂或粉砂时，$d_i=d_{40}$；中砂时，$d_i=d_{30}$；粗砂时，$d_i=d_{20}$。

两相邻滤料层粒径比，一般为 2～4。

当含水层为砂砾或卵石时，亦可采用孔径为 25～50mm 不填滤料的圆形或圆锥孔（里大外小）。

采用大开槽施工时，为改善大口井进水条件，可在井筒外围填入砾石层，填砾的规格也可参照（7-1）式计算。

2. 透水井壁

透水井壁由无砂混凝土制成。由于水文地质条件及井径等不同，透水井壁的构造有多种形式，如：有以 50cm×50cm×20cm 无砂混凝土砌块砌筑的井壁；也有以无砂混凝土整体浇制的井壁。如井壁高度较大，可在中间适当部位设置钢筋混凝土圈梁，以加强井筒的强度。

同管井中的水泥砾石过滤器一样，欲保证无砂混凝土砌筑体具有良好的透水性能及保持含水层渗透稳定性的功能，严格控制砾石级配及砾石、水泥、水分三者的比例至关重要。如果处理得当，透水井壁可望用于细、粉砂含水层中的大口井。

3. 井底进水反滤层

从井底进水（图 7-6）时，除大颗粒岩石及裂隙岩含水层以外，在一般砂质含水层中，为了防止含水层中的细小砂粒随水流进入井内，保持含水层渗透稳定性，应在井底铺设反滤层。反滤层一般为 3～4 层，并宜呈弧面形，粒径自下而上逐层增大，每层厚度一般为 200～300mm，如图 7-6 所示。当含水层为细、粉砂时，应增至 4～5 层，总厚度为 0.7～1.2m；当含水层为粗颗粒时，可设两层，总厚为 0.4～0.6m。由于井底进水水流分布不均，刃脚处渗流强度较大，易涌砂，故靠刃脚处的反滤层可加厚 20%～30%。

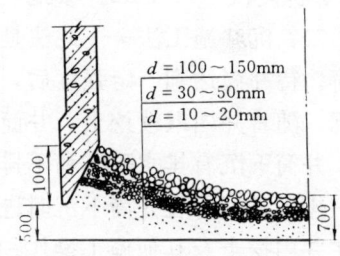

图 7-6 井底反滤层

井底反滤层滤料级配与井壁进水孔相同或参照表 7-1 选用。

井底反滤层滤料级配(mm)　　　表 7-1

含水层类别	第 一 层		第 二 层		第 三 层		第 四 层	
	滤料粒径	厚 度	滤料粒径	厚 度	滤料粒径	厚 度	滤料粒径	厚 度
细　　砂	1～2	300	3～6	300	10～20	200	60～80	200
中　　砂	2～4	300	10～20	200	50～80	200		
粗　　砂	4～8	200	20～30	200	60～100	200		
极 粗 砂	8～15	150	30～40	200	100～150	200		
砂 砾 石	15～30	200	50～150	200				

应该指出，保证反滤层铺设的施工质量是防止井底涌砂的关键。反滤层铺设厚度不均和粒径不符合规格都有可能导致井底涌砂，使水井减产。

涌砂是井底进水的大口井经常发生的一种施工质量事故，其发生发展的大致过程是：
（1）由各种因素和施工过程的塌方、滤料级配不当或铺设不均造成的井底渗流分布不均；

（2）井底某些部位因渗流强度过大引起涌砂（通常为外部大管涌及流土）；（3）由涌砂使这些局部范围的滤料与砂层混杂并使其透水性下降，涌砂减弱、停止；（4）井底渗流重新分布，使另一些部位渗流强度增大，并产生涌砂，如此循环。这样，逐渐使井底反滤层普遍趋于混杂，井的水跃值逐渐增加，出水量逐渐下降。上述过程常伴随并加剧碳酸盐或铁质等在进水面上沉积；反过来，进水面堵塞，加速上述过程的发展。

为了便于在运行过程中清理井底积砂，翻整反滤层，应于井壁预留牛腿。

第二节 大口井施工

大口井可用大开槽法和沉井法施工。

一、大开槽施工法——此法是在开挖好的基槽中进行井筒的砌筑或浇制以及辅设反滤层等工作。大开槽法的优点是：井壁比沉井法施工的井壁薄，且可用砖、石砌筑，可就地取材；便于井底反滤层施工，井外壁可回填滤料层，利于进水。若大口井埋深大、地下水水位高，则用此法施工土方量大、排水费用高。一般情况下，此法只适用于口径小（$D<4m$）、深度浅（$H<9m$）或地质条件不宜于采用沉井法施工的大口井。

二、沉井施工法——此法是在拟建的井位上开挖基坑，然后在基坑上浇筑带有刃脚的井筒。待井筒达到一定强度后，即可在井筒内挖土。这时井筒即以自重或靠外加重量切土下沉。随着井内继续挖土，井筒不断下沉，直至设计标高为止。

井筒下沉有排水下沉和不排水下沉两种方法。

排水下沉即在井筒下沉时进行施工排水，使井筒内在施工过程中保持干涸的空间，便于在井内挖土及其他施工操作。此法优点是：便于施工操作；可直接观察地层变化情况；便于发现问题，及时排除故障；易于保证垂直下沉；能保证反滤层铺设的质量。但是此法排水费用较高，在细粉砂地层易发生流砂或塌方，影响成井质量。

例如，某地一大口井，用沉井法施工——井内排水下沉。施工时因沉井内外水位差过大，引起流砂、塌方，施工完成后发现井的单位出水量明显迅速地减小（见表7-2）。这说明施工时井底进水面已遭受很大侵扰、淤塞，成井质量受到严重影响（从表面上看是难以发现问题的）。

井径10m、井深16m大口井施工后出水量的变化　　　表7-2

时　间	施　工　时	1968年投产时	1973年	1976年
单位出水量（$m^3/(d·m)$）	210	59	42	报　废

由此可见，从保证质量角度考虑，井内排水法更适于大口井的沉井施工。但此法设备较复杂，非一般施工部门能承担。为此，在一般情况下可更多地应用不排水沉井施工法。

不排水下沉即井筒下沉时不进行施工排水，利用机械（如抓斗、水力机械）进行水下取土使井筒下沉，其优点是：能节省大量施工排水费用；施工安全；井内外不存在水位差，可以避免流砂或塌方，不致扰动含水层。在透水性好、水量丰富或细粉砂地层，应采用不排水下沉施工法。但此法不能及时发现问题，排除故障比较困难；不易保证反滤层施工质量。

由上可知，沉井法有很多优点，如挖土量省、排水费用低、施工安全、对含水层扰动相对轻微等。因此，在地质条件允许时，应尽可能采用此法。

第三节 大口井的计算

一、大口井出水量的计算

大口井出水量也可用理论公式和经验法计算。经验法与管井相似，以下介绍用理论公式计算大口井出水量的方法。

因大口井有井壁、井底或井壁井底同时进水，所以大口井出水量计算不仅随水文地质条件而异，还与进水方式有关。

从井壁进水的大口井，可按完整式管井出水量计算公式进行计算。

非完整式大口井可从井底进水，计算公式如下：

1. 承压含水层（图 7-7）

$$Q = \frac{2\pi KSr}{\frac{\pi}{2} + 2\arcsin\frac{r}{m + \sqrt{m^2 + r^2}} + 1.185\frac{r}{m}\lg\frac{R}{4m}} \tag{7-2}$$

式中 Q——大口井出水量，m^3/d；

S——出水量为 Q 时井的水位降落值，m；

r——井的半径，m；对于方形大口井，应按 $r = 0.6b$（b 为正方形边长）关系换算；对于正多边形大口径，可使式中的半径等于多边形的内切及外接圆的平均值；

K——渗透系数，m/d；

R——影响半径，m；

m——承压含水层厚度，m。

当含水层较厚（$m \geqslant 2r$）时，(7-2) 式可简化为：

$$Q = \frac{2\pi KSr}{\frac{\pi}{2} + \frac{r}{m}\left(1 + 1.185\lg\frac{R}{4m}\right)} \tag{7-3}$$

当含水层很厚（$m \geqslant 8r$）时，还可简化为：

$$Q = 4KSr \tag{7-4}$$

此式简便，并且不包括难以确定的 R 值，对于估算大口井出水量，有实用意义。

2. 无压含水层（图 7-8）

$$Q = \frac{2\pi KSr}{\frac{\pi}{2} + 2\arcsin\frac{r}{T + \sqrt{T^2 + r^2}} + 1.185\frac{r}{T}\lg\frac{R}{4H}} \tag{7-5}$$

式中 H——无压含水层厚度，m；

T——大口井底至不透水底板高，m；

其余符号与上式相同。

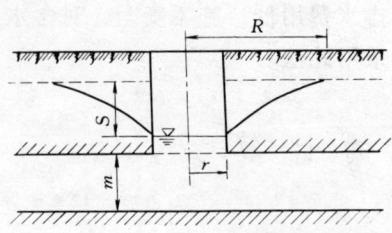

图 7-7 承压含水层中井底进水
大口井计算简图

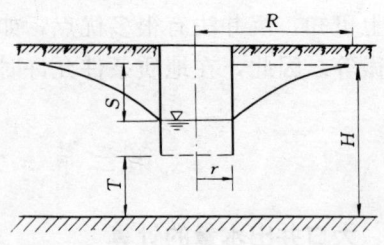

图 7-8 无压含水层中井底进水
大口井计算简图

当含水层较厚（$H \geqslant 2r$）时，(7-5) 式可以简化为：

$$Q = \frac{2\pi KSr}{\dfrac{\pi}{2} + \dfrac{r}{T}\left(1 + 1.185\lg\dfrac{R}{4H}\right)} \quad (7-6)$$

当含水层很厚（$H \geqslant 8r$）时，也可采用（7-4）式计算。

计算井壁井底同时进水的大口井出水量时，可用分段解法。对于无压含水层（图 7-9），可以认为井的出水量是由无压含水层中的井壁进水量和承压含水层中的井底进水量的总和：

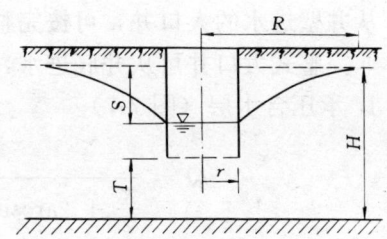

图 7-9 无压含水层中井壁井底进水
的大口井计算简图

$$Q = \pi KS\left[\frac{2h - S}{2.3\lg\dfrac{R}{r}} + \frac{2r}{\dfrac{\pi}{2} + \dfrac{r}{T}\left(1 + 1.185\dfrac{R}{4T}\right)}\right] \quad (7-7)$$

式中符号如图 7-8 所示，其余与前相同。

二、大口井进水流速的校核

在确定大口井尺寸、进水部分构造及完成出水量计算之后，应校核大口井进水部分的进水流速。井壁和井底的进水流速都不宜过大，以保持滤料层的渗流稳定性，防止发生涌砂现象。

井壁进水孔（水平孔）的允许进水流速校核和管井过滤器相同。对于重力滤料层（斜形孔、井底反滤层），其允许水流速度按下式计算：

$$V_{\mathrm{f}} = \alpha\beta K(1 - \rho)(\gamma - 1) \quad (7-8)$$

式中 α——安全系数，其值等于 0.7；

β——和进水流向与垂线之间的夹角 φ 有关的经验系数，见表 7-3，如计算井底反滤层时，$\varphi = 0°$，$\beta = 1$；

K——滤料层的渗透系数（m/s），见表 7-4；

ρ——滤料层的孔隙率（%），粒径 $d > 0.5$mm 时，$\rho = 25\%$ 左右；

γ——滤料层的比重，砂、砾石为 2.65。

β 经 验 系 数　　　　　　　　　　　　　　表 7-3

φ	0°	10°	20°	30°	40°	45°	60°
β	1	0.97	0.87	0.79	0.63	0.53	0.38

滤 料 层 渗 透 系 数　　　　　　　　　　　　　表 7-4

滤料粒径 d (mm)	0.5~1.0	1~2	2~3	3~5	5~7
K (m/s)	0.002	0.008	0.02	0.03	0.039

三、大口井的设计要点

大口井及井群的设计步骤和管井相似，但还应注意以下各点：

1. 在考虑大口井基本尺寸时，应注意井径对出水量的影响。由大口井计算公式可知，大口井出水量与井径呈直线关系，因此，在施工条件允许的情况下，适当增大井径是提高井出水量的途径之一。

此外，在引用水文地质勘探报告所提供的水文地质参数，例如，渗透系数为 K 时，应注意现场扬水试验的渗流特点。一般地讲，如把以管井扬水试验为基础所取得的渗透系数用于大口井，其值偏大。

2. 在用经验公式计算，引用同类型取水井抽水试验资料时，也应注意井径之影响，必要时，应进行适当的修正。

3. 地下水位变化（年变化、季节变化）对大口井的出水量和抽水设备正常运行影响甚大。为安全起见，在确定水泵吸水高度或计算出水量时，均应以枯水期最低水位为准；抽水试验应在枯水期进行。此外，还应注意到地下水位区域性下降的可能性以及由此引起的影响。

4. 对于布置在岸边或河漫滩依靠河水补给的大口井，应该考虑含水层淤塞引起井出水量的降低。目前对于此类大口井的淤塞问题尚缺乏研究，某些资料建议采用与渗渠相同的淤塞系数。

第八章 水平集水管与渗渠

水平集水管与渗渠统称为水平式取水构筑物，两者的主要区别是工作及计算的边界条件不同。前者单纯用于集取地下水，后者则部分或全部渗取地表水，故前者不考虑地表水体及其边界条件的影响。后者则需考虑地表水体及其边界条件的影响，但是实际上，从施工、构造上讲，两者并无差别。同一水平式取水构筑物，在运行过程中随着地表水体的径流情况以及水文地质条件的改变，也可能出现不同的工作情况，即不同的边界条件。例如，对于河床下部的渗渠而言，就可能出现下列一些情况（图8-1）：

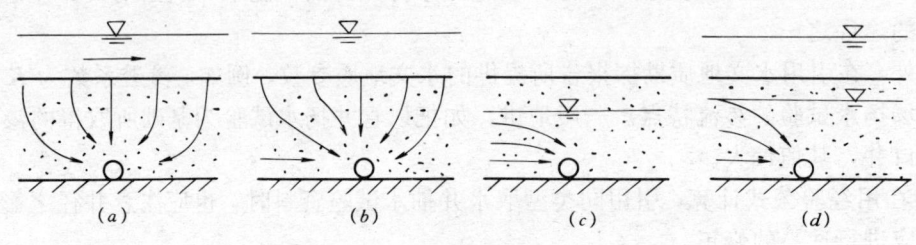

图 8-1　河床下部渗渠的工作情况

1. 河流不断流时，全部渗取地表水或同时集取地表水与河床地下水（图 8-1(a)、(b)）；
2. 河流断流时，集取河床地下水（8-1(c)）；
3. 河流虽未断流，但因河床淤塞，河床地下水与河流中的地表水"脱落"（图 8-1(d)），此时河水断续地渗入河床，故取水构筑物集取河床地下水时还存在着表面渗透。

由此可见，各类水平式取水构筑物在其使用过程中出现某些迥然不同的工作情况是很自然的。在这些工作情况中，有的呈周期性的变化，周而复始，有的逐步演变；不同的工作情况，边界条件不同，因而计算方法也不一样。在工程实际中，应该根据地面水体及水文地质条件的变化，具体分析确定可能出现的各种计算情况，再进行计算、比较。

在我国单纯用以集取地下水的水平集水管不多，而渗渠则因其适应性强、有利于截取河床下部潜水、可以改善水质，而被广泛用于山间河谷平原或山前冲积平原地带或其他场合，因此人们通常已习惯于不加区别地把水平集水管也称之为渗渠。

基于上述几方面的原因，以后除特殊情况（如计算、淤塞问题）外，一般情况下将遵从目前的习惯，不再专门区分水平集水管与渗渠，并沿用渗渠一词。

第一节　渗渠的形式与构造、渗渠的位置与系统布置

用渗渠取水，已有悠久的历史。在我国的东北地区，早在30年代即开始修建渗渠取水系统。1949年以后渗渠的应用更加广泛，特别是在东北、华北和西北地区的30多座城镇与

一些工业企业以及宝成、成渝、鹰厦、黎湛、都筑、天兰、兰新及包兰等铁路沿线,渗渠取水工程都发挥了特殊效能,保证了供水。

渗渠取水系统的基本组成部分是：水平集水管（渠）——渗渠、集水井和水泵站。此外,为了便于运行管理与维修,通常应在集水管（渠）上每隔50～100m设一检查井。如需要截取河床地下水,有时尚须相应地建立潜水坝。

一、渗渠的形式与构造

根据水平集水管（渠）的断面形式,可将渗渠分为盲沟、集水管与集水廊道三类。

盲沟是中间填有均匀块石或碎石,四周充以填料层的沟道,被盲沟集取的地下水即在块石或碎石的间隙中沿沟道流动。盲沟的构造虽较简单,便于就地取材,但因其过水断面较小,水力坡降较大,易于淤塞,不便检修,故除受材料或其他因素限制外实际上已很少采用。集水廊道是断面较大,容许检修人员通过的一种集水管渠。这种管渠除采用大口径管道外,还可用块石、砖、预制混凝土砌块等砌筑成矩形或卵圆形。由于施工困难、造价高,这种形式的集水管渠未见我国使用（坎儿井除外）。

集水管一般由穿孔钢筋混凝土管、混凝土管组成,水量较小时可用穿孔石棉水泥管、铸铁管、陶土管组成,有时也可用砖、石块、预制砌块砌筑或用木框架组合而成。

钢筋混凝土或混凝土管每节长1～2m,内径不小于200mm,若需进入清理,则不应小于600mm。所需管径,应根据集水要求及水力计算确定。管壁上的进水孔一般为圆孔或条孔。圆孔直径多取20～30mm。为避免填料颗粒堵塞,应使孔眼内大外小,孔眼呈交错排列,其净距应考虑结构构造与强度要求,一般为孔眼直径的2～2.5倍。条形孔宽一般为20mm,孔长为60～100mm,条孔间距纵向为50～100mm,环向为20～50mm。进水孔通常沿管渠上部1/2～2/3周长布置,其总面积一般为管壁开孔部分面积的5%～10%。

除上述钢筋混凝土或混凝土管之外,尚可采用钢筋混凝土短管或无砂混凝土管组成集水管。钢筋混凝土短管长约200～300mm,管端或均为平口或一端为企口（图8-2）,管之间的接口缝隙即为进水孔,缝隙宽约15～30mm。这种短管制作简易、搬运方便、孔隙率高,但为保持管线的一定坡度,管底应有稳定的基础。

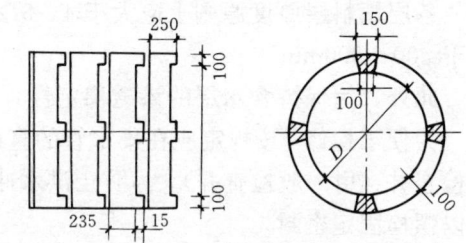

图8-2 管端企口构造

无砂混凝土管是用水泥浆胶结砾石而成（内配钢筋）的,一般灰石比取1:6,水灰比取0.4左右,砾石直径为5～10mm。这种管材制作简单,不需专门预留孔眼,孔隙率较高,可达20%,除无砂混凝土外围须填0.3m厚之粗砂以防孔隙堵塞外,不必再填人工反滤层。

其余管材壁上的孔眼可参照对一般混凝土管的要求确定,管段接口方式视管材情况而定。

集水管的基础型式可根据管材和土质情况确定,对于密实的地层一般可用砂砾石垫层或混凝土基座（枕基）；对于松软地层则必须设条形混凝土基础,有时甚至应设桩顶承台。

在集水管外一般须设人工反滤层,以保持含水层的渗透稳定性。人工反滤层的设计与铺设质量将直接影响渗渠的出水量、水质及其使用年限,应予特别重视。

根据渗渠的工作情况,人工反滤层可分别采取图8-3所示的铺设方式。人工反滤层一般

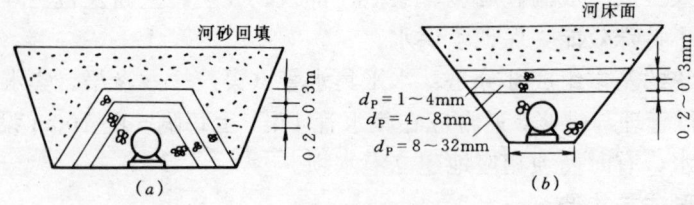

图 8-3 人工反滤层

为 3～4 层，各层的级配为：

$$\frac{D_{60}^{\mathrm{I}}}{d_{10}} = 8 \sim 10 \tag{8-1}$$

$$\frac{D_{60}^{\mathrm{II}}}{D_{60}^{\mathrm{I}}} = 2 \sim 4 \tag{8-2}$$

式中 d_{10}——反滤层外侧介质颗粒的计算粒径；

D_{60}^{I}——第一层（最上层）填料计算粒径；

D_{60}^{II}——第二层填料计算粒径。

最下层填料粒径应略大于进水孔的直径或条孔宽度。

为避免各层填料产生分层现象，填料颗粒的不均匀系数 η 应为

$$\eta = \frac{D_{60}}{D_{10}} \leqslant 5 \sim 10 \tag{8-3}$$

式中 D_{60}、D_{10}——分别为通过 60% 和 10% 岩样的筛孔尺寸。

各层填料层厚度原则上应大于 $4\sim5 D_{\max}$，$D_{\max}$——填料中最大颗粒的粒径，但一般不得小于 $200\sim300\mathrm{mm}$。

此外，为保持含水层的渗透稳定性，按规定应使水流渗流速度 $v \leqslant v_{\mathrm{f}}$。

为便于检修，按规定应在集水管的直段每隔 $50\sim100\mathrm{m}$ 以及端部、转角处、断面变换处设检查井（用一般检查井）。为防止洪水冲开井盖、淤塞渗渠，考虑卫生与安全，检查井盖应以螺栓固定密封。

在需要截取地下潜水的情况下，可考虑在渗渠下游 $10\sim20\mathrm{m}$ 处河床的下部建立潜水坝，以增加渗渠的取水量。潜水坝通常为钢筋混凝土或混凝土坝体，图 8-4 即为某一潜水坝的断面构造情况，坝长 $500\mathrm{m}$。由于潜水坝承受的水的侧压力较小，因此断面尺寸一般均较小。在适宜的条件下，亦可用帷幕灌浆法建立潜水坝体，以减少施工工程量、降低造价。

为了加强对河床地下水的补给，增加渗渠的出水量，有时还可在渗渠下游的适当距离（不宜过远）修建拦河闸，以抬高河水位，扩大渗透补给范围，调蓄部分径流。但另一方面，建闸后很可能会造成河流泥砂淤积，影响地面水体对河床下部地下水的补给，进而使渗渠出水量迅速下降。为此，除在运行管理过程中适时地（如平、丰水期）开闸放水冲淤以及在枯水季进行人工或机械清淤外；更重要的是，应事先分析河流挟带泥砂的数量、冲淤性质，权衡利弊后再作决策。在我国建有拦河闸的渗渠工程实例中，既有较成功的例子，也有失败的教训，故对采取拦河闸工程措施问题，应十分慎重。

集水井的构造尺寸应视其功能需要分别考虑调节、消毒接触停留时间及水泵吸水等要求确定。

二、渗渠的位置与布置方式

渗渠位置的选择是渗渠设计中一个重要而复杂的问题，有时甚至关系到工程的成败。选择渗渠位置时应综合考虑水文地质条件和河流的水文条件，要预见到渗渠取水条件的种种变化，大体上讲应注意以下原则：

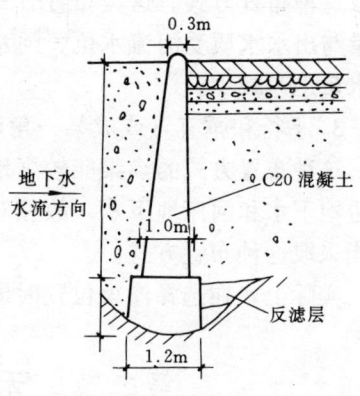

图8-4 潜水坝

1. 选择河床冲积层较厚、渗水性较好的河段，并且应避开不透水夹层（如淤泥夹层）；
2. 应选择水力条件较好的河段，如河床冲淤相对平衡、河床比较稳定的河段，这须通过对长期观测资料的分析和调查研究确定；
3. 应选择具有适当地形的地带，以利取水系统的布置，减少施工、交通运输、征地及场地整理、防洪等有关费用；
4. 如果考虑建立潜水坝，则应选择河谷（指河床冲积层下的基岩）束窄、基岩地质条件良好的地带；
5. 应避免易被工业废弃物（废渣——煤灰、废水）淤积或污染的河段。

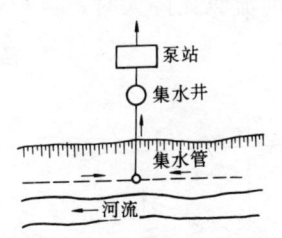

图8-5 平行河流布置的渗渠

渗渠布置是发挥渗渠工作效益、降低工程造价与运行维护费用的关键之一。实际工作中，应根据地下水的补给来源、河段地形、水文及水文地质条件、施工条件等而定。一般有下列几种基本的布置方式：

1. 平行于河流布置（图8-5）

当河床地下水和岸边地下水均较充沛，且河床较稳定时，可采用这种布置方式。通常渗渠敷于距河流30~50m处的河漫滩下；如果河水较浑，则以距河流100~150m为好。这类渗渠可以同时集取河床地下水与岸侧的地下水，渗渠的施工和检修均较方便。

2. 垂直于河流布置（图8-6）

当岸边地下水补给较差，河床含水层较薄且河床地下水的补给也较差、河水较浅时，可

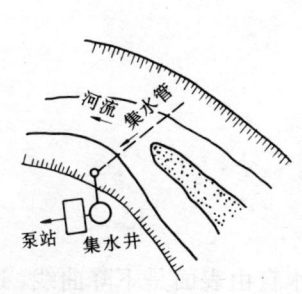

图8-6 垂直河流布置的渗渠

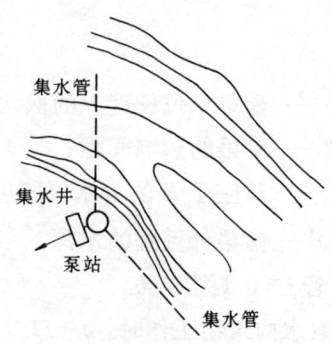

图8-7 渗渠的组合布置

采取这种布置方式。这类布置方式的渗渠以集取地表水为主,施工与检修均较困难,其出水量与出水水质受河流水位、河水水质的影响,变化较大,且其上部含水层极易淤塞,使出水量迅速减少。

3. 平行和垂直(或成某一角度)组合布置(图 8-7)

这种布置方式的渗渠能较好地适应河流及水文地质条件的多种变化,能较充分地截取岸边地下水和河床地下水,故相对地讲,其出水量较稳定。通常在渗渠总长较大时,才有可能采取这种布置方式。

实际上,在选择渗渠位置时即应同时考虑渗渠的布置方式、系统的组成与构造。

第二节　无压含水层中的完整式渗渠**

本节所讨论的是无压含水层中完整式渗渠实际上可能出现的一部分工作情况。

一、由侧面补给的渗渠的计算

这是渗渠最经常的工作情况之一,渗渠在一般工作情况下都处于稳定流状态,无表面渗透。

由图 8-8 可见,这种情况属一维缓变渗流。按照含水层下不透水基底的坡向,实际上可能出现三种情况(图 8-8(a)、(b)、(c)):(1) 基底水平,$i=0$,这是一种理想化的近似情况;(2) 基底沿水流方向呈直线顺坡,$i>0$,这是实际上较常见的情况;(3) 基底沿水流方向呈直线逆坡,$i<0$,这种情况较少见。对于河床内的渗渠,当河流纵比降大时,以上三种情况的区别(影响)不可忽视。

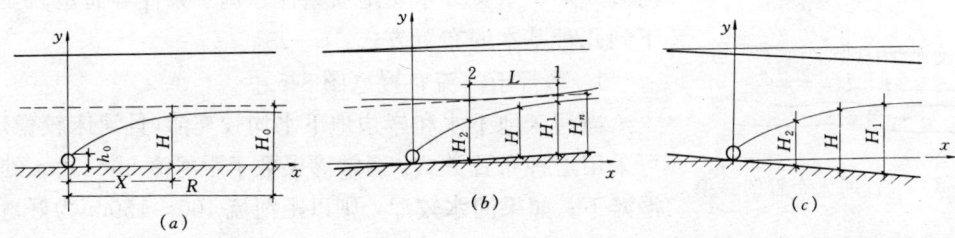

图 8-8　一维缓变渗流情况

1. 若 $i=0$(图 8-8a)

$$q = K \frac{H_0^2 - h_0^2}{2R} \tag{8-4}$$

式中　q——渗渠单位长度上的取水量;

　　　R——渗渠的影响间距;

　　　H_0——对应于 R 的含水层厚度;

　　　h_0——渗渠外壁处的水深。

2. 若 $i>0$(图 8-8b)

当取水构筑物工作时,$\eta = H/H_n < 1$,这表示地下水自由表面是下降曲线,通过解一维渗流方程可得下列关系式:

$$\frac{il}{H_n} = \phi(\eta_2) - \phi(\eta_1) \tag{8-5}$$

$$\phi(\eta_1) = \frac{H_1}{H_n} + \ln\left(1 - \frac{H_1}{H_n}\right)$$

$$\phi(\eta_2) = \frac{H_2}{H_n} + \ln\left(1 - \frac{H_2}{H_n}\right)$$

式中 H_1、H_2——垂直于地下水流方向的任取两过水断面上的水深；

l——两过水断面的水平距离。

其余符号同前。

如果已知 H_1、H_2、l、i、K（地层的渗透系数），则不难由（8-5）式用计算法求得 H_n，由此即可由：

$$q = KH_n i$$

计算渗渠的单位长度取水量 q。

【例】 河床基底倾斜坡度（直线顺坡）$i=0.025$，补给区水深 $H_1=5m$，垂直河道敷设的渗渠处的水深 $H_2=0.5m$，渗渠距补给区 500m，含水层渗透系数 100m/d，求渗渠的单位长度取水量 q（图 8-9）。

【解】 由（8-5）式：

$$\frac{0.025 \times 500}{H_n} = \phi(\eta_2) - (\eta_1)$$

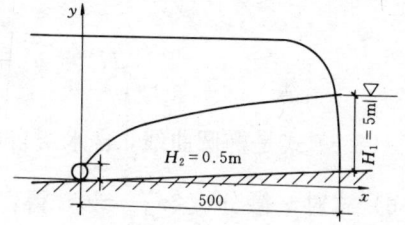

图 8-9 $i>0$ 时渗渠计算简图

$$f[H_n] = H_n[\phi(\eta_2) - \phi(\eta_1)] = 12.5$$

设 H_n 分别为 5.5、5.3、5.1，列表计算如下：

H_n	H_2/H_n	$\phi(\eta_2)$	H_1/H_n	$\phi(\eta)$	$\phi(\eta_2)-\phi(\eta_1)$	$f[H_n]$
5.5	0.091		0.91	-1.49	1.49	8.2
5.3	0.094	$\cong 0$	0.94	-1.86	1.86	9.85
5.1	0.098		0.98	-2.92	2.92	14.90

由上表通过插值法求得 $f(H_n)=12.5$ 时，对应的 $H_n=5.44m$。由此：

$$q_0 = KiH_n = 100 \times 0.025 \times 5.44 = 13.6 m^3/d$$

此数值比类似情况下水平基底上渗渠的单位长度取水量大很多。

3. 若 $i<0$，这种计算情况与上种情况相似，因少见，故略。

应该指出，对上述三种情况，当 $R \to 0$ 时，$\frac{dH}{dx} \to \infty$，即地下渗流在集水管附近已不是缓变流了，一维渗流计算的基本假定已不存在。如果把第二个断面取在集水管附近，计算结果偏小。

二、有表面渗透时渗渠的计算（图 8-10）

无压含水层中完整式渗渠的这种渗流情况有：1) 河床下部渗渠，若河床表面淤塞、河

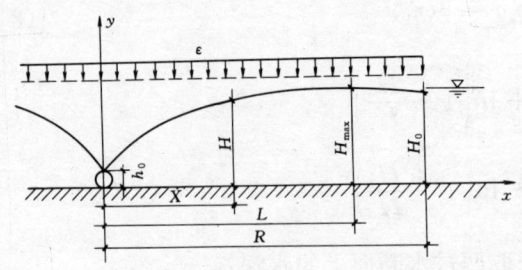

图 8-10 有表面渗透时的渗渠计算简图

床内的地下水与地表水"脱落"——无水力联系，河水不连续地渗入河床；2) 河床下部渗渠，河流补给不足；3) 渗渠上部有人工补给地下水的水池等。这些都是实际上可能出现渗渠工作情况。

设表面渗透的强度为 ε（与 k 的因次相同），且为常数，不透水基底是水平的，对于一维渗流有下列基本方程：

$$\frac{\partial^2 H^2}{\partial x^2} + \frac{2\varepsilon}{K} = 0$$

式中 H——任一过水断面的水深；

x——坐标 0 点至该断面的距离。

在给定边界条件下上式的解为：

$$H^2 = h_0^2 + \frac{H_0^2 - h_0^2}{R}x + \frac{\varepsilon R}{K}x - \frac{\varepsilon}{K}x^2 \tag{8-6}$$

(8-6) 式是椭圆曲线，含水层自由水面在距渗渠 $x=l$ 处，H 有最大值 H_{max}。为此，将 (8-6) 式对 x 微分，令 $\frac{dH}{dx}=0$，得：

$$l = \frac{R}{2} + \frac{K(H_0^2 - h_0^2)}{2\varepsilon R}$$

l 值有三种情况：

1) $l<R$，此时含水层中存在一分水点，该点水深即为 H_{max}，这表明在 R 范围内表面渗透超过渗渠的取水量，因此一部分表面渗透量反而流入补给区。如为河床，则在其上游产生壅水，使上游河床地下水补给河岸地层。

2) $l=R$，此时渗渠取水量恰好等于表面渗透量，相应的表面渗透强度即为：

$$\varepsilon = \frac{K(H_0^2 - h_0^2)}{R^2}$$

3) $l>R$，此时渗渠集取的水量除表面渗透量之外尚有一部分来自补给区。

因通过含水层某一断面的单宽流量为：

$$q_x = KH\frac{dH}{dx}$$

又因：$H\frac{dH}{dx} = \frac{H_0^2 - h_0^2}{2R} + \frac{\varepsilon R}{2K} - \frac{\varepsilon}{K}x$

故：$q_x = \frac{K(H_0^2 - h_0^2)}{2R} + \frac{\varepsilon R}{2} - \varepsilon x$

当 $x=0$ 时，渗渠单位长度的集水量是：

$$q_0 = \frac{K(H_0^2 - h_0^2)}{2R} + \frac{\varepsilon R}{2}$$

由此可知，有表面渗透时渗渠在单位长度的集水量增加了影响带渗入水量之半$\left(\frac{\varepsilon R}{2}\right)$，而补给区补给水量相应减少一半。

三、无表面渗透时的非稳定流（疏干）计算情况（图 8-11）

这种情况见于枯水季节、地层缺少或没有补给水来源、渗渠动用含水层中的静贮量时；在丰水季节，含水层又重新得到补给。此时含水层相当于地下调节水库，这种情况在我国东北、华北地区并不少见。

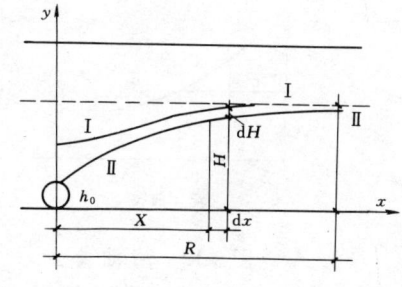

图 8-11 无表面渗透时渗渠疏干计算简图

设含水层是水平的，对于一维渗流有基本方程：

$$\frac{\partial^2 H^2}{\partial x^2} = \frac{2\mu}{K} \frac{\partial H}{\partial t}$$

式中 μ——含水层的给水度，其余符号同前。

在给定的定解条件下，用数学分析法解上述方程，并得：

$$q = \frac{AK\sqrt{H_0(H_0^3 - h_0^3)}}{R(1 - \delta t)^2} \tag{8-7}$$

式中 $\delta = \dfrac{3A^2 K H_0}{2\mu R^2}$

$$A = \int_{\zeta_0}^{1} \frac{\zeta \, d\zeta}{\sqrt{1 - \zeta^3}}$$

$$\zeta = \frac{H}{H_0}, \zeta_0 = \frac{h_0}{H_0}$$

由上式可知，抽水初期集水管处的水位（抽降）达到稳定值 h_0（即 $x \to R$，$H \to h_0$）之前，如 δ 为常量，则 t 越长，含水层自由表面的水力坡降与时俱增，流量越大。这时渗流处于非稳定流状态。在达到稳定水位 h_0 以后，如含水层有充足的补给源，R 保持不变，流量将趋于稳定（q_0）。这时为稳定状态。若补给断绝，集水管靠疏干含水层取水，则渗流转入非稳定状态，由于 R 已不为常量，其值随时间增长，含水层自由表面的水力坡降随之减小，流量随之减少。

这时：

$$R \cong \sqrt{\frac{3KH_0 t}{\mu}}$$

代入（8-7）式得：

$$q = \frac{AK\sqrt{H_0(H_0^3 - h_0^3)}}{\sqrt{\dfrac{3KH_0 t}{\mu}} \left(1 - \dfrac{A^2}{2}\right)^2} \tag{8-8}$$

(8-8)式是以 q、t 轴为渐近线的非等边双曲线，随 t 增加 q 缓慢减少（图 8-12）。用(8-8)式进行渗渠疏干计算时公式的适用段是 t_0 以后的实线段。时间应为 $t=t_0+t'$，t_0——按(8-8)式由渗渠的稳定流量 q_0 确定时间，t'——从 t_0 开始算起的疏干时间。如已知 t_0、t'，则可求得时刻 t 渗渠的单位长度取水量。设计渗渠时应以最低保证率校核。

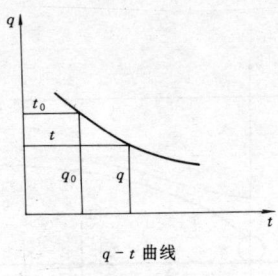

图 8-12　q-t 曲线

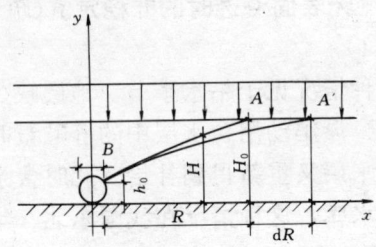

图 8-13　有表面渗透时渗渠疏干计算简图

四、有表面渗透时的非稳定流（疏干）计算情况（图 8-13）

这相当于枯水季或河床淤塞，地面水不能连续下渗时用渗渠取水的情况。这种情况属地下水非稳定变量运动，可用近似方法得到渗渠单位长度流量（单侧）的计算公式：

$$q = \frac{\sqrt{\varepsilon K}(H_0^2 - h_0^2)}{\sqrt{2(H_0^2 - h_0^2)(1 - e^{-at})}} \tag{8-9}$$

式中　$a = \dfrac{6\varepsilon}{\mu(H_0+h_0)}$

其余符号同前。

比较(8-8)、(8-9)式可知，有表面渗透时流量随时间减少的速度要比没有表面渗透时要慢，且当 $t\to\infty$ 时，可得到完全由渗入补给而形成的稳定的单位长度流量（单侧）：

$$q = \frac{\sqrt{\varepsilon K}(H_0^2 - h_0^2)}{\sqrt{2(H_0^2 - h_0^2)}} = L_{\max}\varepsilon$$

在特殊情况下，即 $\varepsilon=0$、$h_0=0$ 可得：

$$R \cong \sqrt{\frac{3KH_0 t}{\mu}}$$

上面简单讨论了无压含水层中完整式渗渠的各种工作情况。设计时，可根据这类渗渠运行时可能产生的不同情况，选用相应的公式计算，并以最不利情况校核。

第三节　水体下部含水层中的渗渠**

各种地表水体，如江河、湖、蓄水库、人工补给地下水的水池及水渠等底部的渗渠都属于这种情况。在我国许多山区河流的河床中有丰富的地下水径流，特别是在山前区河段河流发育在冲积锥（扇）地带，河床下部的冲积层较厚（相对于山区河段）、透水性强；但另一方面，在这些河段上取地表水的条件复杂，因此比较适于采用水平渗渠。这种情况多见于东北、华北与西北地区。本节讨论的是河流不断流时完全集取地表水即连续地由地表水体补给的渗渠工作情况（图 8-14）。

这种情况属地下水渗流的二维流（平面流）。渗渠的单位长度出水量为：

$$q = \frac{2\pi K(H - H_0)}{\ln\left[\operatorname{tg}\dfrac{\pi(4h-d)}{8T}\operatorname{ctg}\dfrac{\pi d}{8T}\right]} \quad (8\text{-}10)$$

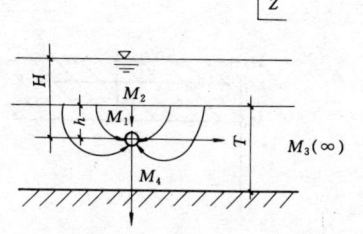

图 8-14 地表水连续补给渗渠时的计算简图

式中 H_0——集水管中之剩余水头；
d——集水管直径。

如果含水层很厚，$T \to \infty$，则：

$$q = \frac{2\pi K(H - H_0)}{\ln\left[\dfrac{4h-d}{d}\right]} \quad (8\text{-}11)$$

如为完整式渗渠，$h \to T$，单位长度取水量为：

$$q = \frac{2\pi K(H - H_0)}{\ln\operatorname{ctg}\dfrac{\pi D}{8T}} \quad (8\text{-}12)$$

(8-10)式可用保角变换法推求。

由图 8-14 可知，渗流区对称于 y 轴。为简便起见，可取右半部加以考察。显然，位于"Z"平面的渗流区为一半带域，如图 8-15 所示。作保角变换时，我们可以用一个"汇"代替集水管。

为了方便起见，取：

$$\varphi_r = \frac{\varphi}{K}$$

$$\Psi_r = \frac{\Psi}{K}$$

φ_r、Ψ_r 分别称为折算速度势函数和折算流函数。由图 8-14 可知渗流区的边界是由透水与隔水边界组成。设以地面水体之底面为基准面，则各边界条件为：在 M_2M_3 上 $\Psi_r = 0$；M_4M_3 为一流线，其上的折算流函数应取 $\Psi_r = 0$；M_1M_2 亦为流线，其上的折算流函数为 $\Psi_r = q_r/2$（q_r——集水管单位长度折算流量）。由此，在"ω"平面上可作出与渗流区"Z"相对应的渗流复势区，如图 8-16 所示之半带域。

为求未知折算复势 ω_r，须作出从渗流区到折算复势区的保角变换。

经过一系列简单的变换，可得所述情况的变换函数：

$$\omega_r = i\frac{q_r}{2} + \frac{q_r}{2\pi}\ln\frac{\operatorname{tg}\dfrac{\pi(2h-iz)}{4T}}{\operatorname{tg}\dfrac{i\pi z}{4T}} \quad (8\text{-}13)$$

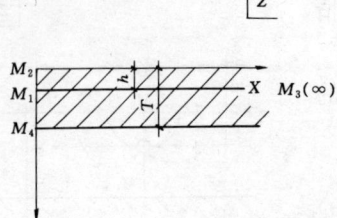

图 8-15　"z" 平面渗流区

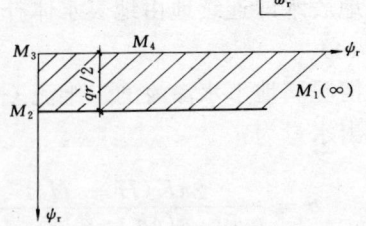

图 8-16　"ω" 平面渗流复势区

由上式，在汇点附近 Z 趋于零，故：

$$\omega_r \cong i\frac{q_r}{2} + \frac{q_r}{2\pi}\ln\frac{\mathrm{tg}\frac{\pi h}{2T}}{\frac{i_\pi}{4T}} - \frac{q_r}{2\pi}\ln z$$

上式分离实部与虚部，得：

$$\varphi_r \cong -\frac{q_r}{2\pi}\ln|Z| + \frac{q_r}{2\pi}\ln\mathrm{tg}\frac{\pi h}{2T} + \frac{q_r}{2\pi}\ln 4T$$

可见，在汇点附近等势线 $\varphi_r = $ 常数，即近似于以 z 平面的原点为中心的同心圆群（$Z=$ 常数）。

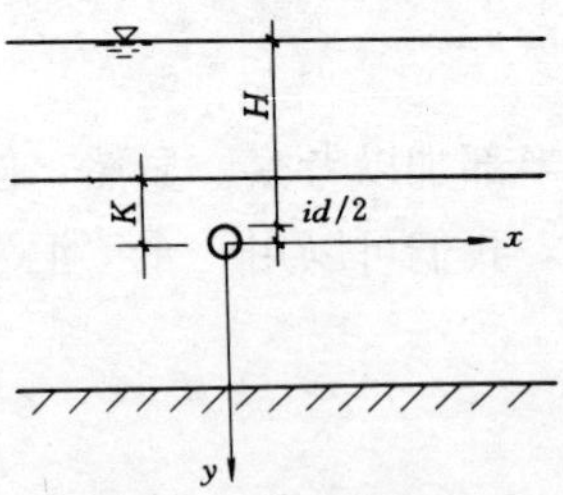

基于此，若以通过 x 轴的水平面为水头基准面，取等势线中直径为 d 的圆周作为集水管的周缘，集水管顶的水头近似等于 H（图 8-17），则令 $Z=-i\dfrac{d}{2}$，代入 (8-13) 式，并分离出实部，并令 $\varphi_r = H - H_0$，可得：

图 8-17　计算简图

$$q_r = \frac{2\pi(H-H_0)}{\ln\left[\mathrm{tg}\dfrac{\pi(4h-d)}{8T}\mathrm{ctg}\dfrac{\pi d}{8T}\right]}$$

由此可得 (8-10) 式。

位于水体底部渗渠的总出水量，可分别根据 (8-10)～(8-12) 式，由下式确定：

$$Q = \alpha L q_0 \tag{8-14}$$

上式中，L 为渗渠集水管的总长度，一般以不超过数 10m 为宜。α 为考虑含水层表面淤积及渗透地层淤塞的储备系数，由于情况比较复杂，其值较难确定，并缺少可供参考的经验数值（见本章第五节）。

第四节　承压含水层中非完整式渗渠**

埋深较浅的承压含水层实际上少见。由于施工条件限制承压含水层中的渗渠都为非完整式，即将集水管设于覆盖层与含水层的交界处。这是渗渠的基本计算情况之一，是下节讨论无压含水层非完整式渗渠计算的基础。

承压含水层非完整式渗渠的计算情况分为厚度极大的承压含水层和有限厚度的承压含水层，它们与承压含水层管井或单行井群的计算情况相似，都是二维渗流运动。下述解算结果就是由保角变换法求得的。

一、厚度极大的承压含水层

设渗渠位于补给区与泄水区之间，补给区与泄水区之水头分别为 H_1、H_2，集水管至补给区和泄水区的距离分别为 L_1、L_2，其计算简图如图 8-18 所示。它相当于两侧有直线状透水边界的承压含水层中的完整井渗流区的一半。这种情况渗渠单位长度出水量应为：

$$q_0 = \frac{\pi K S_0}{\ln\left[\dfrac{4L}{\pi d}\cos\dfrac{\pi(L_1-L_2)}{2L}\right]} \tag{8-15}$$

式中 S_0 ——集水管处的水位降，等于：

$$\frac{H_1-H_2}{L}L_2 + H_2 - H_0$$

其余符号如图。

渗渠工作时，渗流区内可能出现下列两种渗流情况，这对于考虑水质的影响是有意义的。

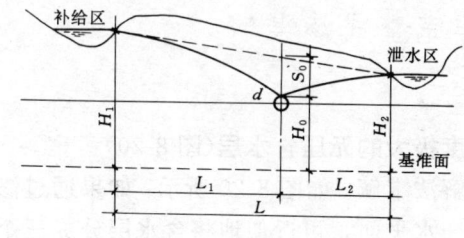
图 8-18 承压含水层渗渠计算简图

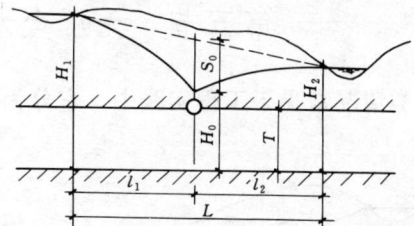
图 8-19 有限厚承压含水层渗渠计算简图

1. 全由补给区（上游）补给集水管所取水量；
2. 集水管所取水量，既由补给区补给也由泄水区（下游）补给。

两种情况的区分取决于补给区与泄水水区水头及渗渠在两者之间的相对位置。

二、有限厚的承压含水层（图 8-19）

这种计算情况相当于两侧有直线状透水边界的承压含水层中呈等距直线排列管井群的渗流区的一半。

相应的单位长度渗渠的出水量为：

$$q_0 = \frac{\pi K S_0}{\ln\dfrac{2T}{\pi d}\left[1 - 2e^{\frac{-\pi L}{T}}\operatorname{ch}\dfrac{\pi(L_1-L_2)}{T} + \dfrac{\pi L_1 L_2}{LT}\right]} \tag{8-16}$$

式中 $S_0 = \dfrac{H_1-H_2}{L}L_2 + H_2 - H_0$

如果补给区、泄水区远离渗渠，上式中之 $2e^{\frac{-\pi L}{T}}\operatorname{ch}\dfrac{\pi(L_1-L_2)}{T}$ 可以忽略不计，(8-16)式可以改写为：

$$q_0 = \frac{\pi K S_0}{\ln\frac{2T}{\pi D} + \frac{\pi L_1 L_2}{LT}} \tag{8-17}$$

由（8-17）式可知，随 T 增大，q_0 渐趋于一常量。T 若增至较大的数值（例如 $T>L$），则（8-17）式之计算结果与（8-15）式的相近。

图 8-19 的渗流区内可能出现三种渗流情况：

1. 渗渠取水量全由补给区补给，来自补给区的多余水流绕过集水管流向泄水区；
2. 水流自两侧流向集水管，但有部分水流绕过集水管流向泄水区；
3. 水流自两侧流向集水管，但无绕流现象。

从水质控制角度讲，区分上述渗流情况有时是有意义的，但严格区分这三种渗流情况的条件很复杂，它取决于含水层的天然径流量、渗渠的相对位置、集水量以及含水层之厚度。一般地说，第二种情况仅在集水管靠近泄水区时（例如 $<2T$）产生。

（8-16）式、（8-17）式的推导前提与设于承压含水层不透水基底上的完整式渗渠的计算边界条件完全相同（仅计算图形的颠倒），因此这些公式也适用于承压含水层中的完整式渗渠。

如果渗渠设于无压含水层中，可以在上述计算公式的基础上用分段解法求解。

第五节　无压含水层中非完整式渗渠**

这类情况常见于工程实践中，它分为：

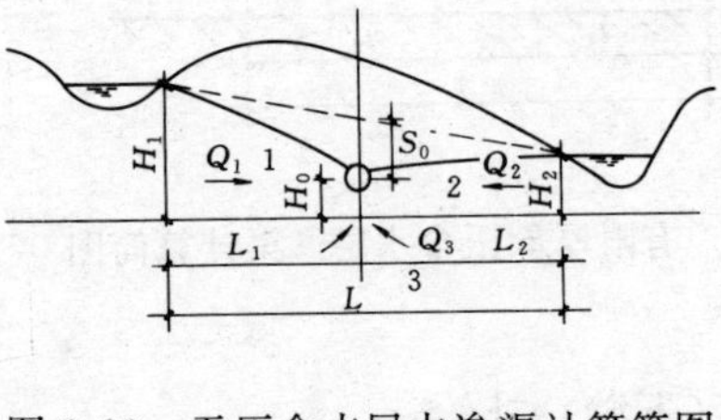

一、厚度极大的无压含水层（图 8-20）

用分段解法求解。如图 8-20 所示，如果通过渗渠的中心作一水平面，可近似地将含水层分成三个渗流区：1、2 相当于由侧面补给的无压含水层中完整式渗渠的渗流区；3 相当于厚度极大的承压含水层中非完整式渗渠的渗流区。

图 8-20　无压含水层中渗渠计算简图

由此，根据（8-4）式及（8-15）式，可求得这种情况下渗渠单位长度的出水量：

式中
$$\left.\begin{array}{l} q_0 = q_1 + q_2 + q_3 \\[4pt] q_1 = \dfrac{K(H_1^2 - h_0^2)}{2L_1}; \\[8pt] q_2 = \dfrac{K(H_2^2 - h_0^2)}{2L_2}; \\[8pt] q_3 = \dfrac{\pi K S_0}{\ln\left[\dfrac{4L}{\pi d}\cos\dfrac{\pi(L_1 - L_2)}{2L}\right]} \end{array}\right\} \tag{8-18}$$

对于范围很广的含水层（远离地面水体），当 $L_1 = L_2 = R$，渗渠单位出水量可以近似地用下式计算：

$$q_0 = \frac{K(H_0^2 - h_0^2)}{R} + \frac{\pi K S_0}{\ln \frac{2R}{r}} \qquad (8-19)$$

二、有限厚的无压含水层(图 8-21)

以分段解法求得

$$\left.\begin{array}{l} q_0 = q_1 + q_2 + q_3 \\[2mm] q_3 = \dfrac{\pi K S_0}{\ln \dfrac{2T}{\pi \alpha} + \dfrac{\pi L_1 L_2}{LT}} \end{array}\right\} \qquad (8-20)$$

式中 q_1、q_2 —— 同(8-18)式；

如果含水层甚薄（图 8-22），集水管的影响相对增加，显然不能再用（8-20）式，建议按下列经验公式计算：

$$q_0 = \frac{K(H_0^2 - h_0^2)}{R} \sqrt[4]{\frac{t + 0.5 r_0}{h_0}} \sqrt[4]{\frac{2h_0 - t}{h_0}} \qquad (8-21)$$

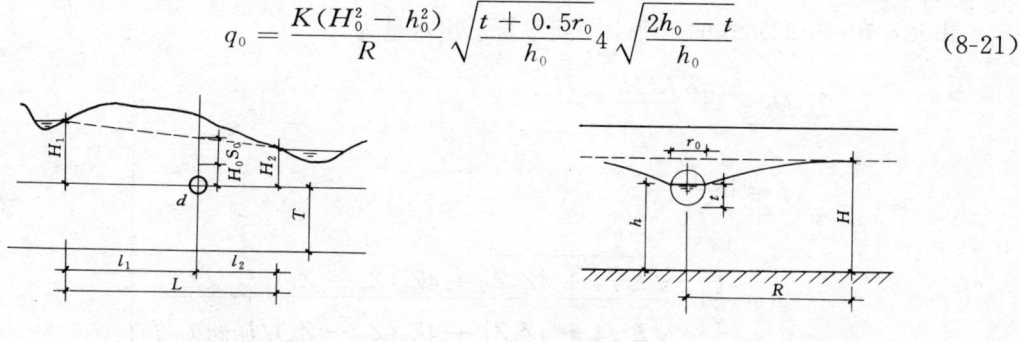

图 8-21 有限厚无压含水层渗渠计算简图　　图 8-22 极薄无压含水层渗渠计算简图

第六节 有限长的倾斜或水平集水管计算**

上述各种情况渗渠的计算都是以平面渗流运动为基础，即忽略集水管长度的影响且集水管是水平的，在应用上显然有其局限性。研究有限长的倾斜或水平集水管的计算，不仅是为弥补这方面的不足，也是解决辐射井计算问题的基础。有限长倾斜或水平集水管的工作属于三维（空间）渗流情况，对于这种情况广泛地应用源汇映射势流迭加法，本节引用由此法求得的不同计算情况下的计算公式及其间的基本关系（不加推导）。

一、无限含水层空间内的倾斜集水管(图 8-23)

图中倾斜集水管（$M_1 M_2$）在含水层中任一点 M 处造成的速度势函数为：

$$\varphi = \frac{q}{4\pi} \ln \frac{(r_1 + r_{1s})(r_2 + r_{2s})}{P^2} \qquad (8-22)$$

式中 $P^2 = r_1^2 - r_{1s}^2$

其余符号如图所示。

上式是运用源汇映射势流叠加原理，由 $M_1 M_2$ 上无穷个点源在 M 点所造成的速度势函数叠加而得。它是推导下述情况计算公式的基础。

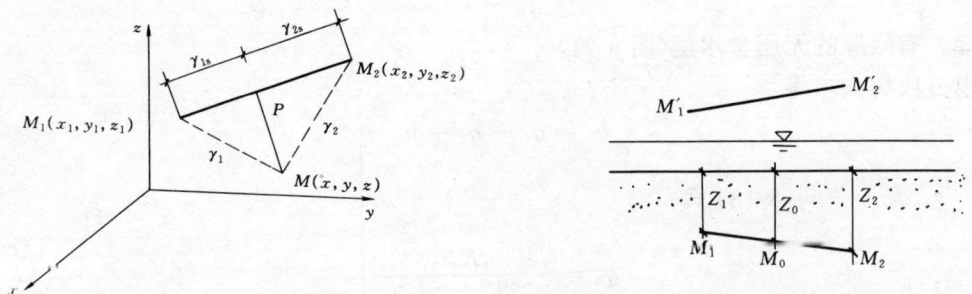

图 8-23　无限含水层中倾斜集水管计算简图　　图 8-24　半无限空间中倾斜集水管计算简图

二、地面水体下部无限厚含水层（半无限空间）中的倾斜集水管（图 8-24）

这种渗流情况可看作是无限含水层空间内集水管 M_1M_2 及同它对称的（相对于水体底面）"排水管" $M_1'M_2''$ 共同作用的结果。

由此，在（8-22）式的基础上得集水管总出水量为：

$$\left. \begin{array}{l} Q = \dfrac{2\pi KL(H-H_0)}{\phi} \\[2mm] \phi = \ln \dfrac{L}{r_0} - \sigma \\[2mm] \sigma = \dfrac{1}{2}\ln \dfrac{\sqrt{L^2/4 + 4Z_0Z_2} + 4Z_0(Z_0-Z_1)/L + L/2}{\sqrt{L^2/4 + 4Z_0Z_1} + 4Z_0(Z_0-Z_1)/L - L/2} \end{array} \right\} \quad (8\text{-}23)$$

式中　r_0——集水管的半径。

其余符号如图所示。

若集水管是水平的，即 $Z_1=Z_2=Z_0$，（8-22）式可简化为：

$$Q = \frac{2\pi KL(H-H_0)}{\ln \dfrac{4LZ_0}{r_0(\sqrt{L^2+16Z_0^2}+L)}} \quad (8\text{-}24)$$

比较（8-24）式与（8-11）式，显然前者的计算结果大于后者的计算结果，随 L 增加，$16Z_0^2$ 可忽略不计，则两式计算结果相等。

比较（8-24）式与（8-23）可知，在同一条件下倾斜集水管之出水量小于水平集水管的出水量。且倾斜度越大出水量越小。

三、无限厚承压含水层中的倾斜集水管

不同于上列情况的是含水层中的透水边界面（$Z=0$）被覆盖，含水层远处的水头为 H，则用与上式相仿的途径可得集水管之总出水量：

$$Q = \frac{2\pi KL(H-H_0)}{\ln \dfrac{L}{r_0} + \sigma} \quad (8\text{-}25)$$

式中 σ同上式。

四、无限厚无压含水层中的倾斜集水管

由上式用水头代换法得：

$$Q = \frac{\pi KL(H^2 - H_0^2)}{\ln\frac{L}{r_0} + \sigma} \tag{8-26}$$

式中 σ符号同前。

五、有限厚承压含水层中的倾斜集水管（图8-25）

$$q_0 = \frac{2\pi KL(H - H_0)}{\ln\frac{L}{r_0} + \sigma + \sigma'}$$

式中 $\sigma' = \dfrac{\left[\sqrt{4m^2 + \dfrac{L^2}{4} - 4m(Z_2 - Z_0)} + \dfrac{L}{2} - \dfrac{4m(Z_0 - Z_1)}{L}\right]}{\left[\sqrt{4m^2 + \dfrac{L^2}{4} + 4m(Z_2 - Z_0)} - \dfrac{L}{2} - \dfrac{4m(Z_0 - Z_1)}{L}\right]} \times$

$$\frac{\left[\sqrt{(2m - Z_2 - Z_0)^2 + \dfrac{L^2}{4}} + \dfrac{L}{2} - \dfrac{4(m - Z_0)(Z_0 - Z_1)}{L}\right]}{\left[\sqrt{(2m - Z_1 - Z_0)^2 + \dfrac{L^2}{4}} - \dfrac{L}{2} - \dfrac{4(mZ_0)(Z_0 - Z_1)}{L}\right]} \tag{8-27}$$

其余符号同前。

六、地面水体下有限厚含水层中的水平集水管（图8-26）

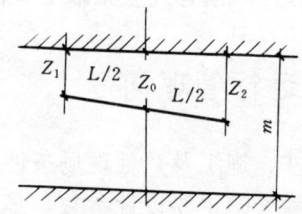

图8-25 有限厚水压含水层中
倾斜集水管计算简图

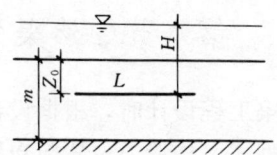

图8-26 地面水体下有限厚含水层中
水平集水管计算简图

$$\left.\begin{array}{l} Q = \dfrac{2\pi KL(H - H_0)}{\ln U_0} \\[2ex] U_0 = \dfrac{4Z_0 mL[\sqrt{L^2 + 16(m - Z_0)^2} + L]}{r_0(m - Z_0)(\sqrt{L^2 + 16m^2} + L)(\sqrt{L^2 + 16Z_0^2} + L)} \end{array}\right\} \tag{8-28}$$

其余符号同前。

源汇映射势流叠加原理可以广泛地用以解决上述这类问题，但所得结果极其复杂，不便于应用。还应该指出，上述各式的推导都是假设集水管上分布着等强度的点汇或点源以

及集水管壁是同一等势面。这与集水管的实际情况不符，有时（例如对管径较小、辐向敷设的集水管）出入较大。

第七节 渗渠的水力计算

渗渠水力计算是校核渗渠的输水能力，即确定管径、管内流速、水深和管底坡度等。

渗渠水力计算方法与一般重力流排水管相同。集水管较长时，应分段进行计算。渗渠出水量受地下水位和河水位变化影响，计算时应根据地下水和河水最高及最低水位的渗渠出水量校核其管径和最小流速。

集水管内流速一般采用 0.5～0.8m/s；管底最小坡度不小于 0.2‰；管内充满度采用 0.4～0.8，若剩余水头较大亦可满管并承压。

因地下水流入集水管以后尚须按一定的水力坡降沿集水管流向集水井，故含水层中的地下水实际上是在两种水力坡降作用下流动的。这一方面涉及地下水在含水层中的渗流运动，另一方面也牵涉到集水管内的水流运动过程；两者互相影响，使地下水的实际渗流运动远比上述讨论的情况复杂。

目前，对于直径较大、流速较小的水平集水管，上述情况一般都忽略不计，而把两种流动分开考虑。前者称为水文地质计算，后者称为水力计算。

鉴于上述情况，集水管上的渗流分布并不均匀，通常靠近集水井一端（末端）渗流强度较大，起端渗流强度较小。因此，单根集水管的总出水量并不总是与其长度成正比，随集水管长度的增加单位长度出水量逐渐减少，当长度达某一限度以后再延长集水管的长度即没有什么技术经济价值。在这种情况下，即须增加集水管的数量，并相应减少单根集水管的长度，这是一个设计技巧问题，也是很有实际意义的技术经济问题。根据我国一些城市的生产经验，集水管的长度一般以不超过 50～100m 为宜，也有人主张取更大的范围。

第八节 渗渠的设计、施工、运行管理问题

进行渗渠工程设计时，根据设计要求、水文地质条件、施工及其他现场条件等妥善地处理渗渠的型式、构造、位置与布置方式以及正确选择渗渠的主要设计参数，是关系到工程项目是否能取得好的技术经济效益以至成败的关键。根据我国的工程实践经验，因渗渠取水条件比较复杂，往往面临剧烈的径流变化、游移不定的河流变迁、水流冲刷淹没、水质改变、河床与含水层严重淤积、淤塞，致使渗渠取水要比其他地下水取水方式冒更大的风险，实际工作中，除考虑本章第一节所述有关原则外，尚须做到：

1. 不仅要掌握水文地质条件，而且要了解河流的水文条件。渗渠取水水源往往地处山前地带，在不易获得完整可靠的河流水文资料的情况下，应进行充分的调查研究特别是现场踏勘，并特别重视对河流变迁及河床冲淤情况的分析，注意判断河水水质及地层过滤效果，含水层被淤塞的进程（必要时应进行专门的试验），区分渗渠在不同的水文与水文地质条件下的各种渗流情况及最不利情况下的取水保证率。

2. 渗渠计算，一般无现场直接试验资料可循，而现在的计算公式又都基于各种理想化的假设条件；因此应注意计算公式的适用条件，使所选水文地质参数切合实际，并合理地

拟定计算简图，主要设计参数的选取应有足够的贮备。例如，地层多变的河床多为非均质各向异性含水层，由一般扬水试验方法获得的渗透系数不宜直接用于计算而需调整；最不利情况下渗渠的取水量应满足设计要求，供水保证率应根据最不利情况下的水源条件及用户性质确定，并应考虑各种保证水量的应变措施。

我国各地多数渗渠的稳定出水量一般为 $10\sim30m^3/(d\cdot m)$。

3. 河床及渗透地层被泥砂淤积或淤塞使渗渠出水量迅速衰减是渗渠设计与运行所必须考虑的主要问题。从设计着眼，首先应注意选择适当的河段并合理布置渗渠，防止河床淤积，其次是考虑取水能力的贮备，即控制取水量，降低水的渗流速度，减少地层淤塞。通常计算水量时所取的淤塞系数 α 就是一种减负荷贮备、也是减少淤塞的措施之一，不少文献中规定 α 值在 0.3～0.8 之间。实际上，考虑贮备的情况比较复杂，应具体分析冲淤条件不同的渗流情况和水质情况确定。例如，雨季虽然水量丰沛、水质浑浊，但是渗渠取水量按枯水季最不利的设计情况考虑，相对于洪水期的条件而言已处于低负荷状态，这时如单纯考虑淤塞系数并无实际意义。比较确切的作法是，以最不利设计情况为基础，综合考虑河床的长年冲淤状况、地层长期的淤塞变化趋势，确定渗渠的负荷贮备。从我国一些地区渗渠稳定出水负荷的情况看，这种贮备可能很大。

4. 附属构筑物的设计。检查井的设置不仅要符合生产运行要求，还应注意安全卫生要求，为此可以考虑全埋式检查井。集水井应考虑有足够的空间以沉淀泥砂、消毒和保证水泵吸水管的安装和吸水要求。加压泵站可与集水井合建或分建，但应符合泵站设计的一般规定。整个取水系统的设计应充分考虑防护设施与卫生防护。

5. 渗渠采用大开槽施工时，因施工条件复杂，施工费用占投资比重大，造价高；因此提高施工技术、加强施工组织计划、缩短工期、保证施工质量，对提高工程效益、降低造价有重大的影响。此外，根据现场揭示的河床地质情况，及时修改设计调整施工方案亦很重要。

6. 渗渠的运行管理，除日常运行操作外，还应包括河床清淤、含水层反冲洗、清除集水管内的泥砂以及一系列的水源状况的动态观测。后者是及时采取预防措施、保证渗渠正常运行的基础工作，其重要内容是：河段的泥砂迁移、河床冲淤变迁、径流情况、地下水位动态变化及水质监测。通过观测分析，如发现有危及渗渠正常工作的情况，应根据具体情况周密筹划采取不同的对策，诸如河床整治、水力冲淤或人工清淤、调节地面或地下径流（在渗渠下游建立拦河闸宜慎重）、调整负荷、改建扩建系统等。显然，上述观测工作应纳入渗渠水源运行管理的范围。

第九章　复合井和辐射井

在工程实践中，为了充分利用含水层，增加井的出水量，常采用多种类型取水构筑物的组合，从而出现一些新类型取水构筑物：复合井、辐射井。实际上，它们也是一种分段（分层）取水系统，只不过是采取了不同类型的取水构筑物——大口井与管井，或者是大口井（集水井）与辐射状集水管，并且使它们在平面上重合在一起，分别集取不同深度的地下水。由于构造类型的改变，这两类取水构筑物的适用条件、计算方法以至施工运行方式都与组合之前的取水构筑物不同。

第一节　复　合　井*

如前所述，复合井是由非完整大口井与不同数量的管井（过滤器）组合而成，含水层上部和下部的地下水分别为大口井及过滤器所集取并同时汇集于大口井井筒。通常在含水层较厚、地下水位较高的条件下，复合井被广泛地用于工业企业自备水源、铁路沿线给水站及农业用井。这是因为可利用大口井井筒内的空间作为"调节水池"，以适应上述给水系统间歇供水的特点；此外，在凿井技术能力差的地方，如在农村可以减少管井的开凿深度（从地面算起）；有时，采用复合井也是大口井的一种挖潜措施。

一、复合井的计算

下面只考虑井底进水的大口井与管井组合的计算情况。对于从井壁与井底同时进水的大口井，其井壁进水口的进水量可以根据分段解法原理很容易地求得，只须在下文推荐公式的基础上取代数和即可。

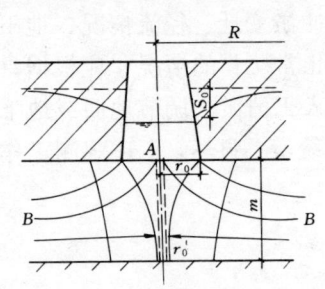

图 9-1　承压完整复合井计算简图

这类取水井的各种渗流均属轴对称二维流动情况，在前述各类取水井计算公式的基础上用势流叠加法求得其解。全部计算分析条件与前述各种计算的基本假定相同。

1. 承压含水层完整复合井（图 9-1）

如图所示，复合井中心有单一完整过滤器。地下水渗流是由两个"渗流系统"所组成。这两个"渗流系统"为流线 AB 构成的回转面分隔，其上部为大口井的渗流区，下部为过滤器的渗流区。这两部分的渗流量即复合井中大口井井底与过滤器部分的出水量分别为 Q_d、Q_L，则根据势流叠加原理，距井中心 r 处覆盖层底某点的水位下降值为：

$$S = S_d + S_L \tag{9-1}$$

式中　S_d、S_L——对应于 Q_d、Q_L 时的大口井及过滤器在该点引起的水位下降值，可分别由 (6-4) 式、(7-2) 式求得。

Q_d、与 Q_L 是随水文地质条件和复合井的构造而变化的，考虑到大口井与过滤器是"重叠"的以及 Q_d、Q_L 是在同一水位下降值时互相影响下形成的，因此，Q_d/Q_L——流量比等于相同条件下单独工作的大口井与管井出水量之比（注：这个假设已为董铺祥教授于 1964 年进行的模拟试验所证实）。

如果把所有井的计算公式都以下列形式表示：

$$Q = A_i S$$

式中　Q——井的出水量；

S——井的水位下降值；

A_i——导水系数，可分别由相应的井的计算公式确定。

则：

$$\frac{Q_d}{Q_L} = \frac{A_d}{A_L} \tag{9-2}$$

当 $r=r_0$，$S=S_0$ 时，由 (9-1)、(9-2) 式得

$$Q_d = \xi_1 \frac{2\pi K m S_0}{\frac{\pi}{2} + 2\arcsin\frac{r_0}{m + \sqrt{m^2 + r_0^2}} + 0.515 \frac{r_0}{m} \ln \frac{R}{4m}}$$

$$Q_L = \xi_1 \frac{2\pi K m S_0}{\ln \frac{R}{r_0'}}$$

因此，复合井的总出水量为：

$$Q = Q_d + Q_L = \xi_1 \left[\frac{2\pi K m S_0}{\frac{\pi}{2} + 2\arcsin\frac{r_0}{m + \sqrt{m^2 + r_0^2}} + 0.515 \frac{r_0}{m} \ln \frac{R}{4m}} + \frac{2\pi K m S_0}{\ln \frac{R}{r_0'}} \right]$$

ξ 为互相影响系数，其计算式为：

$$\xi_1 = \frac{1}{1 + \frac{\ln \frac{R}{r_0}}{\ln \frac{R}{r_0'}}}$$

式中符号如图所示或同前。

由上式可知，承压完整复合井的出水量等于同一计算条件下单独工作的非完整式大口井与管井的出水量乘以两者同时工作时的互相影响系数 ξ_1。

根据同样原则可得，其他计算情况下复合井的出水量计算公式及相应的互相影响系数：

$$Q = \xi_i [Q_1 + Q_2] \tag{9-3}$$

式中　Q_1、Q_2——相应计算条件下大口井及管井（单井或多井）独立工作时的出水量；

ξ_i——对应的互相影响系数。

其余情况下 ξ_i 的计算公式如下（计算草图略，式中符号如不加说明均同前）。

2. 承压含水层非完整复合井

$$\xi_2 = \cfrac{1}{1 + \cfrac{\ln\cfrac{R}{r_0}}{\cfrac{m}{2l}\left(2\ln\cfrac{4m}{r_0'} - A\right) - \ln\cfrac{4m}{R}}}$$

3. 无压含水层完整复合井

$$\xi_3 = \cfrac{1}{1 + \ln\cfrac{R}{r_0}\bigg/\ln\cfrac{R}{r_0'}}$$

4. 无压含水层非完整复合井

$$\xi_4 = \cfrac{1}{1 + \cfrac{\ln\cfrac{R}{r_0}}{\cfrac{T}{2l}\left(2\ln\cfrac{4T}{r_0'} - A\right) - \ln\cfrac{4T}{R}}}$$

5. 承压含水层完整式多过滤器复合井

$$\xi_5 = \cfrac{1}{1 + \cfrac{n\ln\cfrac{R}{r_0}}{\ln\left(\cfrac{R^n}{nr_p^{n-1}r_0'}\right)}}$$

管井群计算公式如下：

$$Q = \cfrac{2\pi KnmS_0}{\ln\left(\cfrac{R^n}{nr_p^{n-1}r_0'}\right)}$$

式中　n——过滤器数；

　　　r_p——多过滤器的引用半径（图 9-2）：

$$r_p = \sqrt[n]{r_1 r_2 \cdots\cdots r_n}$$

6. 承压含水层非完整多过滤器复合井

$$\xi_6 = \cfrac{1}{1 + \cfrac{n\ln\cfrac{R}{r_0}}{\ln\left(\cfrac{R^n}{nr_p^{n-1}r_0'}\right)}\cfrac{\beta}{1+\beta}}$$

承压地层中非完整井群的计算公式如下：

$$Q = \cfrac{2\pi Knms_0}{\ln\left(\cfrac{R_0^n}{nr_p^{n-1}r_0}\right)}\cfrac{\beta}{1+\beta}$$

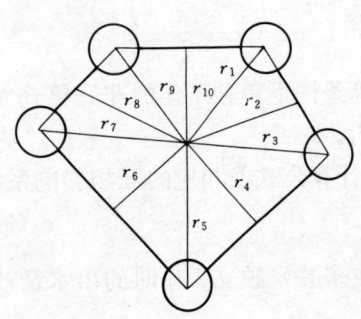

图 9-2　多过滤器的引用半径计算简图

式中　$\beta = \dfrac{N}{\xi_0}$；$N = \ln \dfrac{R^n}{n r_p^{n-1} r_0}$；

$$\xi_0 = \dfrac{m}{2l}\left[2\ln\dfrac{4m}{r_0} - A\right] - 1.38$$

其余符号同前。

7. 无压含水层完整式多过滤器复合井

$$\xi_7 = \dfrac{1}{\dfrac{n\ln\dfrac{R}{r_0}}{1 + \left(\dfrac{R^n}{n r_p^{n-1} r_0}\right)}}$$

符号同前。

8. 无压含水层中非完整式多滤器复合井

$$\xi_8 = \dfrac{1}{1 + \ln\dfrac{n\ln\dfrac{R}{r_0}}{\left(\dfrac{R^n}{n r_p^{n-1} r_0'}\right)} \dfrac{\beta'}{1+\beta'}}$$

符号同前。

二、复合井的适用条件

由以上（9-3）式可知，同一条件下复合井出水量比大口井出水量增加：

$$\eta(\%) = \left[\xi_i \dfrac{Q_L}{Q_d} - (1 - \xi_i)\right] \times 100\%$$

据试验分析，当 $\dfrac{m}{r_0} < 3$ 时，$\eta(\%) < 30\%$；如 $\dfrac{m}{r_0} > 6$，则过滤器（完整式）下部对增加出水量的作用已不大。因此，采用复合井的适宜条件应是 $\dfrac{m}{r_0} \approx 3 \sim 6$。由此可知，是否考虑在大口井底增设过滤器应视 m 与 r_0 之比而定，而不能孤立地看含水层厚度。

据对承压含水层中非完整式复合井的分析，当 $\dfrac{m}{r_0}$ 在 3~6 之间时，$\eta(\%)$ 随 $\dfrac{l}{m}$ 之增加开始时较大以后增长缓慢。由此，当 $\dfrac{m}{r_0} > 6$ 时，若采用非完整过滤器，应以 $\dfrac{l}{m} < 0.75 \sim 0.8$ 为宜。考虑到过滤器上部与大口井的互相干扰较大，其有效长度可比一般管井的有效长度稍大。

另据对承压含水层完整式多过滤器复合井的分析，过滤器数超过 3 根时，$\eta(\%) < 4\%$，故通常过滤器至多不应多于 3 根。

此外，如果过滤器的材质与构造不良，同样也难获得稳定良好效果。

总之，除小型供水系统的工艺要求外，应对采用复合井的适用条件作具体分析，用于挖掘潜力时尤不宜盲目实施。

第二节　辐　射　井

一、辐射井的形式与构造

辐射井的形式可以从不同角度划分。

如前所述，从有效地开发利用含水层，增加井的出水量考虑，辐射井通常是由大口井与水平集水管组合而成。在这种情况下，根据大口井的形式可有下列几种组合情况：

(1) 完整式大口井（井壁进水）与水平集水管组合。通常用于挖掘大口井的潜力或作为防止大口井出水量下降的后备手段。

(2) 非完整式大口井（通常为井底进水）与水平集水管的组合。这种类型的辐射井具有分段取水的特点，含水层上部和下部的地下水分别被水平集水管和大口井（井底）所集取，因而可用于开采水位较高、厚度较大的含水层。

除上述情况外，尚有相当多的辐射井是由集水井同水平的或倾斜的集水管（辐射管）所组成，这时地下水全部由辐射管集取，集水井在运行期只起汇集来水的作用。在这种情况下，辐射井的适用范围主要受集水井的允许埋深和辐射管顶进技术水平的控制。如能顶进向下倾斜的集水管，则可极大地扩充辐射井的适用范围。下面主要讨论这一类辐射井。

由于辐射管无需开槽施工，在地层颗粒组成允许的情况下，用辐射井取代一般的水平式取水构筑物——渗渠，具有很大的优越性。

按补给条件及辐射管的平面布置方式，辐射井有下列几种布置情况：

(1) 集取地下水的辐射井，如图 9-3 (a) 所示；

(2) 集取河流或其他地表水体渗透水的辐射井，如图 9-3 (b)、(c) 所示；

(3) 集取岸边地下水和河流渗透水的辐射井，如图 9-3 (d) 所示；

(4) 集取岸边和河床地下水的辐射井，如图 9-3 (e) 所示。

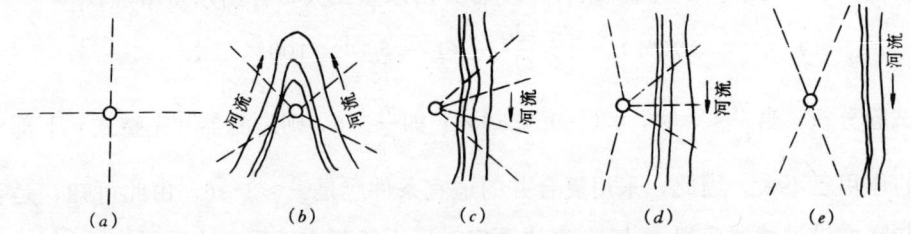

图 9-3 按补给条件与布置方式分类的辐射井

按辐射管铺设方式，辐射井可分为：

(1) 具有单层辐射管的辐射井（图 9-4）：只开采一个含水层时采用；

(2) 具有多层辐射管的辐射井：当含水层较厚或存在两个以上含水层，且水头相差不

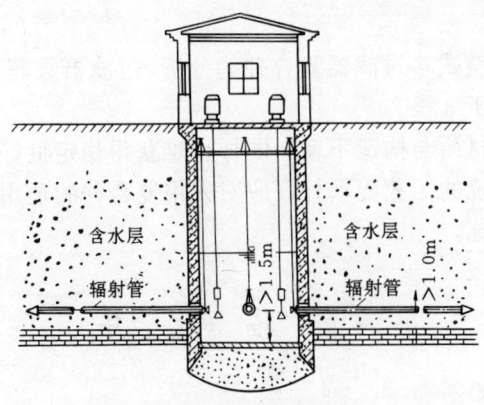

图 9-4 单层辐射管辐射井

大时采用。

集水井的作用是汇集辐射管之来水、安装抽水和控制设备以及作为辐射管施工之场所。根据上述目的，集水井井径不应小于 3m，并且井底应予以封固（图 9-4）。我国多数辐射井井底是不封固的，即亦从井底进水用以扩大井的进水量，但是对于辐射管的施工及维修均不便。集水井通常都采用圆形钢筋混凝土井筒，其深度由含水层埋藏深度和沉井施工条件决定，一般情况下，井深可达 30m。

辐射管的配置可为单层或多层，每层根据补给情况采用 4～8 根。最下层距不透水层应不小于 1.0m，以利于进水。最下层辐射管还应高于井底 1.5m，以利于顶管施工。为减少干扰，各层应有一定间距，当辐射管直径为 100～150mm 时，层间距采用 1.5～3.0m。

辐射管的直径和长度，视水文地质条件和施工条件而定。辐射管直径一般为 75～300mm，当地层补给好、透水性强时，宜采用大管径，辐射管长度一般在 30m 以内，在无压含水层中，迎地下水流方向的辐射管宜长一些。

为利于集水和排砂，辐射管应以一定坡度倾向井内。

辐射管一般采用厚壁钢管（壁厚 6～9mm），以便直接顶管施工。当采用套管施工时，亦可采用薄壁钢管、铸铁管及其他非金属管。辐射管进水孔一般采用形条孔和圆形孔两种，其孔径（孔宽）应按含水层颗粒组成确定，参见表 6-1。圆孔按梅花状布置，条形孔沿管轴方向错开排列。孔隙率一般为 15%～20%。为了防止地表水沿集水井外壁下渗，除在井头采用粘土封填的措施外，在靠近井壁 2～3m 辐射管管段范围内应为不穿孔眼的实管。一般情况下，辐射管的末端应设阀门，以便于施工、维修和控制水量。

由于难以保证辐射管周围充填的滤料层质量，加之辐射管易锈蚀堵塞或漏砂，其使用年限一般不长。若改用高材质辐射管、贴砾集水管或改用非均匀填料，则可望保持稳定的出水量并延长井的使用年限。

受一般辐射状集水管构造与施工条件限制，辐射井通常宜用于颗粒较粗砂层或粗细混杂的砂砾石含水层，而不宜用于细粉砂地层、漂石含量多的含水层。

二、辐射管的施工

当集水井下沉到设计标高并封底后，即可开始辐射管施工。

辐射管施工方法很多，但其最基本的施工方法为顶进施工法，其他方法大都是在此种方法基础上改进、发展而成的。

顶进施工法基本过程是（图 9-5）：带顶管帽的厚壁钢质辐射管借助于油压千斤顶从集水井向外顶入含水层。顶管帽为带孔眼的金属装置，它与安装在辐射管内的排砂管连接，在顶进过程中，含水层中的细颗粒砂在地下水压力作用下，经顶管帽的孔眼进入排砂管排至集水井。由于细颗粒砂不断自含水层中排走，辐射管借顶力不断顶入含水层中。此外，由于含水层中的细砂粒已被排走，辐射管周围遂形成透水性良好的天然反滤层（图 9-6）。

此种施工方法能顶进较长的辐射管（40～80m）和形成透水性良好的反滤层，是辐射井成为高产水量的取水构筑物的关键所在。

当含水层中缺乏骨架颗粒，不可能形成天然反滤层（如在中、细砂地层）时，应采用套管顶进施工法，在辐射管周围进行人工填砾。图 9-7 所示为国外应用较普遍的一种套管顶进施工法。此法是在顶进施工法基础上改进的，即用上述同样的方法将套管顶入含水层中，当套管顶至设计长度后，即在管内安装辐射管，并利用送料小管用水将砾石冲填至套管与

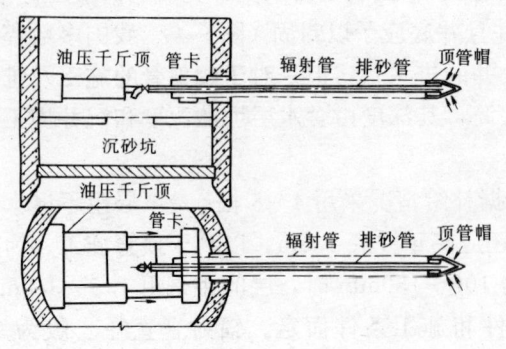
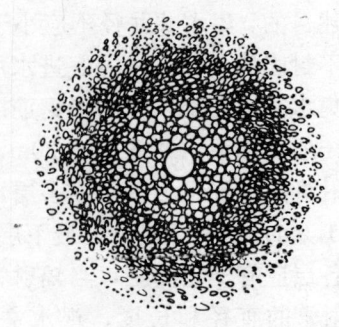

图 9-5 顶进施工法　　　　　　图 9-6 辐射管周围的天然反滤层

辐射管间的环状空间，形成人工填砾层，最后拔出套管，形成人工填砾的辐射管。此法由于不用辐射管作直接顶进，可用强度较低的金属管和非金属管作集水管。在有侵蚀性的地下水中，宜用此法铺设抗蚀能力较高的非金属辐射管。

我国辐射管施工中较多采用水射顶进法。此法即利用千斤顶或其他手段将辐射管顶向含水层，在顶进过程中用喷射水枪（图 9-8）以 15～30m/s 流速的水流冲射含水层。在冲射的同时，砂粒随水流沿辐射管排入井内。此法在一定程度上扰动了含水层，也较难以形成反滤层，因此影响辐射管之出水量。此外，使集水管逐渐上翘、弯曲，难以控制顶进方向。

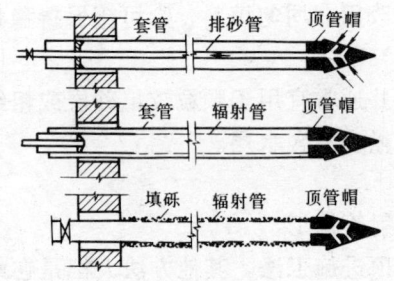
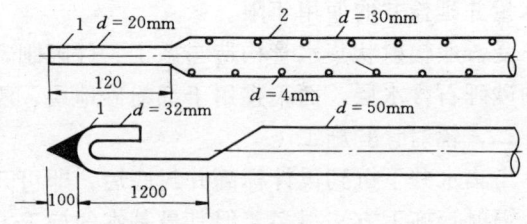

图 9-7 套管顶进施工法　　　　　　图 9-8 喷射水枪

上述各种辐射管施工过程中的共同困难几乎都是：如何排除顶进过程中遇到的障碍物，增加顶进长度；避免辐射管上翘，严格控制顶进方向；填料层的可靠作法；顶进操作等。这方面的问题是妨碍辐射推广应用的症结之一。

三、辐射井的计算

1. 辐射井出水量计算

辐射井出水量计算问题较复杂，影响出水量的除了复杂的水文地质因素（如含水量的渗透性、埋藏深度、厚度、补给条件等）外，尚有其本身的较复杂的工艺因素（如辐射管管径、长度、根数、布置方式等）。现有的辐射井计算公式较多，多数计算公式是由近似计算方法或模型试验法求得的，都有其局限性。因此，应用公式时首先应了解公式的适用条件，还应根据实际情况进行修正。

（1）近似公式（适用于承压含水层）

假设在同一承压含水层中有一半径为 r_d 的等效大口井（图 9-9），其出水量与要计算的辐射井的出水量相等，如果已知 r_d，这样就可以利用裘布依公式计算同一水文地质条件下相同水位下降值时的辐射井的出水量。

等效大口井半径可通过各种途径确定，下式是在保角变换的基础上通过对大口井与辐射井的渗流对比得到的。

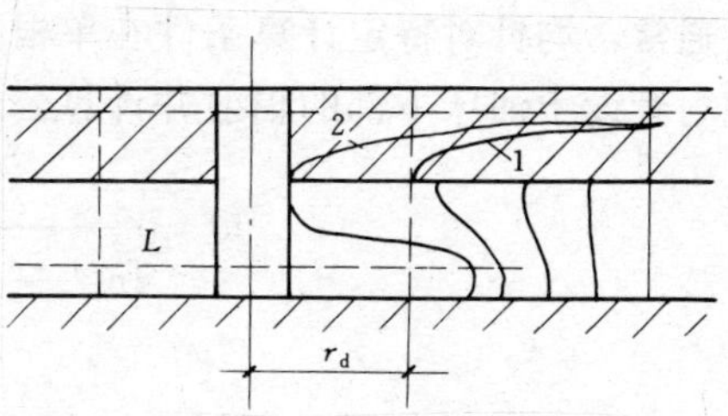

图 9-9 辐射井的流网示意图
1—等效大口井漏斗曲线；2—辐射井漏斗曲线

$$r_d = L \sqrt[n]{0.25}$$

式中 r_d——等效大口井半径，m；
　　　L——辐射管长度，m；
　　　n——辐射管根数。

相应辐射井的出水量为：

$$Q = \frac{2.73 KmS_0}{\lg \dfrac{R}{r_d}}$$

式中 S_0——集水井外壁的水位下降值，m。其余符号同前。

等效大口井与辐射井等势线重合处的半径为：

$$r_s = L \sqrt[n]{\frac{50}{n}}$$

（2）半经验公式

公式的一般形式为：

$$Q = \alpha n q$$

式中 Q——辐射井的出水量；
　　　q——无互相影响时单根辐射状集水管之出水量，可按第八章第九节相应的公式计算；
　　　n——辐射状集水管数量；
　　　α——辐射状集水管之间的互相影响系数。

系数 α 通常可根据不同条件通过试验（各种模拟试验）确定，无统一计算公式。例如，对于水平辐射管，在有限厚的承压与无压含水层中，由模型试验得：

$$\alpha = \frac{1.609}{n^{0.8864}}$$

式中 n——水平辐射管的数量。

通过模型试验求 α 值比较简便，故用半经验公式解决辐射井计算问题是较为可行的途径之一。

（3）理论公式

通常，均针对特定计算条件在单根集水管计算公式的基础上用势流叠加法求得，下式为辐射管设于河床下部的辐射井计算公式（图 9-10）。

$$Q = \frac{2\pi KS_0 l}{\ln U_r + \frac{n-1}{2}\ln U_\beta}$$

$$U_r = \frac{3mZ_0 l}{r_0(m-Z_0)(l+\sqrt{l^2+16m^2})}$$

$$U_\beta = 1 + \frac{16m^2}{l^2\sin^2\theta}$$

式中　r_0——辐射管的半径，m；
　　　Z_0——辐射管的埋深，m；
　　　θ——辐射管之间夹角。
其余符号与前相同。

2. 辐射井的水力计算（图 9-11）

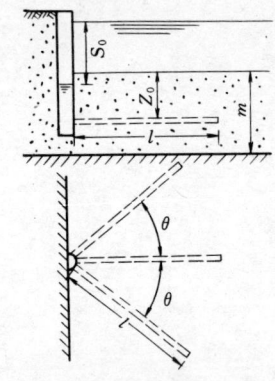

图 9-10　集取河床渗透水的辐射井计算简图

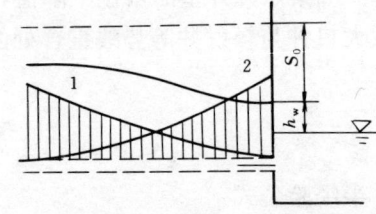

图 9-11　辐射井水力计算简图

为保证辐射管中的水流汇集至集水井，应计及水流沿辐射管流动之水头损失。因此，集水井中的水位下降值应为：

$$S = S_0 + h_w$$

式中　S_0——辐射井外壁处的水位下降值；
　　　h_w——水流沿辐射管流动的水头损失。

$$h_w = \left(1 + \alpha\frac{\lambda l}{\mu d}\right)\frac{v^2}{2g}$$

式中　v——辐射管中之水流速度，可取平均值；
　　　d——辐射管管径；
　　　λ——辐射管的阻力系数；
　　　μ——取决于渗流沿辐射管分布情况的系数：呈情况①时 $\mu=1\sim3$，呈情况②时 $\mu>3$，均匀分布时 $\mu=3$；
　　　α——考虑辐射管孔眼影响的安全系数，其值约 $3\sim4$。

水流沿辐射管的分布情况与辐射井的出水量、含水层的水力状况与渗透系数以及辐射管的长度、直径、数量以至层数等因素有关。它实际上是水流以最小的能量损失沿含水层、辐射管流动的一种自动调节系统。一般地说，当井的出水量大、含水层的渗透性差、辐射管数量多、直径大、管线短、多层含水层不承压时，水流倾向于按情况①分布；反之，倾向于按情况②分布。由此可见，辐射井的计算是很复杂的。

上述情况，有助于解释为什么在无压含水层中辐射井的辐射管以多层且短而多为好，在承压含水层中则以单层且长而少较有利。

第十章 地下水源及其取水构筑物的运行管理

地下水源及其取水构筑物运行管理的主要任务是保证地下水源系统，尤其是取水系统的正常运行与合理开采。在地下水取水系统运行过程中经常遇到的突出问题是取水系统出水量（或动水位）下降和水质恶化。因此，在做好日常运行管理工作的基础上，观测分析、判断及处理水源系统的水量和水质变化也应是运行管理的任务之一。

第一节 地下水取水构筑物的验交及运行管理

一、取水构筑物的验交

取水构筑物竣工时，应由使用、设计、施工单位按国家规定的验收规范共同验收，检验其基本尺度（如井深等）、水位、水量、水质和一切施工文件。作为生活饮用水源的取水构筑物，还应由当地卫生防疫机关作出相应的结论后方能投产使用。

验交时，施工单位应提交下列资料：

1. 构筑物施工说明书：说明书中应有相应的地质柱状图、构造图、抽水试验记录、水质分析资料等；

2. 构筑物使用说明：包括取水构筑物使用、维修应注意的问题、最大出水量、取水设备的类型等。

二、取水构筑物的运行

取水构筑物，特别是管井使用合理与否，将影响它的使用年限。生产实践表明，不少取水构筑物由于使用不当而导致早期报废。因此，对于取水构筑物的合理使用应予以足够重视。取水构筑物在使用期中应注意下列问题：

1. 建立使用卡制度：每个取水构筑物都应建立使用卡，用以记录井的出水量、水位、水温、水质变化情况，据以检查、研究异常现象和问题，以便及时维修；

2. 严格执行必要的取水构筑物、机泵的操作规程和检修制度：例如，深井泵运行中严格遵守预润滑程序（即先让轴承套充水润滑后再启动，以防损坏轴承）；经常检查动水位；定时记录电流、电压、出水压力、出水量及电动机的温度等，借此可以随时发现运行中的问题。不仅机泵应有定期检修制度，取水构筑物本身也要进行定期冲洗和清理井中沉淀物。

第二节 取水井出水量下降的原因及增加出水量的措施

一、取水井出水量下降的原因

出水量下降是地下水取水构筑物运行过程经常发生的现象。其原因可归结为：

1. 水文地质条件的改变

属于这方面的情况有：

（1）区域水位下降或地下水位周期性的变化

区域水位下降或地下水位的周期性变化，对取水井而言均属外部影响因素。在一个地区，比如集中开采地下水的地区或地下水源地，由于开采量的增加，形成相应的区域下降（也称区域下降漏斗）是一种必然现象。为了区别于地下水的过量开采或其他原因，必须在长期观测的基础上建立区域地下水开采量和区域水位下降值的相关关系，并以此判断区域地下水位下降的原因。由于地下水的区域性开采是一种动态过程，范围较广泛，其观测分析比较困难，通常易被从事地下水源运行管理人员忽视。地下水位的周期性变化，一般发生在地下水动贮量不足，或受地面径流影响比较明显的地带。对于这种情况，应特别注意枯水季水位变化对取水构筑物工作的影响，为此亦需长期积累这种情况下水位与取水量之间的相关资料。在区域水位下降或地下水位周期性变化过程中如发现异常现象，则需进一步分析原因。

（2）地下水的过量开采

由于地下水的过量开采而引起的取水井出水量下降，对取水井而言也属外部原因。从表面现象看，它与区域水位下降并无区别，但实际上是一种反常现象。在这种情况下，即使不增加开采量，区域地下水位也在持续下降，表明地下水量入不敷出。区分地下水过量开采和正常的区域水位下降比较困难，必须借助长期的动态观测资料的积累和分析，在缺乏资料的情况下，往往会发生时间上的延迟现象，即非到一定过量开采程度难以发现问题。

（3）含水层中地下水的流失

地下水的流失可能是因地震、采矿或其他自然的与人为的活动而造成。

2. 取水井的变化

（1）抽水设备或系统因素的影响

对于这方面的情况，有水泵叶轮磨损，泵壳或升水管漏水，泵的叶轮、泵壳或升水管堵塞等。此外，整个系统情况的变化，如管路堵塞、漏气也可影响到水泵的出水量。

（2）取水井本身的问题

主要是过滤器及其周围滤层堵塞、漏砂等。

常有以下几种情况：1）过滤器进水孔尺寸选择不当、过滤器的缠丝或滤网腐蚀破裂、井管接头不严或错位、井管断裂等原因，使砂粒大量涌入井内，造成堵塞；2）过滤器表面及其周围含水层被细小泥砂颗粒堵塞；3）过滤器及周围含水层被腐蚀胶结物或地下水中析出的盐类沉淀物堵塞；4）因细菌繁殖造成的堵塞。

区别上述造成取水井出水量下降原因，除有关动态观测资料外，关键性资料是定期积累井的 $Q=f(S)$、ΔS 资料以及有关管井设计、运行、施工资料、水质分析资料等。在多数情况下，$Q=f(S)$ 比 ΔS 容易测定。

一般在缺少 ΔS 记录情况下，可遵循下列步骤进行初步分析（表9-1）。

表9-1

出水量Q	$Q=f(S)$ 曲线 （自井的静水位算起）	Q-H 曲线 （自水泵出水管口算起）	故障部位
减少	不变	不变	水泵系统
		改变	管路系统等
	改变		取水井本身

二、增加取水井出水量的措施

1. 洗井

出水量减少如属取水井本身的原因，不外是过滤器被泥砂、铁质、各种盐类沉积物、有机物等堵塞，或者被进入井内的泥砂大量淤塞。其处理办法是：

（1）对于以泥砂等机械杂质为主的堵塞，可主要用钢刷、抽筒（活塞）、空压机、干冰或二氧化碳、压力水清洗。具体作法是：

1）用钢丝刷接在钻杆上，在过滤器内壁上下拉动，清除过滤器内表面上的泥砂。

2）活塞清洗：使活塞在井内上下移动，引起水流速度和方向反复变化，将过滤器表面及其周围含水层中细小砂粒冲洗出来。

3）压缩空气洗井装置（如图10-1所示），充气的胶囊使高压空气集中于过滤器中的一段进行冲洗。每次注入高压空气约5~10min，然后打开阀门，使气、水迅速冒出。如此反复进行多次，然后将胶囊放气再移至下一段冲洗。

4）干冰法：在井内投入干冰（$1\sim2.5\times10^6$Pa），干冰气化产生大量二氧化碳气体，以致井内压力剧增，促使井水强力向外喷射，从而引起地下水急速涌向井内，使过滤器及其周围的含水层得到冲洗。

5）二氧化碳洗井，是集中向井内注入液态二氧化碳，产生如同压缩空气和干冰洗井的效果。

（2）对于以化学沉积物为主的堵塞，可主要以酸洗法清洗。通常可用10%~15%的盐酸溶液，如有机物较多时可加入一定量的硫酸，如硅酸盐较多时可加入一定量的氟化铵以形成氢氟酸。此外，为防止酸液对过滤器的侵蚀，一般须在清洗液中加一定量的缓蚀剂（常用甲醛的水溶液）。

因细菌繁殖造成的堵塞，通常应用氯化法同酸洗法联合清洗。

向井内注酸常用图10-2所示的简易注酸装置。通过胶皮管注酸后，利用胶皮活塞迫使酸液流向含水层。最后用活塞洗井，并用压缩空气将溶解物排至井外。为了加强酸洗效果，也可采用注酸与压气相结合的方法洗井。

无论采用什么清洗方法，事先均需查明造成堵塞的直接原因，判明采用清洗法的可行性，清洗时应严格按操作规程办事，事后应排水洗井。如遇大量进砂造成的堵塞，除清理井内淤积物外，还需采取相应的补救措施。如系过滤器损坏，应更换过滤器。若构造上不容许更换，可考虑在井内安装小口径过滤器，在新旧过滤器之间填充砾石，进行封闭。如系井管断裂或接头不严，可在漏砂部位采用堵塞封闭措施。

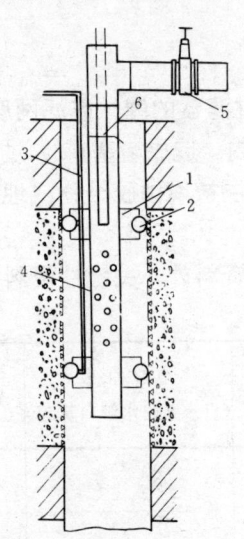

图10-1 胶囊封闭洗井装置
1—气囊架；2—气囊；3—气管；4—穿孔管；5—阀门；6—压缩空气

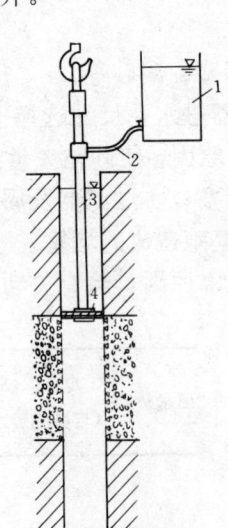

图10-2 简易注酸装置
1—贮酸器；2—胶皮管；3—注酸管；4—胶皮活塞

2. 检修更换或改进取水设备

水泵功能障碍的一般原因有：井的动水位下降引起泵的吸水高度过大；水泵叶轮、泵壳、升水管接头处漏水；泵的叶轮间隙过大；叶轮等部件摩损、锈蚀；泵轴倾斜、弯曲引起振动等。这些都可能在不同的程度上影响井的出水量和设备效率。因此运行过程中，定期检修、调整水泵设备是十分必要的，必要时应更换新的设备或改用性能更加良好的取水设备。

3. 改用真空井

这种方法是将井的井壁管或井筒与水泵吸水管直接相连、密封，使井中动水位以上的空间形成真空，以增加流入井内的水量。

如图10-3所示，真空井可以增加出水量的原因是：1）地下水的含水层补给边界流向取水井的作用水头增加了，其增加值相当于井内形成的真空值；2）过滤器周围过水断面增加，地下水渗流状况得以改善。

很明显，采用真空井必须具备下列条件：1）水泵应有足够的功率及吸水高度；2）吸水管与井壁管或井筒应便于密封；3）地下静水位应靠近密封部位；4）在无压含水层，动水位应超过过滤器上端。

由于抽水设备不同，真空井有多种形式。图10-4所示为适用于卧式水泵的"对口抽"真空井，由于吸水高度限制，只适用于静水位较高的含水层。图10-5所示为深井潜水泵真空井的一种形式。此种真空井不仅能增加井的出水量，而且在井泵构造上有很多优点，它简化了井的结构，便于安装且改善水力条件。

真空泵的出水量可按下列公式计算。

(1) 承压含水层中的真空井

$$Q = \frac{2\pi Km(S_0 + p)}{\ln \frac{R}{r_0}}$$

(2) 无压含水层中的真空井

$$Q = \frac{\pi K(H^2 - h_0^2 + 2Pl)}{\ln \frac{R}{r_0}}$$

式中　P——井管内的真空值；

　　　l——过滤器长度。

其余符号同前。

无压含水层中真空井的计算公式是分别按图10-3中两部分渗流区的渗流量相加而得的。

总的讲，采用真空井应视具体条件并通过计算确定，不应盲目实施。

4. 爆破法

在坚硬裂隙岩或溶洞含水层中取水时，过滤器要设置于孔隙、裂隙或溶洞最发育的地段，这些地段常有丰富的地下水，但实际上常因孔隙、裂隙、溶洞发育不均匀，影响地下水的流动，从而影响井的出水量，往往在同一含水层中，各井出水量可能相差很大。在这

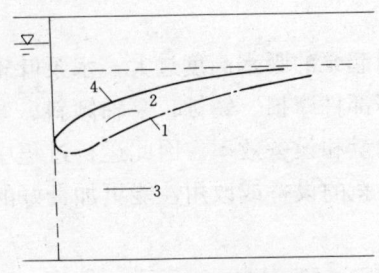

图 10-3 无压含水层中真空
井工作原理示意图
1—地下水渗流受井内真空值影响时的上下分界面；2—受井内真空值影响的渗流区；3—与井内真空值无关的渗流区；4—自由水表面

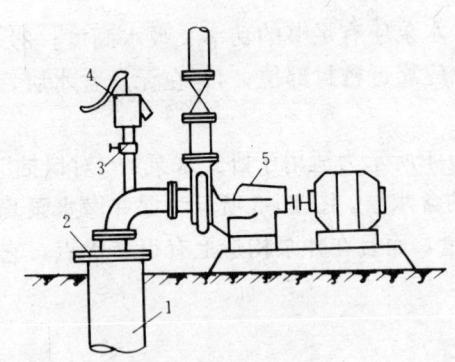

图 10-4 对口抽真空井
1—井管；2—密闭法兰；3—阀门；
4—手压泵；5—卧式离心泵

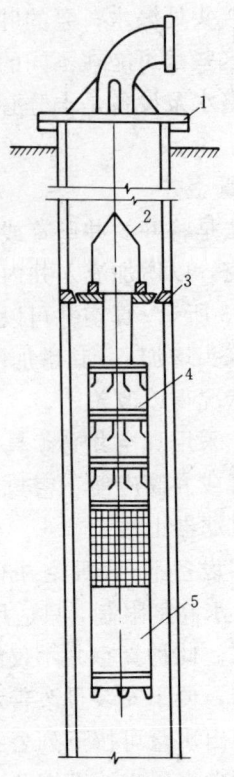

图 10-5 深井潜水井真空井
1—密闭法兰；2—起吊用的吊环；3—分隔装置
4—潜水泵；5—电动机

种情况下，采用井中爆破法处理，能增强含水层的透水性。当过滤器周围含水层被盐类堵塞严重且使用其他方法无效时，也可用爆破法来恢复其出水量。

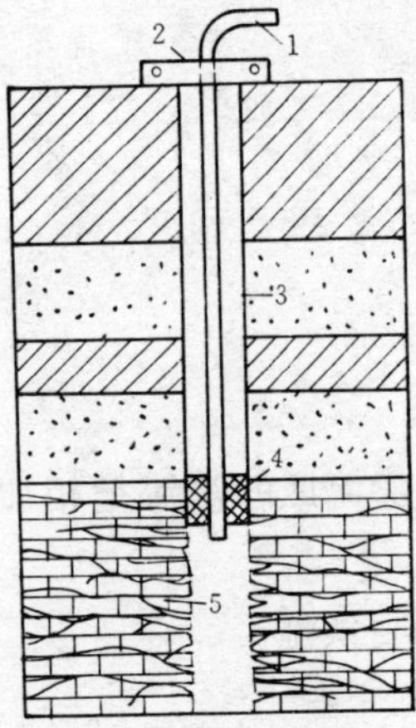

这种方法通常是将炸药和雷管封置在专用的爆破器内，用钢丝绳悬吊在井中所需深度，用电起爆。当含水层很厚时，可以自下而上分段进行爆破。爆破的岩石碎片用抽筒或压缩空气清理出井外。

应该指出，爆破法不是对所有含水层都是有效的。在松软岩层中爆破时，在局部高温高压作用下，含水层可能变得更加致密或裂隙被粘土碎屑所填充，减弱了透水性，得到相反的效果。在坚硬岩层中，爆破形成一定范围的破碎圈和振动圈，容易造成新的裂隙密集带，沟通其断裂或岩溶富水带，效果良好。因此，在爆破前，必须进行含水层岩性、厚度和裂隙溶洞发育程度等情况的分析，并在此基础上拟订爆破计划。

图 10-6 基岩井孔注酸方法示意图
1—注酸管；2—夹板；3—井壁管；4—封闭塞；
5—基岩裂隙

5. 酸处理法

对于石灰岩地区的管井，可采用注酸的方法，以增大或串通石灰岩裂隙或溶洞增加出水量。用酸处理基岩井孔的方法，在我国使用效果良好。图 10-6 为基岩井孔注酸装置示意图，注酸管用封闭塞在含水层上端加以封闭，注酸后即以 10^6Pa 以上的压力水压入井内，使酸液渗入岩层裂隙中去，注水时间约 2～3h 左右。酸处理后，应及时排除反应物，以免在井孔内沉积。

第三节 地下水人工回灌

一、概述

人工补给地下水，是通过各种人为措施将水引入地下含水层的作法的统称，其含义十分广泛。大体上讲，人为措施有间接与直接之分。前者是以植树造林、沟壑整治及其他的流域综合治理途径减少地面径流增加地下补给的措施；后者是利用坑塘、洼地、旧河道、砂石坑、沟渠及井等将地下水直接引入地下含水层的措施。通常所谓的地下水人工回灌系指直接的人工补给地下水措施而言，其范围比较局限。故人工补给地下水与地下水人工回灌在概念上有所差别

人工补给地下水的目的通常有：1. 对地面径流进行更加有效的调节，以涵养水源、增加地下水资源的贮量，有时甚至考虑作为贮存地面水的手段；2. 在沿海地区或污染地带，防止海水或污染水入侵，以改善地下水水质；3. 控制地面沉降；4. 作为冷源或热源贮备，以改善工艺用水条件，减少耗水量或耗能量；5. 土壤改良，如一般是在盐碱化地区用所谓"抽咸补淡"的办法，提高土壤的耕作价值；6. 作为污水回用的手段等。显然，除径流调节特别是大范围地增加地下水补给量需用间接措施之外，对于上述多数目的都需采取直接的人工补给措施，并且多以采用回灌井为主。

建国以来，由于工农业生产迅速发展，许多地区广泛地开发利用了地下水源，由于缺乏控制，以致近年来不少地区和城市的地下水资源已严重不足，地下水位逐年下降，区域性地下水下降漏斗不断扩展，许多水井出水量减少，甚至发生水泵抽空、停泵现象，严重地影响工农业生产和人民日常生活。有些城市还由于地下水位下降而发生地面沉降等。因此，开展地下水人工回灌工作对促进生产发展有重要意义。

从 60 年代以来，我国即在一些城市和地区针对不同的目的开展了地下水人工回灌工作，取得了一定的成效。例如，上海、北京、天津、西安等城市分别在控制地面沉降、工业用水（主要是纺织厂的空调用水）的冷源贮备——冬灌夏用、土壤改良以至径流调节的某些方面进行了实际试验或运用。今后，地下水人工回灌技术将得到更为广泛的应用。

二、地下水人工回灌的类型

按采用的回灌设施类型，地下水人工回灌大致可分为两类：

1. 地下灌注法

即利用专用井或兼用井直接把水注入含水层的方法。这类方法的基建费用较高，设备较复杂，对注入的水质要求较高，但可以进行地层深部补给，占地面积小，回灌效率高，适用城市和建筑物集中的地区。

2. 地面渗入法

这是利用水库、坑塘、沟渠或经整理的天然河流等地面设施,使水渗入地下的方法。这类设施比较简单,便于施工,但占地大,单位面积入渗率低。

以下仅讨论管井回灌技术。

三、管井回灌

1. 管井回灌的水文地质条件

管井可建于埋藏较深的含水层,因而管井回灌的应用范围较其他方法广泛。它可以对深部承压含水层和潜水含水层进行回灌,既可以应用于粗颗粒卵、砾石含水层,也可以应用于细颗粒砂土含水层。由于地貌单元和水文地质条件不同,回灌的目的也不相同,例如,对裂隙或溶洞发育的基岩,颗粒粗、渗透性强、径流条件好的松散含水层,地区水位下降漏斗区,适于用以增大地下水的补给量;在地层平缓、含水层颗粒细、径流缓慢的地区,适于用以贮存冷源或热源。因此,在进行回灌工作之前,须对当地水文地质条件有充分了解,才能取得预期的回灌效果。关于水文地质条件,还应注意以下几点:

(1) 含水层的渗透性、厚度和空间分布。如果含水层厚度小,径流极其缓慢,贮水容积不大,则进行人工补给地下水的意义不大。

(2) 对地下水水质的影响。回灌后地下水水质应向好的方向发展。

(3) 地下水与河流的水力联系。如果两者联系密切,而且地下水向河流排泄,则回灌补给水会很快流失,效果不大。

(4) 人工补给地下水后,不应引起其他不良的水文地质和工程地质现象,如土地的沉陷或土壤盐渍化等。

2. 回灌井和回灌井群

(1) 回灌井

根据地下水人工回灌的目的和水文地质条件,回灌井一般有两类:一类是专用回灌井,多用于渗透性较好的含水层,作为增加地下水补给量的灌水井;另一类是灌抽两用井,如"冬灌夏用"井、"洪灌枯用"井,这种井由于可兼作抽、灌之用,较经济,采用较多。

回灌井的组成和构造和抽水井基本相同。但更加需要加强回灌井的过滤器的抗蚀能力,这是因为回灌时增加了水中的溶解氧与二氧化碳,从而加剧金属过滤器的腐蚀,特别是缠丝过滤器的镀锌铁丝更容易遭腐蚀。此外,灌抽两用井由于灌水、抽水往返交替,易使填砾层压密下沉,因此填砾层要有足够高度,一般应高出所利用的含水层顶板 8m 以上,必要时应安置补砾管供运行中添加砾石用。

回灌井与其周围含水层中渗流情况恰与抽水井相反(图 10-7)。当水注入回灌井时,井及井周围含水层的水位就会上升,形成一个以井为中心的水位上升锥。回灌水量计算公式如下:

承压含水层完整式回灌井,如图 10-7 (a):

$$Q = \frac{2\pi Km(h_0 - H)}{\ln \dfrac{R}{r_0}}$$

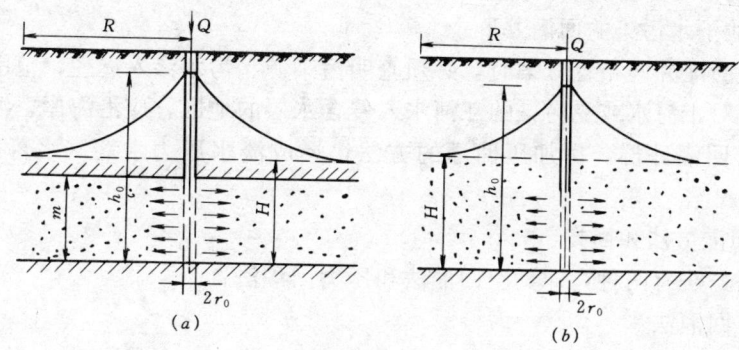

图 10-7 回灌井
(a) 承压含水层完整式回灌井；(b) 无压含水层完整式回灌井

无压含水层完整式回灌井，如图 10-7 (b)：

$$Q = \frac{\pi K(h_0^2 - H^2)}{\ln \dfrac{R}{r_0}}$$

式中　Q——回灌水量，m^3/d；
　　　h_0——回灌井外壁动水位至不透水层高，m；
　　　H——含水层静水位至不透水层高，m；
　　　K——渗透系数，m/d；
　　　m——承压含水层厚度，m；
　　　R——影响半径，m；
　　　r_0——回灌井半径，m。

(2) 回灌井群

为了达到回灌目的，往往需要一定数量的回灌井组成回灌井群。由于回灌目的不同，则各种回灌井群所依据的资料和布置的原则也不相同：

1) 增加地下水资源的回灌井群

在确定此类井群和布置方案之前，必须掌握当地地下水开采量和多年平均天然补给量，并利用下列均衡关系式确定人工补给量：多年平均补给量+人工补给量≥地下水开采量。

在已知人工补给量基础上确定井数和布置方案（包括地区布置和层次布置）。

在粗颗粒含水层中，回灌井应布置在地下水开采区的上游或地下水径流大的地区。

在细颗粒含水层中，回灌井可以均匀分布；在开采集中的地区，回灌井也可密一些，使开采和补给协调。

2) 控制地面沉降的回灌井群

考虑控制地面沉降的回灌井群时，要弄清开采量、地面沉降量、回灌水量、地面回升量之间的关系,在此基础上确定井数和布置方案。

由于地面沉降地区抽水井大都很集中,回灌井应在开采中心加密,但为了使水位与土层变形量均衡,在开采区外围也要布置一定数量的回灌井。

3) 防止地下水污染的回灌井群

考虑此类回灌井群布置方案时,必须查明污染源、污水渗入途径、范围和可能扩展的区域。例如,对于海水或受污染的江河水入侵含水层的地区,应沿海岸、河岸或沿垂直于入侵流向布置回灌井群,用加压回灌的方法,形成淡水压力水墙(水幕),防止污水入侵。

3. 管井回灌方法和回扬

管井回灌方法有两种,即真空回灌法和压力回灌法:

(1) 真空回灌法

在具有密封装置的回灌井中开泵抽水时,泵管和管路内充满地下水,如图10-8(a)所示。当停泵并立即关闭控制闸门时,由于重力作用泵管内的水迅速跌落,使泵管内的水面与控制闸门之间形成真空(图10-8(b))。在这种真空状况下,开启控制闸门,回灌水在真空虹吸作用下,即能迅速进入井内,克服阻力向含水层渗透。这种方法称为真空回灌法。

真空回灌法要求地下水有一定埋藏深度(大于10m),以保证一定水头。

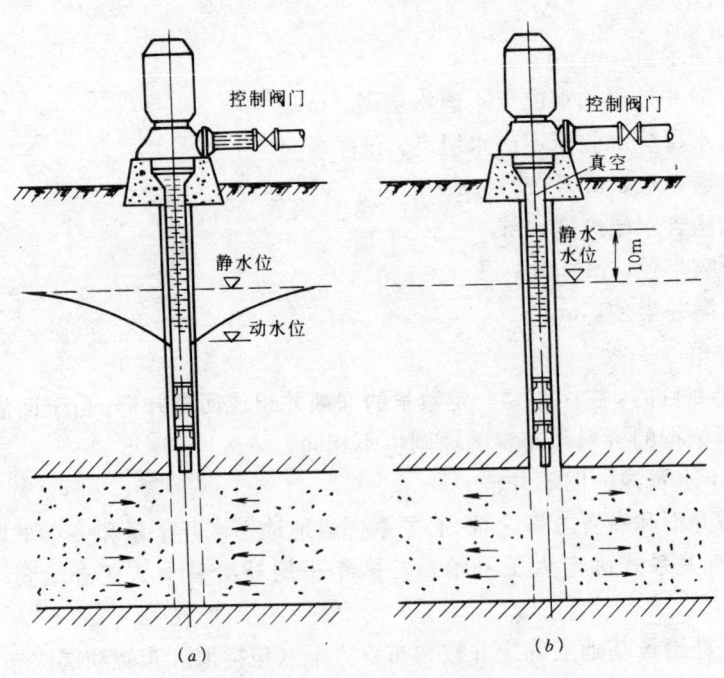

图 10-8 真空回灌法
(a) 抽水;(b) 停泵形成真空

(2) 压力回灌法

如果地下水埋藏较浅,或原来较深但在回灌过程中水位不断上升使静水位与控制闸门高差小于10m，采用真空回灌法就达不到应有的效果，如水位上升到控制闸门，则真空回灌完全失效。

在上述情况下，应在真空回灌装置基础上增加回灌水压力，使之与井中静水位保持较大的水压差进行回灌，这种回灌方法称压力回灌法。回灌压力可根据井的结构和回灌量确定，有较大的适应性。对于地下水位较高和渗透性较差的含水层，采用压力回灌的效果较好。

实际上，真空回灌与压力回灌系统并无本质差别。

在回灌过程中，回灌水量一般逐渐减少。这是由于回灌水中带的杂质和空气泡充填于过滤器和含水层孔隙产生堵塞；此外，水中溶解氧同盐类作用产生的沉积物也能使含水层和过滤器堵塞。为此，在回灌过程中要定期进行回扬。回扬即是从回灌井中抽水，排除过滤器和含水层中的杂质、气泡和沉积物，以达到恢复回灌水量之目的。

但是，实际上回扬只能减缓滤管和含水层的淤塞过程，而不能避免回灌水量的减少。

四、地下水人工补给存在的问题

考虑地下水人工补给时，不应忽略这种回灌方式的一些带有普遍性的问题。

1. 回灌水的来源及其保证率问题

显然，考虑地下水人工就地回灌以补充地下水资源的地区一般都是缺水地区，通常均缺乏充足而可靠的地表水源；有的地区在洪水期即使有大量地表弃水，也因洪水稍纵即逝，很难在短时期内通过回灌及时将地表水注入地下含水层。这个问题本身就是一种矛盾。因此，对于广大的缺水地区，主要应通过间接的人工补给地下水的途径去调节径流。对此，应有长远的周密措施。

2. 水质问题

地下水人工回灌对回灌水的水质要求很高。水质不良的回灌水将使管井腐蚀，地层堵塞，导致回灌水量降低，并且可能使局部地区的含水层和水质污染。因此，在回灌工作中必须严格控制回灌水的水质标准。

回灌水水质基本要求应该是回灌以后不会引起地下水水质恶化、地层堵塞以及井管过滤器的腐蚀。由此，回灌水至少应满足对水的浑浊度、总铁、溶解氧和耗氧量的指标要求。这就为回灌水的预处理带来了极大的困难，再加上通常在回灌期回灌负荷量集中，因此无论从水质要求、水量规模而言都难满足要求，如遇到污染（特别是微污染）的地表水，问题就更为突出。

3. 回灌井或地面回灌水体的淤塞与清淤问题

如前所述，回扬并不能从根本上避免回灌井的淤塞及其早期报废问题。而一般地面回灌水体的淤塞情况更加严重，通常在回灌水预沉处理的情况下回灌率也在极短的时间内即迅速下降，由此而产生的清淤工作量很大。这是目前开展大范围的人工径流调节，进行地下水人工回灌的障碍之一。为此，除强调回灌水预处理外，还应考虑其他防淤措施，例如，对于回灌井可考虑以单层混合填料井取代一般的回灌井等。

4. 对地下水人工补给的技术经济评价

地下水人工补给的目的多种多样，涉及面广，往往是跨学科、跨部门的，存在的实际矛盾很多，许多问题至今仍是亟待研究而未予解决的重大课题；因此，对它的技术经济评价，必须针对不同的评价目标进行具体分析才能得出正确的结论。根据我国的工程实践情况，一般是：对于小范围的具体工程项目，因直接效益明显容易作出评价，且实际效果良好。对于大范围的长远项目，如地区性的径流调节，因存在的问题较多，直接效益不明显，而间接效益又难估量，加之基础工作薄弱，往往难以作出正确可靠的评价。因此，对我国的人工补给地下水的技术经济分析也有待研究。

第三篇　地表水取水工程

地下水作为给水水源，特别是作为生活饮用水水源虽有较多优点，但是在地面径流多或地下水水质很差的地区，对于某些大城市、大型工业企业（如火力发电、冶金、化工、石油炼厂等），对于某些对供水水质有特殊要求的用户，为了满足各种用水要求，常须用地表水源。如前所述，在一定的条件下，例如供水规模大，从技术经济角度分析往往比单纯采用地下水源来得经济。在我国南部地区，气候温暖，河流较多且水量丰沛，具有较好的地表取水条件，地表取水技术得到很大的发展。再加上各种新型、小型、简易配套水处理装置的出现，进而促进了各种规模地表水源的开发利用。因此，对于地表水源及地表水取水构筑物的研究，在给水工程中占有重要的地位。

由于地表水源的类型很多，水源性质和取水条件各不相同，因而实际上存在许多类型的取水构筑物，如从河流中取水的岸边式、河床式、移动式取水构筑物以及从其他水体如水库、湖泊、海中取水的各种取水构筑物。

本篇将从我国的实际出发分别讲述各种类型地表水源的特点、取水条件、地表水源取水构筑物的分类及它们的型式、构造、设计计算与施工管理等方面的一些问题。

第十一章　地表水取水条件、地表水取水构筑物位置的选择

第一节　地表水取水条件

由于绝大多数地表水取水构筑物都建于河流，其取水条件具有代表性，因此本节专门讲述河流的取水条件，其他类型地表水体的取水条件将分别于有关章节中顺便提及。

河流中的水流及河流的其他特性与建于河流中的取水构筑物是互相作用、互相影响的。一方面，河流的径流变化、泥沙运动、河床演变、冰冻情况、水质、河床地质与地形等一系列因素对于取水构筑物的正常工作条件及其安全可靠性有着决定性的影响；另一方面，取水构筑物的建立又可能引起河流自然状况的变化，从而反过来又影响到取水构筑物本身及其他有关国民经济部门。因此，全面综合地考虑河流的取水条件，对于选择取水构筑物位置，对确定取水构筑物形式、构造以及对取水构筑物的施工与运行管理都具有重要意义。

一、河流的径流变化

河流的径流变化，即河流的水位、流量及流速变化，是河流的主要特征之一，是河流

其他水文特征现象产生的重要基础。因此，河流径流变化规律是考虑取水工程设施的主要依据。

影响河流径流的因素很多，主要有地区的气候、地质、地形、地下水、土壤、植被、湖沼等自然地理条件以及河流流域的面积与形状。考虑取水工程设施时，除须根据上述各种因素了解所在河流的一般径流特征之外，还须掌握下列有关的流量水位特征值：

1) 河流历年的最小流量和最低水位（通常均以日平均流量和日平均水位为基础，下同）；

2) 河流历年的最大流量和最高水位；

3) 河流历年的月平均流量、月平均水位以及年平均流量和年平均水位；

4) 河流历年春秋两季流冰期的最大、最小流量及最高、最低水位；

5) 其他情况下，如潮汐、形成冰坝冰塞时的最高水位及相应的流量。

此外，还须掌握上述相应情况下的河流的最大、最小和平均水流流速及其在河流中的分布状况。

由于影响河流径流的影响因素很多，情况十分复杂，上述径流特征值都具有随机性；因此，须按水文分析中的有关方法，在上述资料的基础上取得规定的设计保证率时的历年最高水位、最大流量、最低水位、最小流量等相应的径流特征值。

我国《室外给水设计规范》规定的地表水取水构筑物设计保证率为：最高设计水位为1%，最低设计水位为95%~99%。设计流量，显然亦应按相应的设计保证率确定。对于最低设计水位的保证率，一般应按97%的情况设计，以99%的情况校核；小城镇或小企业可酌情降低设计标准，按95%的情况考虑。

在特殊情况下，上述要求可以酌情提高或降低，但应有一定的技术经济依据。

应当指出，取水工程设计中常用到的一些比较重要的径流特征值，如最小流量、最低水位以及流冰期的各种特征值，多属非畅流期河流的径流情况，故河流的水位流量关系常出现反常现象，且观测资料一般都比较贫乏，因此，考虑取水设施时应特别加以注意。对处于河口（入海口或入湖泊的河口）的河段而言，应特别注意到由于潮汐、台风、湖泊的水面波动对河流径流的影响。最后，还应指出，随着我国建设事业的发展，水资源日见不足，河流的径流调节及其他人类的经济活动越来越成为影响河流径流的重要因素，因此应充分考虑人类经济活动可能产生的影响，必要时，应以河流或流域规划资料作为取水工程建设的依据。

在工程实践中，为了减少进入取水构筑物的泥砂含量，有时要在某一常见水位以下设置取水口。目前，这种常见水位实际上往往取得比较混乱，例如，水位表示方法除上面已经提及的平均水位之外，尚有中水位、中常水位、中洪水位、保证率为50%的水位及常年水位等。如果这种水位取值不当，常难以达到预期效果。对此，有人建议以历年各级水位中的众值为基础经分析而得的常水位为设计依据。因此，设计时如遇类似情况，尚应区别不同情况，合理地选取相应径流资料。

近年来，关于可靠性问题的研究正逐渐引入给水工程学科。上述关于水位、流量设计保证率的规定即为可靠性概念的具体运用。它实际上是为定量地分析、保证水源正常供水服务的。下列关于取水构筑物取水可靠度等级的规定可供参考（表11-1）。

取水可靠度等级	表 11-1

取水的可靠度等级	取 水 状 况 特 征
Ⅰ	保证不间断地取得设计水量
Ⅱ	间断设计供水量的时间不得超过 5h，或者减少设计供水量的时间不得超过 1 个月
Ⅲ	允许间断设计供水量的时间不得超过 3d

设计取水工程时，表 11-1 的可靠度只有在河流或其他水体具有一定保证率的水位、流量的基础上通过取水工程系统的设计才能实现。

由此可见，河流径流特征值的分析研究对于取水工程具有重要意义，通常可以据以判断河流作为规定可靠性的给水水源的可能性，可以据以估计为建立给水水源所需采取的措施（如是否须调节径流），是了解河流其他特性（如泥砂运动、河床演变）的基础，是设计取水构筑物的前提条件。

二、泥砂运动

泥砂运动与河床演变是取水工程设计与给水水源运行管理所必须研究掌握的河流另一重要特征。

河水总挟带泥砂。河流中的泥沙状况受各种自然地理因素（如气候、土壤、地形、植被）、人类活动情况及河流自身状况的综合影响。

对于一般河流，特别是平原河流，河流泥沙的主要来源是地面的侵蚀和冲刷，故气候因素对泥沙的形成起着重要作用，因而河流泥沙含量的季节性变化很大。夏季，地面通常因风化而遭到破坏，暴雨时地面受雨水冲刷，故河水的泥沙含量剧增，这种情况在没有植物覆盖、土质不好的黄土地区尤为明显。冬季，河流主要靠地下水补给、水质一般较清。此外，在北方，冬季因地表土壤的孔隙水被冻结并破坏了土壤结构，故在春季融雪期泥沙被雪水带入河流，也使水中的泥沙含量剧增。河流泥沙的另一个来源是水流对河床和河岸的冲刷，这与河床质的组成有关。

泥沙在河流中的分布是不均匀的。一般地说，随河流水力条件的变化，水流速度大的河段水中泥沙的数量及泥沙颗粒较大，且泥沙在河流断面上的分布也较均匀；反之，悬移质数量及泥沙颗粒较小，泥沙在河流断面上的分布也不均匀。

河流中的泥沙一般以河底推移质和水中悬移质的形式存在和运动。由于一部分泥沙不断自河底进入水流，然后又沉到河底，如此往复循环，因此关于推移质和悬移质的概念是相对的。下面，分别叙述这两类泥沙运动的有关情况。

1. 推移质

在水流作用下沿河底滚动、滑动或跳跃运动的泥沙称为推移质。这类泥沙的粒径较大，其数量通常只占河流断面总输沙率的 5～10％左右。推移质对河流的演变起着重要的作用。

河床上静止的泥沙，是在一定的水流条件下从静止状态转变为运动状态的。这种过程称为泥沙起动，起动时水流垂线上的平均流速——起动流速，是某种性能与形状的河床泥沙开始起动的标志，是研究河流泥沙运动、河床冲刷的重要参数。

河床上的泥沙颗粒起动时受力情况及其影响因素比较复杂。通常认为，与泥沙颗粒在水流作用下其迎水面与背水面、上面与下面存在着一定的水压差、紊动水流的脉冲压力、水流中的涡流运动以及泥沙颗粒的自重、其间的粘结情况等因素有关。迄今关于泥沙颗粒起动流速的公式很多，下式系根据河床面泥沙受力分析，结合各种试验资料及长江实测记录整理而得，可供参考。

$$U_0 = \left(\frac{h}{d}\right)^{0.14}\left(17.6\frac{\gamma_s-\gamma}{\delta}d + 0.000000605\frac{10+h}{d^{0.72}}\right)^{\frac{1}{2}} \quad (11-1)$$

式中　U_0——泥沙颗粒的起动流速，m/s；
　　　h——水深，m；
　　　d——床面泥沙粒径，m；
　　　γ_s、γ——沙粒和水的重率，kg/m³。

对于一般泥沙，可取 $\frac{\gamma_s-\gamma}{\gamma}\approx 1.65$，则得：

$$U_0 = \left(\frac{h}{d}\right)^{0.14}\left(29d + 0.000000605\frac{10+h}{d^{0.72}}\right)^{\frac{1}{2}} \quad (11-2)$$

由上式可见，粗颗粒泥沙起动时受重力影响较大，故粒径越大，起动流速越大；细颗粒泥沙受粘结力影响较大，粒径越小，起动流速也越小。

当计算取水构筑物周围河床的局部冲涮深度时，可根据河床泥沙平均粒径和水深试用(11-1)式计算所需之起动流速。

据观察分析，沿河床运动的推移质泥沙，当河流水流速度逐渐减小到泥沙的相应起动流速时，泥沙并不静止下来，直到流速继续减小到某个数值时，泥沙才停止运动。这时的水流平均流速称为泥沙的止动流速。当用自流管或虹吸管取水时，为避免水中泥沙在管内淤积，管中设计流速要求不低于自净流速，不同粒径颗粒的自净流速可参考其相应的止动流速确定。

据试验，泥沙的止动流速 U_H 与起动流速 U_0 的关系如下：

$$U_H = 0.71 U_0 (\text{m/s}) \quad (11-3)$$

从总体看，推移质常以沙波形式沿河床底运动。大体是当水流速度大于起动流速后，床面的泥沙开始滑动、滚动和跃起，接着跃起的泥沙因受力状态的改变在自重作用下又降落到河床表面。实际上，由于泥沙颗粒并不均匀，水流脉动强度各处也不一样，各个沙粒跳跃的高度和推移的距离各不相同，因此使河床呈现出起伏不平的状态。这种初始起伏状态形成后，在突起部位的背水面将出现横轴旋流，加强了水的脉动作用，进而促使起伏状态的进一步发展，并逐渐形成一种规则的连续不断的沙坡图（11-1）。

从纵剖面看，沙坡的形状是迎水面的坡度较平缓，背水面的坡度较陡。根据河流的不同情况，沙坡的长度可从1～2cm到1～2km，高度可从几厘米到5～6m。

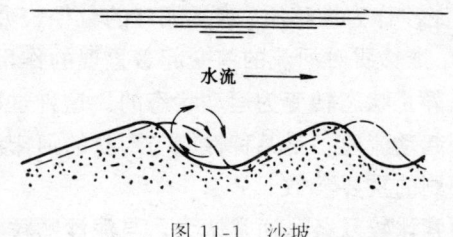

图11-1　沙坡

沙坡迎水面上的沙粒在水流作用下，不断沿坡面上移，当越过波峰后即下落至坡谷，因该处的流速较小，沙粒随即沉积。沙粒如此不断地从上坡冲走，在下坡堆积，就形成了沙坡的推移运动。

沙坡运动是推移质的主要运动形式,它对河床演变的影响很大,如沙波推移至取水构筑物附近,则可使其正常工作条件遭到破坏,严重时甚至淤塞取水口。因此,了解沙波的分布情况及其运动变化规律,同样具有重要意义。对于河流推移质运动规律的研究,仍应以河流的水力条件、水流结构(特别是环流情况)及推移质的颗粒组成情况为基础。

2. 悬移质

悬移是泥沙运动的另一种形式,在平原河流中悬移质可占河流断面总输沙率的90%～95%左右。悬移质的形成主要是由于水流的紊动作用,向上的紊动作用将泥沙托起送入上层水流以抵消重力作用的影响,但是当紊动作用一旦消失,泥沙受重力或向下紊动作用的影响则沉降。因此,就单个泥沙颗粒而言,其运动与运动轨迹是随机的、不规则的,有时接近水面,有时接近水底。

从总体上讲,由于不同粒径的颗粒受紊动作用与重力作用的影响不同,因此河水中的泥沙分布亦不均匀。一般地讲,沿水流的深度方向,上部泥沙含量小、颗粒细,越往下泥沙含量越大、颗粒越粗。图11-2是长江上游某测站断面含沙量沿深度的分布情况。泥沙在整个河流断面或河段内的分布比较复杂,河流的水流结构对悬移质泥沙的分布影响很大。例如,当河段存在河底散流型的环流结构时,则两岸河水中的泥沙含量较大,河中的泥沙含量较小;当存在河底集流型的环流时,情况则相反;如为单向环流,则凹岸河水中的泥沙含量较小,凸岸河水中的泥沙含量较大;当存在混合流型的环流时,情况就更复杂。通常,因河流中部的水流速度较大,该处河水的含沙量往往高于两岸,图11-3为长江口上游某测站实测含沙量在河流横断面上的分布情况。

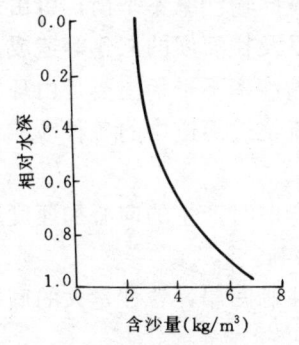
图11-2 含沙量沿水深分布情况

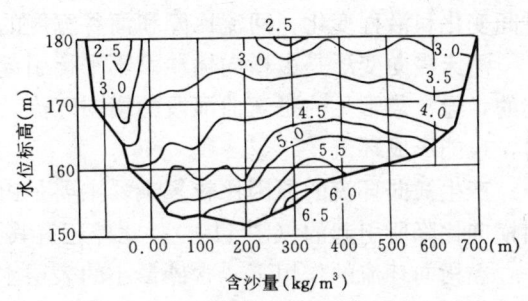
图11-3 含沙量在横断面上的分布情况

水流的挟沙能力也是研究河流泥沙运动的重要指标。它是以一定水流条件下水流挟带泥沙的饱和数量,也称饱和挟沙量。水流挟沙能力是判断河流河床冲刷或淤积的重要依据。如果水流的实际含沙量大于饱和含沙量,则过多的泥沙将沉积淤积;反之,将产生冲刷。如果水流实际含沙量等于饱和含砂量,则河床将处于相对稳定状态。

河流的泥沙运动实际上是河床与水流互相作用的一种表现形式。泥沙运动不仅是影响河水含沙量及取水构筑物正常工作的重要因素,而且是引起河床演变的直接原因。由于河流的径流情况和水力条件随时间和空间不断地变化着,因此河流的挟沙能力也在不断地改变。这样,就在各个时期和河流的不同地点产生冲刷和淤积,从而引起河床形状的改变——河床演变。

三、河床演变

1. 影响因素

根据上述泥沙运动的一般概念，可以将影响河床演变的主要因素归纳如下：

(1) 河段的来水量及其变化，主要改变水力条件，影响水流挟沙能力。

(2) 河段的来沙量及其变化，直接改变河床的冲、淤条件，来沙量变化越大，河床的冲、淤变化就越强烈。

(3) 河段的水面比降和水流速度，它与河段的流量变化及过水断面有关，是影响水流挟沙能力、引起河床变形的重要因素。

(4) 河流及河段的外形，是决定河流水流结构的基本条件，后者又是影响河床变形趋势的重要因素。

(5) 河床质组成，决定河床抵抗冲刷的能力，也是影响河床变形的因素之一。

此外，河流的自然地理条件、人类经济活动等；也都会直接或间接地影响河床演变。

2. 河床变形的基本趋势与环流作用

按时间序列划分，河床变形的基本趋势可为单向变形和往复变形两种。单向变形是在长时期内，河床缓慢地朝某一方向的发展变化趋势，如地壳隆起地区河流下切河床，某些河流下游河床的不断淤高等。往复变形是在较短时期内河床周期性的冲淤变化，如洪水期和枯水期某些河段的冲淤交替改变。

按河床变形的方向考虑，可分为纵向变形和横向变形。纵向变形是沿流程纵深方向上的变形，表现为河床纵断面和横断面上的冲淤变化。横向变形是水流垂直方向上的变形，表现为河岸的冲刷和淤积，使河床平面位置发生摆动。一般这两种变形是交织在一起的。

河床纵向变形是由水流纵向输沙率不平衡引起的。纵向输沙率不平衡，可由来沙量随时间变化和沿程变化、河流比降和河谷宽度的沿程变化以及拦河坝的兴建等造成。

河床横向变形是由横向输沙率不平衡引起的。横向输沙率不平衡主要是由环流作用引起的，通常最常见的是弯曲河段的横向环流。此外，水流绕过河道中的各种沙滩或障碍物时，也能形成环流。

产生横向环流的原因比较复杂，主要是由河道水流弯曲时产生的向心加速度造成的水面横向比降所引起的（图11-4），此外还有其他因素的影响。

在横向环流的作用下，含砂量小的表层水流趋向并冲刷凹岸，含沙量大的底层水流趋向凸岸并产生淤积。

在横向环流与纵向水流的联合作用下，河道中的水流一般即呈螺旋状，因而使河流的凹岸经常受到水流冲刷而形成深槽，使河流的凸岸被泥沙淤积形成浅滩。结果，在顺水流方向上经常交替出现深槽或深槽段——深槽占优势的河段以及浅槽或浅槽段——浅滩占优势的河段。

实际上，由于错综复杂的原因，河流中的水流结构情况远比上述单向环流及以它为基础而形成的水流螺旋结构复杂。尽管如此，环流作用仍是构成河床各种演变的基本因素，也是工程实践中认识分析河床演变规律的基点。

3. 平原河流的基本类型

平原河流多发育于冲积平原的冲积层，按河流的平面形态与演变特点，可将河段分为四种基本类型。

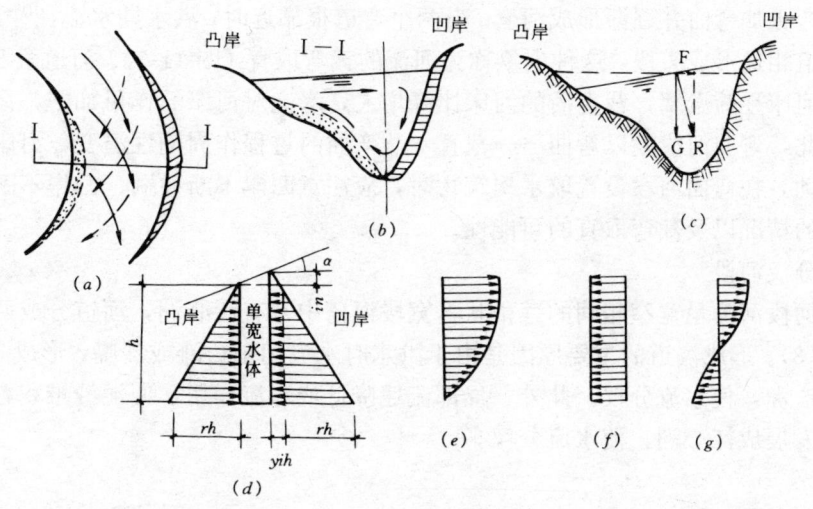

图 11-4 河流的横向环流

(a) 河弯平面图；(b) 河弯横向环流；(c) 河弯水流质点受力情况；(d) 单宽水体受力分析；
(e) 离心力沿垂线分布；(f) 附加压力沿垂线分布；(g) 离心力与附加压力合成的横向力

(1) 顺直微弯型河段

这类河段的中水河床比较顺直或略有弯曲，河岸的可动性小于河床的可动性，河段多位于比较狭窄顺直的河谷，或河岸不易冲刷的宽广河谷中。当沙波在推移过程中受到岸的阻碍时，其一端与岸相接，另一端伸向河心，形成沙嘴，在沙嘴处泥沙淤积，形成边滩。边滩束缩水流，使对岸河床冲刷，形成深槽，河床则呈现出边滩与深槽犬牙交错的形状，如图 11-5 所示。

水流越过边滩时，边滩上游面受冲刷，冲下的泥沙沉积于边滩的下游面，于是边滩向下游移动，深槽也随之下移，结果在原来的深槽处形成浅滩，在原来的浅滩处形成深槽。这对设置取水构筑物不利。如需在这类河段上设置取水构筑物，应事先估计上游边滩下移的趋势和速度，采取相应措施。

(2) 弯曲型河段

这类河段的中水河床蜿蜒曲折，河岸可动性大于河床可动性，易在两岸发展河弯，使河床变形。在这种情况下，当沙波运动使河床出现犬牙交错的边滩时，由于河岸的可动性大于河床可动性，河岸冲刷发展较快，而边滩下移慢，因此逐渐发展形成弯曲型河段（图 11-6）。

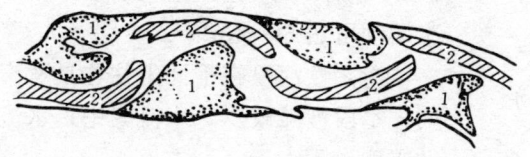

图 11-5 顺直微弯形河段

1—边滩；2—深槽

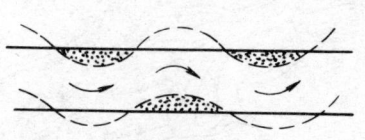

图 11-6 弯曲型河段的形成

在弯曲型河段中,由于横向环流作用,使凹岸不断冲涮、崩退,凸岸不断淤积、延伸,结果使河湾更加弯曲并逐渐形成河套。当两个弯道很靠近时,洪水期水流往往可冲决河岸,使两个弯道相通形成直段,这种现象称为河流的裁弯取直(图11-7)。河道裁弯取直后,原来的弯道河床逐渐淤塞,裁直后的河床比降增大,水流对河床的作用加剧,又将发展新的河湾。因此,弯曲河段就以弯曲——裁直——弯曲的过程作周期性演变,河床平面位置不断发生摆动。在弯曲河段设置取水构筑物时,应注意凹岸不断冲刷、凸岸不断淤积、河湾弯曲下移的情况以及裁弯取直的可能性。

(3) 分汊河段

分汊河段河身呈宽窄相间的莲藕状,宽段河槽中常有江心洲,河道分成两股或多股汊道(图11-8)。形成汊道的主要原因是由于洪水时水流切割边滩或沙嘴,形成心滩,并逐渐发展成江心洲,使水流分汊。此外,局部流速降低或环流作用,使泥沙堆积,也能形成江心滩,并发展成江心洲,使水流分汊。

图11-7 河道的裁弯取直

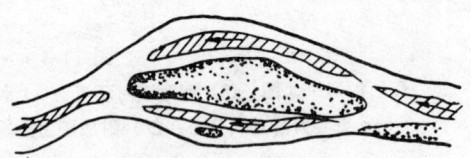

图11-8 分汊河道

分汊河道的汊道经常处于缓慢发生、发展和衰退过程中,一汊道的发展有赖于其余汊道的衰退。汊道的发展和衰退,取决于进入汊道的含沙量与汊道水流挟沙能力的对比。如进入汊道的含沙量小,而其挟沙能力大,则汊道将不断发展。反之,则逐渐衰退。江心洲一般比较稳定,但也会出现洲头冲刷,洲尾淤积下延,江心洲缓慢下移的情况。移动速度与分流汇流角有关,分流汇流角愈大,移动愈慢。

从分汊河段取水时,应了解汊道演变的历史和现状,并通过来沙量与水流挟沙能力的对比,来判断汊道发展及主流摆动趋势,将取水构筑物设在稳定的主汊道中。

(4) 游荡性河段

这类河段的特点是:水流湍急、河身宽浅、沙滩密布、汊道交织、河床变化迅速、主流摇摆不定(图11-9)。这类河段形成的条件是:河岸与河床的可动性都较大,在水流作用下河段迅速展宽变浅,形成大量沙滩,使水流分汊;流速大,河底输沙强度大,沙滩移动迅速,造成河床多变;泥沙淤积严重,迫使主流改道。黄河下游孟津至高村一段属于典型游荡性河段,局部地区河床一次冲淤达10m,洪水时主流摆动一天约130m,一次摆动可达5~6km。

游荡性河段在平面上往往是宽窄相间,窄段沙滩较少,水流集中;水流摆动幅度也不大。

游荡性河段稳定性极差,对设置固定式取水构筑物非常不利。如必须设置

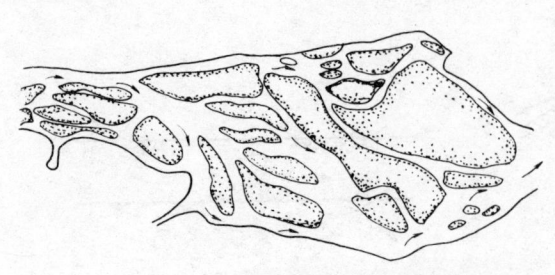

图11-9 黄河游荡性河段

时，则应尽可能设在河床较窄、变动较小的地段（有坚硬岩石露头处）。取水构筑物型式要尽量适应河床可能的变化，并要有备用的取水口。同时，必须采取河道整治措施。

应当指出，在河床演变过程中，其他类型环流、支流汇入常会在河流中形成各种形式沙洲和浅滩，这些浅滩和沙洲反过来又影响河流的径流情况，并且极易随径流情况的变化（如洪水）而变迁，从而破坏取水构筑物的正常工作条件。

由此可见，设计或使用取水构筑物时，应在掌握河流径流变化、泥沙运动情况的基础上，根据河流形态（如河流外形、沙洲或浅滩的形成、分布与变化、河床地形）、河床地质及支流汇入情况等预测河床演变趋势和速度。同样，亦应注意人类活动的影响。

四、河流的冰冻情况

河流的冰情是以秋季流冰、封冻和春季流冰期的一系列冰冻现象表征出来的。

河流的一般冰冻过程如下：

在严寒地区，入冬气温下降，由于与大气的热交换，河流水温也随之逐渐降低，直至整个河流断面上的水温都趋于 0℃ 时为止。在这种情况下，若河流的水流速度较小（<0.4~0.5m/s），则河面会较快地形成冰盖（自岸边向河心扩展）；反之，若流速较大（>0.4~0.5m/s），则河面不能很快形成冰盖，且因水流的紊动搅拌河水会过冷却。过冷却水温一般为：流速<0.5~0.7m/s 时，−0.005℃；流速过大，可达 −0.01~0.02℃。研究表明，在充分搅拌及有晶核存在的情况下，过冷却水中会很快形成冰晶，冰晶在热交换条件良好的情况下极易结成海棉状的冰屑、冰絮，即水内冰。冰晶亦极易附着于河底的沙粒或其他固体物上聚集成块——底冰。水内冰及底冰沿水深的分布与泥沙分布相反，越接近水面越多。这些随水漂流的冰屑、冰絮及漂浮起来的底冰以及由它们聚集成的冰块统称为流冰——冬季流冰。

通常，流冰及其碎冰屑极易粘附于进水口的格栅上，使进水口严重堵塞，甚至使取水中断。流冰易在水流缓慢的河弯和浅滩处堆积，以后随冰块数量增多、聚集和冻结即逐渐形成冰盖；至此，河流完全封冻。

河流封冻后，表面冰盖厚度随气温下降逐渐增厚，直至最大值。冰盖厚度在河段中并不均匀；此外，冰盖会随河水下降而塌陷，设计取水构筑物时，应视具体情况确定取水口高程位置。

春季河流解冻时，通常多因春汛引起的河水上涨使冰盖破裂，形成春季流冰，其强度视当地气候及河流径流特点而定。春季流冰期冰块的冲击、挤压作用往往极强，对取水构筑物的影响很大；有时冰块堆积于取水构筑物附近，可能堵塞取水口。

河流的全部冰冻过程都可能使河流的正常径流情况遭到破坏，使河床变形；因此了解冰冻情况对径流分析与河床演变也有一定的作用。

应当指出，在河流的冰冻过程中，由于各种因素影响，还可能出现一些特殊冰冻现象，例如，在水流速度特别大的地点不形成冰盖，即产生冰穴，这种河段下游的水内冰较多，不利于取水构筑物的工作；有时水内冰在冰盖下形成冰塞，上游流冰在解冻较迟的河段聚集冻结形成冰坝、冰塞，这种情况常能使河水猛烈上涨，严重威胁取水构筑物的安全。

为了正确地考虑取水工程设施情况，研究上述冰冻问题时，除河流的基本径流情况外，尚须了解下列实际冰情资料：

（1）每年冬季流冰期出现和延续时间，水内冰、底冰的性质（组成、大小、粘结性、上浮速度）及其在河流中的分布情况、流冰期气温及河水温度变化情况；

（2）每年河流的封冻时间、封冻情况、冰层厚度及其在河段上的分布变化情况；

（3）每年春季流冰期出现和延续时间，流冰在河流中的分布运动情况，最大冰块面积、厚度及运动情况（包括下移速度）；

（4）其他特殊冰情。

五、水质

水源水质是判断各种水体是否适于作给水水源的决定性条件之一。在常规情况下，比较主要的水源水质指标有：浑浊度、卫生指标（或细菌指标）、硬度、含盐量、水温、各种污染控制指标。

水源水质主要受两方面因素的影响。自然因素：如各种自然地理条件（气候、地形、土壤、地质构造、植被、湖沼）、径流情况及河流的补给条件等；人为因素：蓄水库、污水排放、耕地等。选择水源时应根据给水水源的水质要求及上述条件考虑。

第二节 地表水取水构筑物位置的选择

地表水取水构筑物位置的选择直接影响它的取水量、水质、可靠性、造价、施工及运行管理，也是地表水取水工程建设成败的关键之一。为此，应在调查研究的基础上，根据规划设计要求及施工条件，综合考虑上述各种取水条件对取水构筑物的影响，确定最佳方案。

通常，在选择地表水取水构筑物位置时，应考虑下列要求：

1. 应具有较好的水力条件

在弯曲河段上宜将取水构筑物设于河流的凹岸，该处因有横向环流作用，故靠近主流、河岸较陡、水深、泥沙不易淤积，水质亦较好。但是凹岸易受冲刷，特别是在凹岸的顶点——顶冲点，环流作用强，冲刷剧烈；为此，宜将取水构筑物设在靠近顶冲点的下游，这样还可适应日后河湾下移的影响。如凹岸冲刷强烈，则需考虑护岸工程。

如受条件限制，需于河段的直段设立取水构筑物时，应尽量选择靠近深泓线的河岸，该处河床较窄、水流速度大、不易淤积，河岸也较稳定，但一定要保证具有足够的取水深度。在不得已的情况下，若须于凸岸设立取水构筑物时，须选择直段的终点凸岸的起点，或者是偏离主流但水力条件尚好的地点——凸岸的起点或终点。

2. 河段的河床较稳定

原则上，不宜将水源及取水构筑物设在靠近河汊、沙洲、浅滩及支流入口等河床不够稳定的河段。如须在这些地方设立取水构筑物，则须查明：

（1）河汊上主流的位置及其变化情况。通常，应将取水构筑物设于主流所在的支汊，但应采取相应的措施，以防止主流的衰减。

（2）沙洲与浅滩形成的原因、类型及其变化移动趋势，并应充分估计沙洲、浅滩变化所发生的影响及应采取的相应措施。

（3）有关支流的各种特性，特别是支流的径流变化及挟沙情况。此外，应预计支流汇入所产生的影响，如形成浅滩、引起河流水流结构的改变，以便采取预防措施。支流汇入影响的主要表现是：在有支流汇入的河段上，由于干支流涨水的幅度和先后有不同，容易形成壅水,使大量泥沙沉积。如干流水位上涨,支流水位不涨时,则在支流造成壅水,致使支流泥沙大量沉积。相反,支流水位上涨,干流水位不涨时,又将沉积的泥沙冲刷下泻,使支流含沙量剧增,结果在支流入口处因流速降低,泥沙大量沉积,形成泥沙堆积锥。因此,取水口应离开支流入口处上下游有足够的距离(见图11-10)。

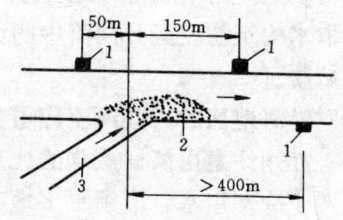

图 11-10 取水构筑物与支流入口的距离
1—取水口;2—泥沙堆积锥;3—支流

(4) 河流沿程地貌改变产生的影响。例如,在河流出峡谷后的展宽河段上,由于流速顿减,泥沙落淤,容易形成沙滩和沙洲。在此段设置取水构筑物时,应注意沙滩、沙洲的发展和下移以及洪水冲刷沙洲使含沙量增加所产生的影响。

3. 河水水质及河段卫生条件良好

为此应尽量搜集历年逐月的水源水质资料,分析影响水源水质的原因,判明污染源及处理措施。

按我国《生活饮用水卫生标准》规定,生活饮用水水源水质应为:若只经加氯消毒即供作生活饮用水时,大肠杆菌含量平均每升不得超过 1000 个;若经水质处理及加氯消毒后供作生活饮用水时,大肠杆菌含量每升不得超过 10000 个。水源水的感官性质及化学性质经水质处理后,应能达到生活饮用水水质标准;水中的毒理指标应符合标准;水源水中的其他有害物质的含量应符合《工业企业设计卫生标准》的规定。表 11-2 所列是《工业企业设计卫生标准》中对地面水源水质的卫生要求。

如果不得不选用超过上述某项指标的水作为生活饮用水水源时,应取得卫生主管部门同意,并根据其超过程度,与卫生部门共同研究适当的处理方法,使其符合要求,方能选作饮用水水源。

为避免污染,供生活饮用水的取水构筑物应设在城市和工业企业的上游,污水排放口应在取水构筑物下游的 100~150m 的距离以外。如岸边水质欠佳,则宜从江心取水。

表 11-2

指　　标	卫　生　要　求
悬浮物质	含有大量悬浮物质的工业废水,不得直接排入地面水体
色、臭、味	不得呈现工业废水和生活污水所特有的颜色、异臭或异味
漂浮物质	水面上不得出现较明显的油膜或浮沫
pH 值	6.5~8.5
生化需氧量 (5d, 20℃)	不超过 3~4mg/L
溶解氧	不低于 4mg/L
有毒物质	不超过给水水源水质标准的规定的最高容许浓度
病原体	含有病原体的工业废水或医院污水,必须经过处理和严格消毒,彻底消灭病原体后方准排入地面水体

应适于建立水源卫生防护区,适应城市的发展或其他特殊情况(如农田污染、潮汐、航运等)的影响。

对于生产用水水源，选择水源位置亦须以一定的微生物指标及水质分析资料为依据。

取水构筑物应避开河流中的回水区和死水区，以减少水中泥沙或漂浮杂质对取水构筑物的威胁。

对沿海地区的一些河流应避免潮汐的影响，如咸水倒灌或下游污水回流，使水质恶化。此外，亦须注意由淡、咸水的比重不同而产生的异重流现象的某些危害。

对于冷却用水，应须更多地考虑对水温的要求。

4. 具有良好的地形、地质及施工条件

通常，宜将取水构筑物直接设在不被淹没的基本河槽中，而不宜设在洪水河槽即宽广的河漫滩地带。否则，高水位时取水构筑物及水源地的防洪设施较复杂，取水构筑物与岸边联系困难，其工作可靠性差。

取水构筑物应设在地质构造稳定、承载力高的地基上，不宜设在淤泥、流沙、滑坡、风化严重和岩溶发育地段。在地震地区，不宜将取水构筑物设在不稳定的陡坡或山脚下。

选择取水构筑物位置时，要尽量考虑施工条件，除要求交通运输方便，有足够的施工场地外，还要尽量减少土石方量和水下工程量，以节省投资，缩短工期。实际工程中，往往可以充分利用地形，有效地减少地面或水下土石方工程量或其他工程量。

5. 靠近主要用水地区

选择取水构筑物位置时，应根据城市规划与工业布局，使取水构筑物尽可能靠近主要用水地区，以减少输水管线长度、节约投资与输水能耗。对长距离输水的大型给水工程系统，选择取水构筑物位置时，应充分考虑输水管线的建设与运行维护条件，诸如穿越河流、洼地、铁路、公路等天然或人工障碍物、占地和拆迁、土石方工程量、施工运输条件、管线高程和管内水压以及管线维护抢修条件等。

6. 应注意河流上的人工构筑物或天然障碍物对取水构筑物位置选择的影响

河流上常见的人工构筑物有桥梁、码头、丁坝、拦河闸坝、蓄水库等，它将引起河流水流条件的改变，从而使河床冲刷或淤积。

(1) 桥梁：桥梁通常设置在河流最窄处和比较顺直稳定的河段上。在桥梁上游，由于桥墩束缩了水流过水断面，使上流水位壅高，流速减缓，泥沙易于淤积。在桥梁下游，由于水流通过桥孔时流速增大，致使下游近桥段成为冲刷区。再往下，水流又恢复原来流速，冲刷物在此落淤。因此，取水构筑物应避开桥前水流滞缓段和桥后冲刷和落淤段。根据一般经验，取水构筑物可设在桥前 0.5~1.0km 或桥后 1.0km 以外的地方。

(2) 丁坝、码头：丁坝是常见的河道整治构筑物。由于丁坝将主流挑向对岸，在丁坝附近则形成淤积区。因此，取水构筑物如靠丁坝一侧时，应设在丁坝上游，并与坝前浅滩起点相隔一定距离。取水构筑物亦可设在丁坝的对岸，但不宜设在丁坝同岸的下游，因主流已经偏离，容易产生淤积。残留的施工围堰、突出河岸的施工弃土，对河流的作用类似丁坝，也常引起河床的冲刷和淤积。突出河岸的码头如同丁坝一样，会阻滞水流，引起淤积，而且码头附近卫生条件较差。因此，取水构筑物最好离开码头一定距离。如必需设在码头附近时，最好是伸入江心取水，既可取得较好水质，也可避免淤积。在码头附近设置取水构筑物时，还应考虑船泊进出码头的船行安全线，以免与取水构筑物相碰。取水构筑物距码头的距离应征得航运部门的同意。

(3) 拦河闸坝：闸坝上游水流速度减小，泥沙易于淤积，设置取水构筑物时应注意河床淤高的影响。闸坝下游、水量、水位和水质都受到闸坝调节的影响。闸坝泄洪或排沙时，下游产生冲刷、泥沙增多，故取水构筑物宜设在其影响范围之外。

（4）蓄水库：其情况与拦河闸坝相似，但影响可能更大。取水构筑物取水条件的具体变化，应视其与蓄水库的相对关系而定。建于水库内的取水构筑物将于以后专门讲述。建于水库上、下游的取水构筑物，应特别注意水位变动、河床冲淤及水质改变的影响。通常，应将取水构筑物设于上游回水区与下游冲刷段以外。正常情况下（非泄洪区），自水库下泄的水流水质清，水温稳定，有时藻类较多，水中含盐量、有机物含量与色度相对增加。选择取水构筑物时，亦应考虑河流这种状态的改变。

（5）陡崖、石嘴：突出河岸的陡崖、石咀对河流的影响类似丁坝，在其上下游附近往往出现沉积区，在此区内不宜设置取水构筑物。此外，取水构筑物本身的设置也应尽量避免束缩水流，以免引起河床的冲涮和淤积。

7．考虑河流冰情

应尽可能将取水构筑物设于急流、冰穴、支流入口的上游；应避免浅滩、回流区及其他可能堆积大量冰块的河段；根据流冰在河流中的分布情况，应将取水构筑物设于流冰较少的地点；此外，应回避易被流水冲击的地带。

8．应与河流的综合利用相适应

在选择取水构筑物位置时，应结合河流的综合利用，如航运、灌溉、排洪、水力发电等综合考虑。在通航和流放木筏的河流上设置取水口时，应不影响航船和木筏的通行，必要时应根据航运部门的要求设置航标。应注意了解河流上下游近远期内拟建的各种水工构筑物（水坝、水库、水电站、丁坝等）和整治规划对取水构筑物可能产生的影响。

第十二章 地表水取水构筑物的分类**

四十多年来，随城市与工农业生产的发展，我国各地兴建了大量的地表水取水构筑物。由于我国幅员广大、自然条件复杂、取水条件多变，因此，不仅地表水取水构筑物的型式多种多样，而且在生产实践中有许多创新和发展。结合我国的情况，对地表水取水构筑物的型式，恰当地进行分类，对于总结经验，深入了解各种类型地表水取水构筑物的特点及其适用条件有很大的实际意义。可以说，这是研究、掌握和运用地表水源取水技术的关键。

第一节 地表水取水构筑物的分类原则

地表水取水构筑物的组成、各组成部分的相互关系与所处位置、泵的吸水方式、外形及构造等有多种多样的组合。由于至今还缺乏对地表水取水构筑物的统一分类原则，加上一般传统的构筑物形式的划分方式已不能适应我国地表水取水构筑物类型的创新与发展，致使目前关于地表水取水构筑物（主要是固定式河流取水构筑物）的划分比较混乱。有时在同一文献中有时多种分类方式并存，主次不分，各种类型相互交叉，仅固定式河流取水构筑物类型（并列的）就多达十种以上。这对于系统地分析研究地表水取水构筑物十分不利。

仔细分析各种地表水取水构筑物的特点不难看出：(1) 水体类型、取水条件及技术经济条件是确定取水构筑物型式的决定性因素。归根到底，地表水取水构筑物的种种变化，无不是根据水体情况在一定技术经济条件的限制下为适应各种地表水取水条件而发生的。(2) 地表水取水构筑物通常由进水部分、连接管渠、吸水部分及取水泵站等组合而成，改变取水构筑物的这种组合方式是适应取水条件变化的主要途径。(3) 进水部分（如取水头部等）是取水构筑物各组成部分中最富于变化的，其构造千变万化。(4) 取水构筑物的组成、各组成部分的设置位置、吸水方式、外形与构造等的种种变化及它们的组合形成了多种多样的取水构筑物类型。

由此，地表水取水构筑物的分类原则按主次关系应为：

(1) 按水体类型划分——一级分类。

(2) 直接由地表水体（主要是河流）取水条件决定的取水构筑物的类型，应作为基本形式——二级分类。

(3) 为适应取水条件的变化而产生的构筑物各组成部分的组合，应作为进一步分类的依据——三级分类。

(4) 管、渠连接方式或进水部分的变化（形式）或某种为改善进水条件的设施可作四级分类或单独局部地进行分类的依据。

从下节可以看到按上述原则进行的地表水取水构筑物的分类情况。以后各章的内容安排特别是工程实例介绍将以此为准。分类原则的顺序不宜颠倒，例如将第(3)、(4)项分类原则的顺序互相颠倒,则岸边式取水构筑物就不便于分类,因为对岸边式取水构筑物来说,一般情况下并不存在管渠连结方式问题;即使对河床式取水构筑物而言,亦会给分类造成困难,这是因为管渠类别是较次要的因素,它对取水构筑物型式的影响远在取水构筑物构成部分的组合因素之下。

此外,还可以看出,下一级分类原则通常受到其上一级分类原则的制约,例如,水体类型决定了取水条件,而取水条件又决定了构筑物之间的组合,如河床式取水构筑物中的进水部分——取水头部与主体构筑物相分离就是为了适应取水条件的变化。

应该指出,除上述四级分类原则外,取水构筑物各组成部分的外形、具体构造以及为某种目的而增加的附属设施或采取的措施都居于更次要的地位。它们一般会使各类取水构筑物具有某种构造特点,但不应作为分类的主要依据。否则,会主次不分,使分类混乱。

第二节 地表水取水构筑物的分类

本节只系统、概要介绍地表水取水构筑物的形式,其适用条件与构造将分别在各有关章节中讲述。

地表水取水构筑物总的分类情况如图12-1所示。

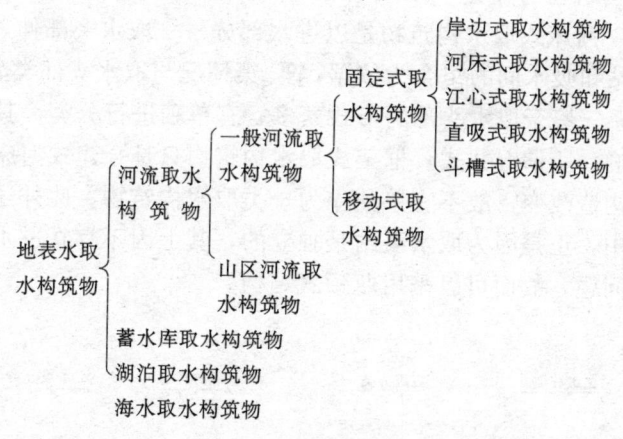

图 12-1 地表水取水构筑物的分类

可见,地表水取水构筑物型式首先取决于地表水体的类型,其次取决于各类水体的取水条件。

一、一般河流中的固定式取水构筑物的分类

如前所述,固定式取水构筑物主要以改变进水部分、连接管渠、吸水部分及取水泵站的相互组合关系来适应河流取水的条件变化。

1. 岸边式取水构筑物的分类

岸边式取水构筑物的特点是进水部分直接靠岸边。无论进水部分是否同吸水间相结合,通称为岸井或岸边集水井。很明显,水泵站、岸边集水井、管渠的构造以及河床处理方式是多种多样的,其形式与构造可视其他具体条件而定。

由图12-2可见,地表水取水构筑物的定名通常以到第三级分类为宜,如合建岸边式取水构筑物、分建岸边式取水构筑物。显然,已很难从定名上去反映三级分类以下构筑物的某些特点，更不宜将它们同三级以上的分类并列，如将图12-2中的（3）称之为"岸边自流管式取水构筑物"或将四级分类中的所谓"低流槽式取水构筑物"同三级分类名称并列，否则，会前后自相矛盾。

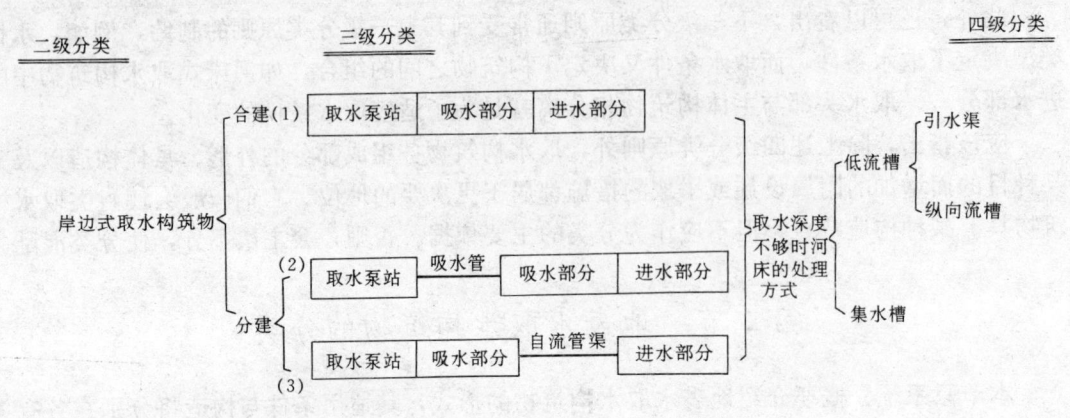

图12-2　岸边式取水构筑物分类示意图

2. 河床式取水构筑物的分类

由图12-3可见，河床式取水构筑物是以进水部分——取水头部伸入河床为特征，其三级分类是以取水泵站和吸水间的组合为依据，管、渠情况与取水头部类型属同一级分类，两者并无相互制约关系。鉴于取水头部的形式繁多，宜单独进行分类，其变化对取水构筑物的基本形式并无影响。所谓湿井式、框架式取水构筑物只是合建式河床取水构筑物中的取水泵站与吸水间的构造改变，故不宜单独作为一类取水构筑物。此外还可以看到，在分建河床式取水构筑物中，正是因为取水泵站是独立的，其上因不存在进水口、格栅及格网等装置的启闭、提升问题，故而可以采用瓶颈式结构。

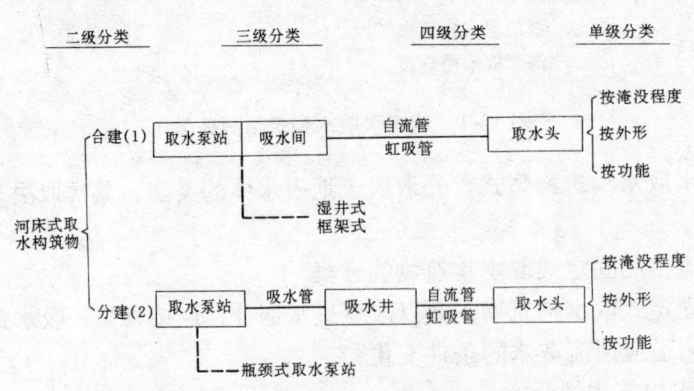

图12-3　河床式取水构筑物的分类示意图

3. 江心式取水构筑物

如图12-4所示，就构筑物的组合形式而言，类似于合建岸边式取水构筑物。但是，为适应河流取水条件，整个构筑物设于江心，它既非岸边式亦非河床式，符合二级分类原则，故应单列为一类。

图 12-4　江心式取水构筑物组成示意图

4. 直吸式取水构筑物（图 12-5）

由图 12-5 可见，这类取水构筑物的产生与取水条件直接相关，其组成不同于岸边式，亦区别于河床式，故应单列一类。由于水泵采取直吸方式，因此可采用淹没式取水泵站，以适应工程条件的变化。显然，所谓"淹没式取水构筑物"是从直吸式取水构筑物中派生出来的，故不应单列入二级分类。

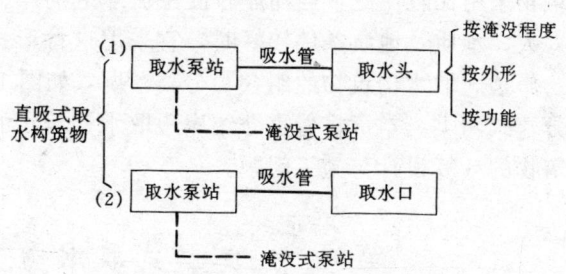

图 12-5　直吸式取水构筑物组成示意图

5. 斗槽式取水构筑物

斗槽式取水构筑物因直接受河流取水条件制约，故属基本类型。从组合形式看，是岸边式取水构筑物同斗槽的结合，后者是为创造良好取水条件而设置的。

二、其他类型取水构筑物

移动式取水构筑物可分为缆车式和浮船式两类，它们实际上是直吸式取水构筑物的变形。

蓄水库、湖泊、海水取水构筑物，多数情况都是根据不同水体条件，由最基本的河流取水构筑物类型演变而来。

山区河流取水构筑物从分类角度看，主要是进水部分——进水构筑物的改变，包括为改变河道取水条件而设立的各类设施或其他附属构筑物。

第十三章 岸边式取水构筑物

直接从岸边进水的固定式取水构筑物,称为岸边式取水构筑物。在我国,岸边式取水构筑物采用比较广泛,当河岸较陡主流靠近河岸、岸边有一定的取水深度、水位变化幅度不太大、水质及地质条件较好时,宜采用这种形式的取水构筑物。

岸边式取水构筑物的组合与分类情况,如图 12-2 所示,从大的方面讲,可分为合建式与分建式两类。本章将着重介绍岸边取水构筑物的主要形式与构造、其附属设备以及取水构筑物的计算设计与施工问题。

第一节 岸边式取水构筑物的形式与构造

一、合建岸边式取水构筑物

合建岸边式取水构筑物是由进水间、吸水间和取水泵站联合构成的整体构筑物,直接设于岸边。其组成情况大体如图 13-1 所示。

水经过进水孔进入集水井的进水间,再经过格网进入吸水间,然后由水泵抽送至水厂或用户。在进水孔上设有格栅,用以拦截水中粗大的漂浮物,设在进水井中的格网,用以拦截水中细小的漂浮物。

合建岸边式取水构筑物的优点是构筑物布置紧凑,占地面积较小,吸水管路短,水泵工作较可靠;但对岸边地质条件有较高要求,构筑物的体形大、结构复杂,施工比较困难,且要求较高。

如果工程地质条件较好,集水井和水泵

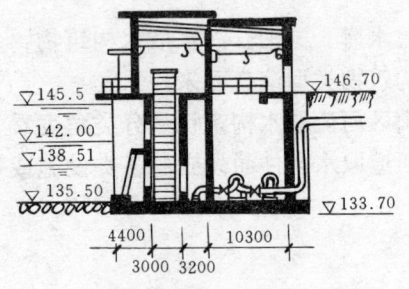

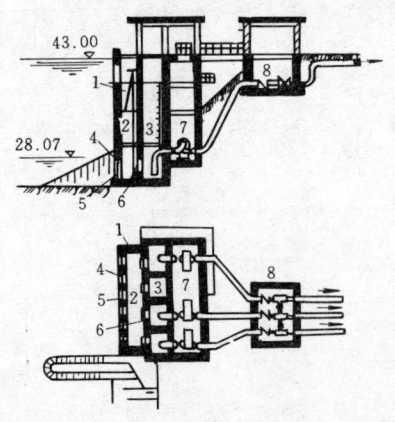

图 13-1 合建岸边式取水构筑物的组成情况
1—集水井;2—进水间;3—吸水间;4—进水孔;
5—格栅;6—格网;7—泵站;8—阀门

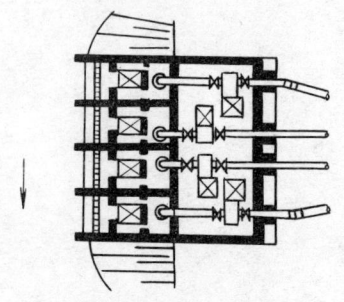

图 13-2 合建岸边式取水
构筑物(卧式泵)

站可建于不同的标高上，这时在纵剖面上构筑物即呈阶梯状布置（图 13-1），以减少泵站部分的埋深，便于施工。但在一般情况下，水泵需靠真空泵排气启动，运行不太方便。

若工程地质条件较差，为避免构筑物的不均匀沉降，或者须要求水泵以灌入式方式启动时，宜将集水井与水泵站建于同一标高（图 13-2）。这时，须相对地增加水泵站部分的埋深，施工较复杂，但结构处理较方便。

图 13-1、图 13-2 所示的取水构筑物，均采用卧式水泵。其优点是机组设备较简单，安装维修方便；缺点是所占的建筑面积大，相应地增大了整个构筑物的体形，如果构筑物的埋深大，不仅结构防水要求高，施工困难，工程投资大，而且设备运行与操作条件相对变差。

为克服上述某些缺点，必要时可采用立式水泵（图 13-3），如果进一步考虑将水泵吸水间设于泵层之下（图 13-4），则可有效地减少泵站建筑面积，相应地减少整个构筑物的体积，从而便于施工，降低造价。采取这种设备布置形式可将电机层设于泵站上部，可以改善设备操作、运行条件。立式泵对构筑物施工与设备安装要求均较高，检修不便；此外，水泵站部分的建筑结构分层处理也较复杂，吸水间的清理困难。

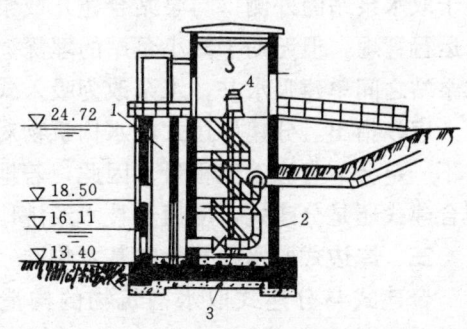

图 13-3　合建岸边式取水构筑物（立式泵）

对大流量低扬程的合建岸边取水构筑物，有时亦可采用轴流泵。采用卧式轴流泵或立式轴流泵的利弊类似于上述情况。轴流泵的吸水高度为负值，要求正压启动，故泵站的埋深相应加大。轴流泵对吸水管流道形状与吸水间的尺寸要求较高。一般地说，因轴流泵的出水量大，故单位取水量所占有的建筑面积远低于一般离心泵；因此，有时为减小岸边水下施工的困难及工程量，降低工程造价，可考虑采用分级取水系统，即在岸边建立装有轴流泵的合建岸边式取水构筑物，将水取送至岸上的地面泵站，然后再由岸上地面泵站将水加压送至指定地点或用户。显然，采用分级取水系统方案应经技术经济分析确定。

对于水位变化幅度很大的河流，如果考虑采用深井泵或潜水泵，也是简化取水构筑物结构、减小面积和体积、便于施工、节约投资的有效途径之一。但深井泵或潜水泵的效率低、运行费高。

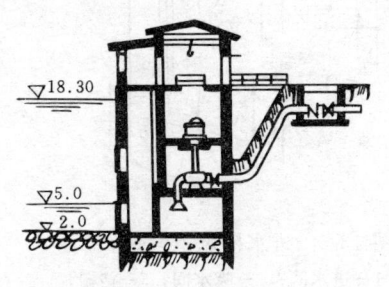

图 13-4　合建岸边式取水构筑物（立式泵，泵层下吸水）

合建岸边式取水构筑物的平面布置形式有多种，除上述矩形布置（图 13-3、图 13-4）外，尚有圆形、直圆形（矩形的两侧各加一半圆形组合而成的图形）、半圆形、连拱形等。平面形式的选择与工艺条件、水泵布置、结构处理、施工方式有关，应综合考虑。

二、分建岸边式取水构筑物

分建岸边式取水构筑物是由分开建立的岸边集水井（带有吸水间或不带吸水间）与取水泵站组成

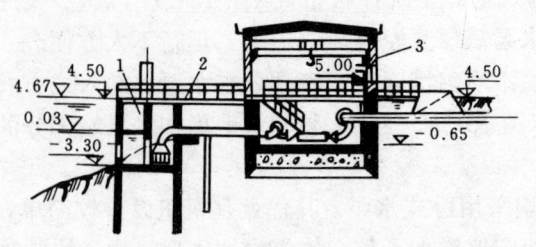

图 13-5 分建岸边式取水构筑物
1—进水间；2—吸水间；3—泵站

的取水系统。

当河岸工程地质条件较差，不宜采用合建岸边式取水构筑物时，可考虑采用分建岸边式取水构筑物。采用这种形式，往往也是简化建筑结构形式，解决施工困难等的途径之一。

如果吸水间设于岸边集水井中（图13-5），则会增长水泵吸水管路，降低水泵站工作的可靠性。如果将吸水间就近设于取水泵站的外侧（与泵站合建）或泵层的下部，虽有利于改善水泵的工作条件，有利于运行管理，但无助于减小泵站的埋深。为克服这一弊病，有时也可考虑在岸边集水井与水泵站之间单建吸水井，水泵改为吸入式工作。

应该指出，分建岸边式取水构筑物对取水条件的适应性较强，实际应用比较灵活，但并不一定会节省施工工程量。因此，若地形条件合适，工程地质条件也无特殊限制，是采用合建式还是分建式，应通过技术经济比较确定。

三、岸边式取水构筑物的基本构造

合建式与分建式取水构筑物的构造基本相同。所不同的是对于合建岸边式取水构筑物除需考虑取水问题外，还须考虑水泵站的设计要求。图13-6 所示的分建岸边式取水构筑物中的岸边集水井——进水构筑物的一般构造与附属设备情况可以代表岸边式取水构筑物（除水泵站部分外）的一般情况。

取水构筑物一般都用钢筋混凝土建造。只在个别情况下，例如取水规模极小或设计标准较低时才考虑用其他地方材料，如浆砌条石、块石、木材等建造。

取水构筑物的平面形状应根据构筑物的尺寸、构造、荷载情况及施工方法确定。通常为圆形、直圆形、矩形。圆形的取水构筑物的结构性能较好，便于施工（特别是用沉井法施工），在河流中的水力条件亦较好，但不便于布置设备（特别是合建岸边式取水构筑物）。矩形取水构筑物的情况与之相反。直圆形的取水构筑兼有上述两种形状取水构筑物的优点，但结构处理不便。若用围堰法开槽施工，还是以矩形为宜。

取水构筑物的进水与吸水部分（以图13-6为例），通常是沿长轴方向用纵向墙分开，靠河的一侧为进水间，用以沉淀泥沙（沉泥部分深度应不

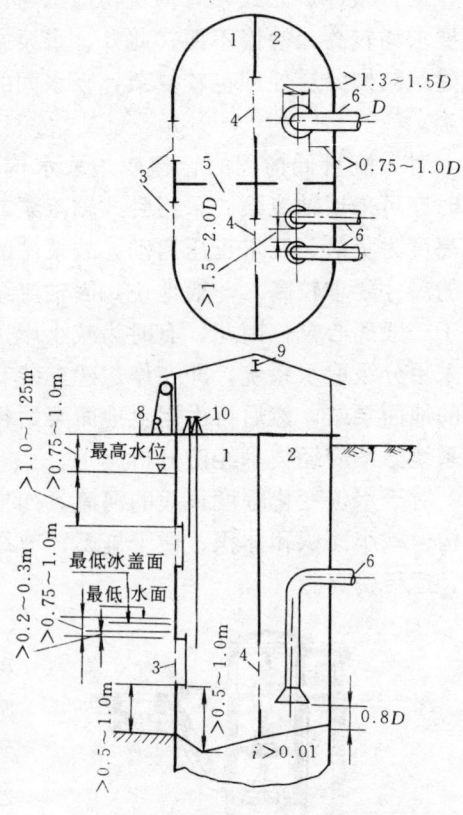

图 13-6 进水构筑物构造示意图
1—进水间；2—吸水间；3—格栅；
4—格网；5—联通口；6—吸水管；7—滑阀；
8—绞车；9—单轨吊；10—启闭台

小于 0.5～1.0m）及安装相应的附属设备。为适应河流水位变化，减少进水含沙量，通常应设两层甚至两层以上的进水口。由下至上的第二层取水口建议设在常水位以下，再上一层取水口的设置应视水位变化幅度和河水含沙量而定，一般不设。纵向隔墙的里侧为吸水间，用以安设水泵吸水管之用，其设计要求与泵站的吸水井基本相同（图 13-6）。

为了便于清洗进水间与吸水间，便于检修以及提高取水构筑物工作的可靠性，进水间与吸水间应用横向隔墙分为数格，各格都有各自的进水口，格数应根据取水构筑物的可靠度指标的要求确定。吸水间应以大于 0.01 的底坡坡向进水间，并以排泥管与进水间相通，以便排除吸水间中沉积的泥沙。

对合建岸边式取水构筑物，除上述要求外，尚须综合考虑取水泵站的工艺、建筑结构等全部要求，以确定取水构筑物基本构造。在这种情况下，取水构筑物的平面与竖向布置以及上部建筑往往以水泵站的构造要求为主。

岸边式取水构筑物与岸上场地的连接，可视具体情况分别采用栈桥或岸堤，吸水管（分建式）或压水管（合建式）可沿栈桥或岸堤敷设。为安全可靠及便于维修，沿岸堤敷设管路时通常应将管路设于管沟内；此外，除单向阀、水锤消除器必须设在取水泵站外部，其他如流量计、闸阀、联络管等，也可考虑设于取水构筑物外部以减小构筑物尺寸。岸堤的选用，应以不阻碍或改变河道水流为原则，否则宜采用栈桥。

岸边式取水构筑物通常设于河流的凹岸，必要时应考虑各种护岸措施——挡土墙、护坡、抛石、沉排等。若洪水位高于河岸，则应设防洪堤。这些设施是取水系统不容忽视的组成部分。

设计时，如岸边式取水构筑物枯水期的取水深度不足，且当取水河段的河床比较稳定时，可考虑采取下列措施以保证必要的取水深度：

在取水口前顺水流方向开挖纵向流槽——低流槽（图 13-28）；

在取水口前设进水槽（图 13-7）。

上述措施通常是在受各方面条件限制而无法调整取水构筑物位置的情况下采用，但应该注意防止泥沙淤积及清淤的措施。

四、取水构筑物的附属设备

1. 格栅（图 13-8）

格栅设在进水孔上，用以拦截水中较大的漂浮物及鱼类。格栅是由金属框架和

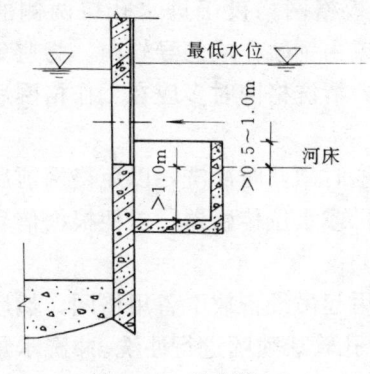

图 13-7 进水槽

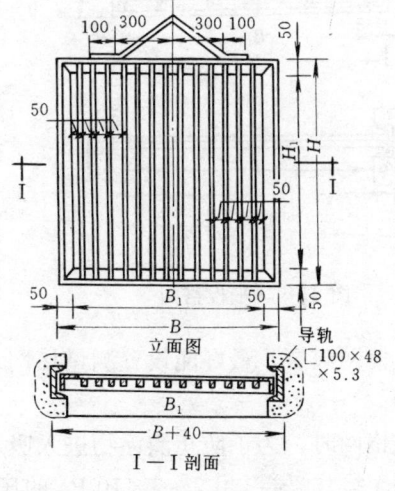

图 13-8 格栅

栅条组成，其尺寸应与进水孔相适应。栅条的断面有各种条形和圆形等多种形状，其厚度或直径一般为10mm。栅条净距根据河中漂浮物情况，一般在30～100mm之间。格栅通常设于进水孔两侧的导向槽中，以便上提清除截留的杂质或检修。

进水孔或格栅的面积可按下式计算：

$$F_0 = \frac{Q}{K_1 K_2 V_0} \tag{13-1}$$

式中 F_0——进水孔或格栅的面积，m^2；

Q——进水孔的设计流量，m^3/s；

V_0——进水孔设计进水流速，m/s；

K_1——栅条引起的面积减少系数，$K_1 = \frac{b}{b+s}$，b 为栅条净距，一般采用 30～100mm，s 为栅条厚度（或直径），一般采用 10mm；

K_2——格栅堵塞系数，采用 0.75。

水流通过格栅的水头损失一般采用 0.05～0.10m。

2. 格网（图 13-9）

格网通常设于岸边集水井中或水泵站的吸水间前。格网有平板格网和旋转格网两种。

（1）平板格网（图 13-9）

平板格网一般由槽钢或角钢框架及金属网构成。金属网一般为一层，如格网面积较大时应设两层，其中一层为工作网，用以拦截水中较细小的漂浮物；另一层为支撑网，用以支持工作网，使其在水位差过大时不致破裂。工作网的孔眼尺寸应根据水中漂浮物情况与水质要求确定，通常为 5×5～10×10（mm），网的金属丝直径一般为 1～1.5mm。当水中漂浮物较多、格网位置较深时，为减少格网冲洗次数，可将网孔尺寸酌情放大到 20×20～25×25（mm）。支撑网孔眼尺寸一般为 25×25（mm），金属丝直径 2～3mm。金属网宜用耐腐蚀材料，如铜丝或不锈钢丝等制作。为便于上提清洗，平板格网均设于进水孔口两侧的槽钢——导向槽或由钢轨作成的导轨内。为避免杂质进入吸水井，清洗格网时多应在工作格网后放入备用格网。

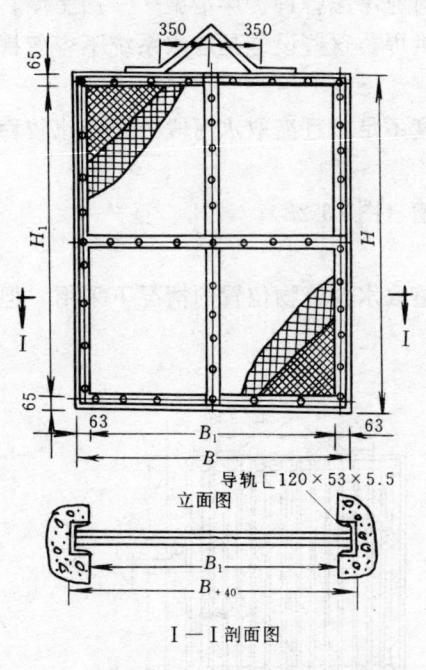

图 13-9 平板格网

格网堵塞时须及时冲洗，以免格网前后水位差过大，使网破裂。最好能设置测量格网水位差的标尺或水位传感器，以便根据信号及时冲洗格网。

冲洗格网时，为了防止漂浮物进入吸水间，应先用起吊设备放下备用格网，然后提起工作格网至操作平台，用 $2～5×10^5$ Pa 的压力水通过穿孔管或喷嘴进行冲洗。冲洗水量一般 10～20L/s。冲洗后的污水由排水槽排至河流下游。

平板格网的优点是构造简单,所占建筑面积小,可以缩小构筑物尺寸,故在中小水量、漂浮物不多时广泛采用。其缺点是冲洗较麻烦;网眼不能太小,因而不能拦截更细小的漂浮物;每当提起格网冲洗时,一部分杂质会进入吸水间。

平板格网的面积可按下式计算:

$$F_1 = \frac{Q}{K_1 K_2 \varepsilon V_1} \tag{13-2}$$

式中　F_1——平板格网的面积,m²;

　　　Q——通过格网的流量,m³/s;

　　　V_1——通过格网的流速,一般采用 0.2～0.4m/s;

　　　K_1——网丝引起的面积减少系数,$K_1 = \dfrac{b^2}{(b+d)^2}$,$b$ 为网眼尺寸,mm;d 为金属丝直径,mm;

　　　K_2——格网堵塞后面积减小系数,一般采用 0.5;

　　　ε——水流收缩系数,一般采用 0.64～0.8。

通过平板格网的水头损失,一般采用 0.1～0.2m。

(2) 旋转格网 (图 13-10)

旋转格网是由绕在上下两个旋转轮上的连续网板组成,用电动机带动。网板由金属框架及金属网组成。一般网眼尺寸为 4×4～10×10 (mm),视水中漂浮物数量和大小而定,网丝直径为 0.8～1.0mm。

旋转格网构造较复杂,所占面积较大,但冲洗较方便,拦污效果较好,可以拦截较细小的杂质,故适宜在水中漂浮物较多,取水量较大时采用。

旋转格网的布置方式有直流式、外流式与内流式 3 种(图 13-11)。

直流进水的优点是水力条件较好,滤网上水流分配较均匀;水

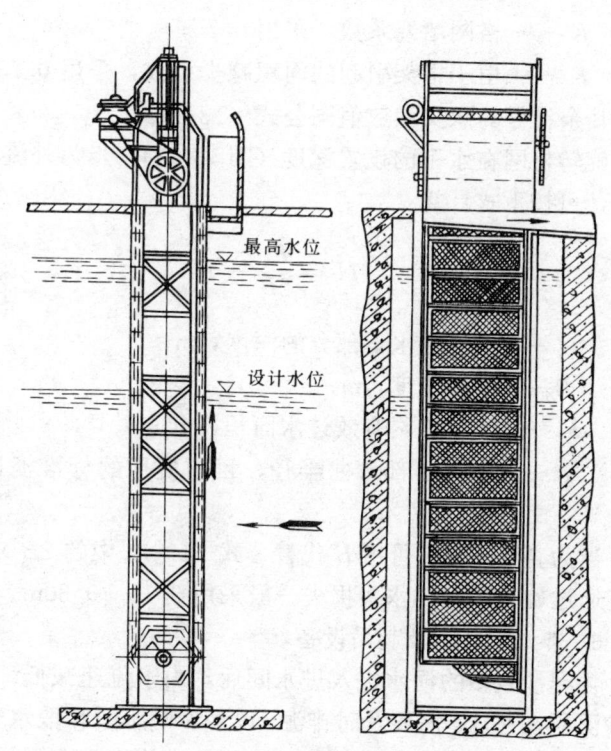

图 13-10　旋转格网

经两次过滤,拦污效果较好;格网所占面积小。其缺点是未充分利用格网工作面积;网上未冲净的杂质有可能掉入吸水间。内流式的优点是格网工作面积得到充分利用,可增大设计水量;滤网上未冲净的杂质不会进入吸水间;被截留的杂质在网外,容易清除和检查。其缺点是由于水流方向与网面平行,故水力条件较差,沿宽度方向格网负荷不均匀;占地面积较大。外流式的优缺点与内流式基本相同,但是被截留的杂质在网内,不易清除和检查,

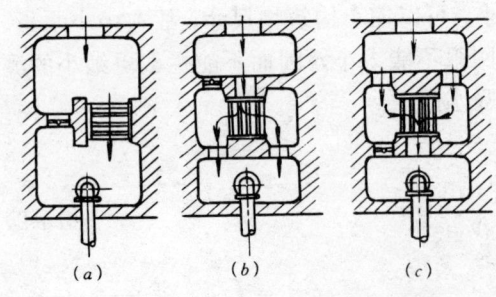

图 13-11 旋转格网布置方式
(a) 直流式；(b) 外流式；(c) 内流式

故采用较少。

旋转格网的转动速度视河中漂浮物的多少而定，一般采用 2.4～6.0m/min，可以连续运转，也可以间歇运转。旋转格网的冲洗一般采用 $2～4×10^5$Pa 的压力水通过穿孔管或喷咀来进行。冲洗水量一般为 12～15L/s。冲洗后的污水沿排水槽排至下游。

旋转格网的有效过水面积（即水面以下的格网面积）可按下式计算：

$$F_2 = \frac{Q}{K_1 K_2 K_3 \varepsilon V_2} \tag{13-3}$$

式中 F_2——旋转格网有效过水面积，m^2；
V_2——通过格网的流速，一般采用 0.7～1.0m/s；
K_2——格网堵塞系数，采用 0.75；
K_3——由于框架引起的面积减少系数，采用 0.75；

其余符号的意义和数值同公式（13-2）。

旋转格网在水下的设置深度（图 13-12），当为外流式或内流式时，可按下式计算：

$$H = \frac{F_2}{2B} - R \tag{13-4}$$

式中 H——格网在水下部分的深度，m；
B——格网宽度，m；
F_2——旋转格网有效过水面积，m^2；
R——格网下部弯曲半径，目前使用的标准滤网 R 值为 0.73m。

当为直流式时，可用 B 代替公式（13-4）中的 $2B$ 来计算 H。水流通过旋转格网的水头损失一般采用 0.15～0.30m。

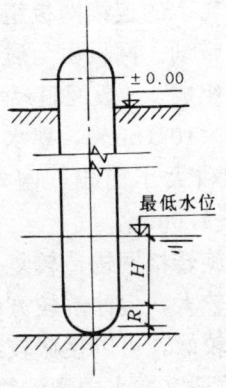

图 13-12 旋转格网设置深度

3. 排泥、启闭及起吊设备

含泥沙较多的河水进入进水间后，由于流速减低，常有大量泥沙沉积在井内，需要及时排泥，以免影响水质和取水安全。常用的排泥设备有排砂泵、排污泵、射流泵、空气扬水器等。大型取水构筑物多用排砂泵或排污泵排泥，也可采用空气扬水器排泥，排泥效果都较好。小型取水构筑物，积泥不严重时，可用射流泵排泥。为了提高排泥效果，一般在井底设有穿孔冲洗管或冲洗喷嘴，利用高压水一边冲洗，一边排泥。

在进水间的进水孔、格网和横向隔墙的连通孔上须设置检修闸阀、闸板等启闭设备，以便在清洗集水井和检修设备时使用。这类闸阀或闸板尺寸较大，常用的有闸板、叠梁式闸板、滑阀及蝶阀等。

闸板（图 13-13、图 13-14）的构造较简单，多用于闸板两侧压差较小时。闸板分木制

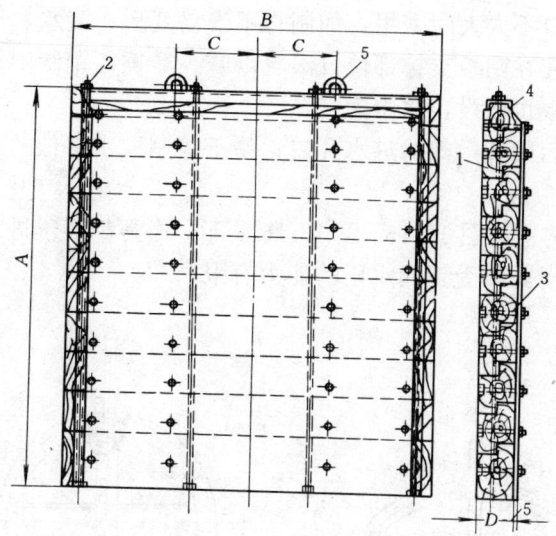

图 13-13 木制闸板

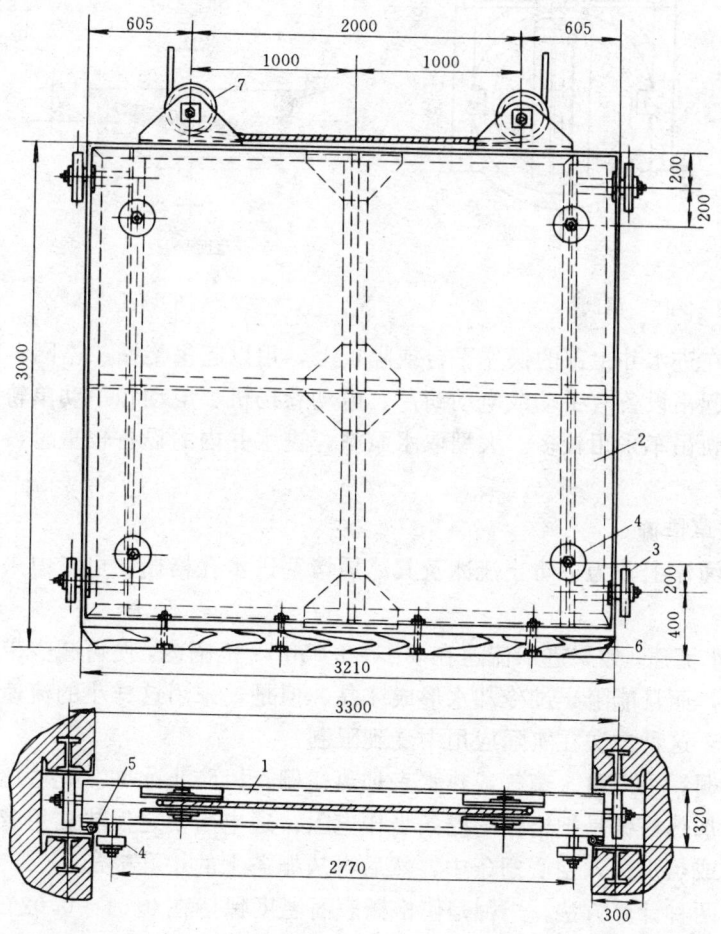

图 13-14 钢闸板

与钢制两种。前者于孔口不太大时采用，如制作不当易变形、漏水。后者于孔口较大时采用，若两侧压差较大时应在闸板支撑部位设滚轮以减少摩擦。钢制闸板均须在闸板的四周设橡胶止水带，木制闸板也以设止水带为宜。

叠梁式闸板多用于启闭开敞式的进水孔口，易于控制取水部位的高程位置，但关闭不严密。

滑阀、蝶阀的大致构造如图 13-15、图 13-16 所示，通常都限于进水孔口尺寸较小时采用，关闭亦不甚严密。滑阀承受正向水压的能力有限。

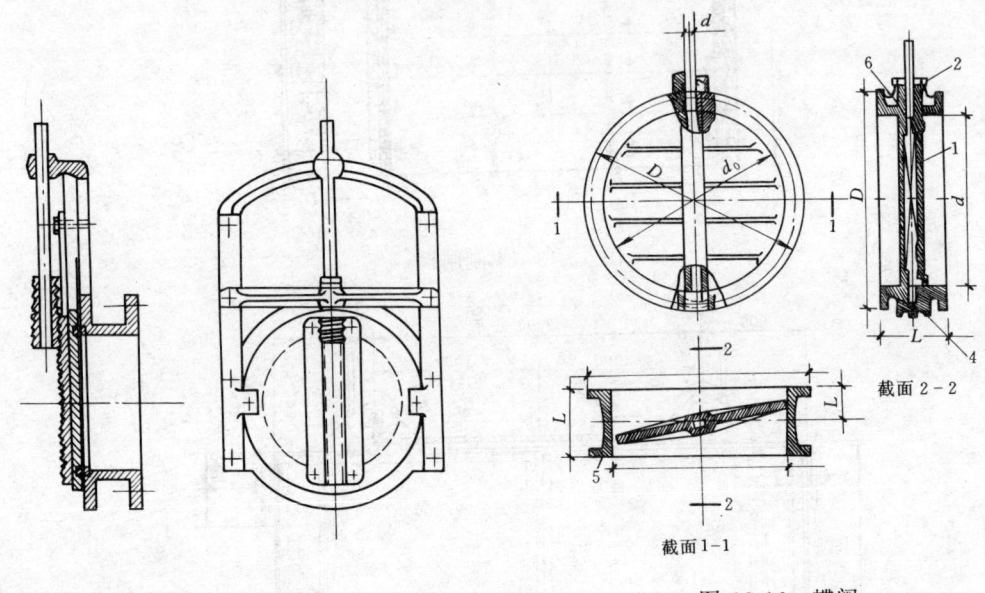

图 13-15　滑阀　　　　　　　　图 13-16　蝶阀

起吊设备设在进水井上部的操作平台或隔板上，用以起吊格栅、格网、闸板和其他设备。常用的格网起吊设备有手动或电动葫芦、电动卷扬机、电动和手动单轨吊车、桥式吊车等，其中以单轨吊车采用较多。大型取水泵站，进水井内的设备较重时，可采用电动单梁桥式吊车。

4. 防冰、防草措施

在北方冰冻河流上，为了防止流冰及其冰屑堵塞进水孔格栅，可考虑采用以下一些防冰措施：

(1) 降低进水流速。如果进水流速在 0.1～0.05m/s 范围内，便可减少带入进水孔内的流冰或冰屑数量，而且能阻止过冷却水形成冰晶。但是，采用这样小的流速，势必增大进水孔面积。因此，这种方法在实际应用中受到限制。

(2) 加热格栅。采用电、蒸气或热水来加热格栅，以防止冰冻。此法比较有效，故应用较广。用电来加热格栅是把格栅的栅条当作电阻，通电后使之发热。用蒸气或热水来加热格栅是将蒸气或热水通入空心栅条中，然后再从栅条上的小孔喷出。

加热格栅有两种计算方法，一种是使格栅表面温度保持在 0.01～0.02℃以上，以防止格栅冻结；另一种是使进水温度保持在 0.01～0.02℃以上，以防止水中继续形成水内冰。后者需要的热量较大，但较安全。

(3)在进水孔前引入废热水。当工厂有净废热水可以利用时,则可采用此法。例如,电厂取水构筑物就常采用这种简易有效的防冰措施。

(4)在进水孔的周围设置浮筒格栅或挡冰板,以阻挡水内冰进入进水孔。

(5)采用渠道引水,使水内冰在渠道内上浮,并通过排冰渠排走。

(6)在取水构筑物上游侧设表层水流导流装置,以阻止流冰或其冰屑靠近取水口。

此外,还有降低栅条导热性能、机械清除、反冲洗、设置气幕等方法防止进水孔冰冻。

为防止水草堵塞,可用机械或水力方法及时清除格栅;在进水孔前设置挡草木排;在压力管道中设置除草器等。

第二节 岸边式取水构筑物设计和施工方法

一、岸边式取水构筑物设计概述

1. 确定取水构筑物或取水系统的形式

取水条件对取水构筑物或系统形式的影响已如上述,根据取水条件可以初步确定岸边式取水构筑物的基本形式。

2. 水泵选择

取水泵站通常具有下列特点:河水位的变化幅度大,构筑物的埋深大,施工条件差,水泵机组及电气设备的安装运行条件差。为此,设计岸边式取水构筑物时,泵站内的机组数不宜过多,通常为3~4台;水泵及泵站系统应有较好的调节性能,以适应水位、流量的变化;应注意节能,采用恒速泵时水泵高效率点宜与常水位时的扬程(水位)、流量相对应,有条件时可考虑部分采用调速泵(恒定流量),以节省电能;确定水泵站机组总容量时应充分估计到取水规模发展的可能性。

3. 取水构筑物的布置与尺度选择

(1)平面布置

主要从两方面考虑:取水设计要求,泵站设计要求。

取水设计要求:在基本确定的泵型和机组数目的基础上,根据水泵的吸水方式、构筑物的形式、取水构筑物的运行管理要求(排泥、清洗、检修、工作情况等)和其他条件,首先确定构筑物的分隔数(至少不应少于两格)。分隔数确定后,进而可根据进水孔口数量确定格栅、格网的形式、面积和尺寸(式13-1~式13-4)。然后按取水孔口尺寸、格栅与格网及其他附属设备参阅有关资料的安装要求确定各隔间尺度。水泵站设计要求:根据对泵站的一般设计规定,在满足泵站运行管理条件的基础上,尽量减小并确定泵站面积和尺寸。减小泵站面积的基本途径是:采取合理的机组布置方式(与构筑物的平面形状有关);合理布置管路,尽量采用小尺寸管件,如用异径弯管等;将单向阀、转换闸阀等配件设于构筑物外的阀门井中(对于地下泵房,单向阀本来也不允许设于泵站内);合理利用空间考虑总体布置,例如将真空泵、排泥泵设在泵站的边缘空隙地段,将配电间、值班室设于泵站上层;等等。

取水与泵站的设计要求以及取水构筑物的外形,通常互相影响、互相制约,此外尚有结构形式要求和施工方式等,对取水构筑物布置的种种影响。因此,确定取水构筑物的布置是反复的综合分析过程。对合建岸边式取水构筑物,因岸边集水井与泵站是一个整体,通常须在各专业工种之间反复磋商讨论才能确定。

(2) 竖向布置

集水井部分的竖向布置主要同河水位、进水孔口的高程位置、取水构筑物的顶部高程(淹没或非淹没)、起吊设备类型、泵站总体布置要求有关。河水位与进水口、操作台的高程关系已在本章第一节中提及。起吊设备:进水间部分应以可以将闸板、格栅、格网(平板)等提出导向槽并进行冲洗为准。这种设备的起吊重量可按下式计算选型:

$$P = (P + P'Ff)K$$

式中 P——格栅、格网或闸板及升降索具重量;

P'——由格栅、格网或闸板两侧水位差而产生的压力;格栅(当水位差为 0.3m 时),$P'=3\times10^3$Pa,格网(当水位差为 0.15m 时)$P'=1.5\times10^3$Pa;

F——格栅、格网或闸门的总面积,m^2;

f——摩擦系数,视设备与导向槽的材料而定;

K——安全系数:格栅取 1.5,格网取 1.3,闸板取 1.5。

显然,泵站部分的竖向布置应由总体布置的功能要求、起吊设备的安装高度确定。

水泵站起吊重量按泵站设计规定确定。

水泵站部分的起吊方式视其深度有一级起吊和二级起吊两种方式。中小型泵站或深度不大的大型泵站,一般采取一级起吊方式,如泵站深度较大宜用二级起吊方式,即在泵站顶层设置电动葫芦、单轨吊车等作为一级起吊设备,主要用于设备进货安装,在底层泵站(水泵层)设桥式吊车作为二级起吊设备,主要用于设备安装与检修。一、二级起吊的衔接通常以±0.00 室内地坪为界,并以吊装孔相通。

对于合建岸边式取水构筑物其竖向布置亦应综合考虑各方面的要求。

此外,取水构筑物竖向布置中的基础设置深度,关系到取水构筑物的稳定性,故应根据河水水位、地基条件及构筑物的稳定计算要求确定。

考虑取水构筑物的布置与尺度时,还须充分注意其内外水力条件、结构抗渗性与强度以及施工方式。

4. 水力计算

水力计算主要是确定水流通过格栅、格网等的水头损失及构筑物内的水位高程、设备安装高度。

影响水头损失的因素极多,情况复杂,设计时多采用经验数值。通常对格栅取 0.05~0.1m;对平板格网取 0.10~0.15m,特殊情况下后者可取 0.3m;对回转格网,一般取 0.1m,特殊情况取 0.3m。上述特殊情况下的数值都是水头损失的极限值。

水流经过各种孔口和吸水管路的水头损失,可按水力学公式计算。

工作水泵、排泥泵、清水泵的安装高度,按最低水位时考虑上述水头损失后的相应水位高程确定。

对于轴流式水泵,还须考虑启动时由水的惯性而引起的吸水井内水位波动的影响。

5. 通风采暖、垂直通道与机组启动控制

在较深的取水泵站中,夏季由于电动机散热通风不良使室内温度过高,冬季如电机散热不足以补偿整个泵站的热损耗而室内阴冷潮湿，因此须考虑通风采暖。

通风方式有自然通风与机械通风两种。深度不大的大型泵站可采用自然通风。深度较大时宜用机械通风，一般多用自然进风、机械排风，或者机械进风、自然排风，也可以用机械进风与机械排风。

取水构筑物一般都较孤立，故多用局部采暖方式，如电热采暖设备供热。整个构筑物应根据功能采用不同的设计温度。

深度大的大型泵站，除楼梯外还应设升降式电梯。

取水泵站机组的启停宜尽量采用遥控与自动控制装置。泵层尚须设手控操作柜。

6. 取水构筑物的稳定计算与结构计算

在取水构筑物的施工及运行过程中，作用于其上的荷载很多，分别为：构筑物与设备自重；水对构筑物的浮力；静水压力；动水压力（水流冲击）及波浪压力；作用于构筑物上的土压力、风荷载、雪荷载。上述荷载有些是永久性的，有些是临时性的。由于各时期取水构筑物所处的情况不同，永久荷载的数值也常有变动，故应根据不同的情况进行荷载组合，据以校核取水构筑物的稳定性。

取水构筑物的稳定性包括倾覆、滑移和上浮三方面。

设计时，通常按施工期和运行期可能出现的最不利情况进行上述稳定性计算。

校核施工期构筑物的稳定性时，应根据施工季节、施工方式及其他具体条件确定最不利计算情况。

校核运行期构筑物的稳定性时，应分别按最高设计水位、最低设计水位及流冰期最高设计水位进行取水构筑物的倾覆与滑移稳定性校核计算，并按最高设计水位进行上浮稳定性计算。如取水构筑物为一次建成，分期发展，则以第一期工程为准。上述倾覆与滑移计算均应根据荷载作用情况分别按纵轴或横轴考虑，计算方法与挡土墙相似。

各种稳定性的安全系数：（1）正常工作时为1.4；（2）较正常条件差的临时性情况为1.25；（3）特殊的临时不利情况为1.15。倾倒稳定性安全系数应不小于1.4。上浮稳定性安全系数，可参照滑移稳定性安全系数。

临时情况下，除减少安全系数外，设计水位标准——保证率也可降低，例如，施工期最高水位保证率可取5%～10%。

在稳定性不够的情况下，可在构筑物的适当部位设配重板、齿墙或锚固桩，以增强取水构筑物的某种稳定性。

取水构筑物结构计算通常按防渗和稳定性要求确定结构断面，断面尺寸较大，故结构计算为强度校核。混凝土的不透水性标号一般采用B_4～B_8。

二、岸边式取水构筑物施工方法概述

地表水源取水构筑物的施工方法直接影响取水构筑物的形式，而施工方法本身又取决于河流水位、水深、水流速度、河床地质情况及其他技术经济条件。因此，地表水取水构筑物的设计与施工两者密切相关，在设计取水构筑物的同时即应考虑相应的施工方法及其实施的可能性。

地表水源取水构筑物的施工方法大致有以下几种：

1. 大开槽施工法：即在开挖好的基槽中施工。此法较简单，适用于岸上土质较好、构筑物埋深不大的情况。例如，埋深较浅的取水泵站。此外，如遇基岩层或砾石层不适于用沉井法施工时，也可考虑用大开槽法施工。

大开槽施工的主要问题是：1）土方量大；2）施工排水量大。在通常条件下，多采用基槽内表面沟槽排水，如遇流砂可用井点排水。

2. 围堰施工法：即在靠近水体地段施工时，用围堰将施工基槽与水体隔绝。常用围堰有两种类型：草袋围堰、钢板桩围堰。草袋围堰只适于水深较小（<3m）、水流速度较小（<2m/s）时。若水深较大（>5m）、流速较大（2～3m/s）时，可用钢板桩围堰。钢板桩围堰需要大量的钢板桩及打桩设备，水上打桩尚需水上打桩船，故须专业施工单位承揽。

3. 沉井施工法：此法在地表水源施工中普遍应用，有许多优点，简单易行，但对构筑物外形、尺寸限制较大，通常较适宜于平面形状为圆形的构筑物，直径或长宽约在20m以内，在岸边施工时，须事先在河面上填砂土筑岛，岛体临水面通常亦须用草袋、钢板桩加固。

4. 钢围图、管桩施工法：是在水深流急处取代一般钢围图施工法的有效措施。

第三节　岸边式取水构筑物举例**

一、合建岸边式取水构筑物

图13-17表示一圆形合建岸边取水构筑物，采用沉井法施工。其特点是进水间、格网间及吸水间全设于主体构筑物中的隔间内，隔间由纵墙对称地分成两部分。格网间中设有直流式旋转格网。取水构筑物中设立式离心泵3台，流量6400m^3/h，扬程80m；另设流量约10000m^3/h的轴流泵1台。此外，附设排水泵1台，排泥泵2台。由于主泵直接靠近吸水间布置，故占地面积小，泵的吸水管路极短。为减少泵站建筑面积，压力管路的联络管、闸阀等都设于构筑物外。取水构筑物的前池两侧用板桩加固。

图13-18表示某厂的合建岸边式取水构筑物，总取水量6500m^3/h，扬程78m。取水泵站的平面形状为圆形，内径13m。为便于布置水泵机组与管路，本例的构造特点是进水间与吸水间建于圆形泵站外侧，并分别座落于不同高程的地基上。故构筑物采用围堰大开槽施工。

水泵站内设有16Sh—9A水泵机组4台，2BA—6排水泵1台，SZB—8真空泵1台。配电设备设于泵站的上层。泵站的起吊设备为TV—504电葫芦，吊轨呈椭圆型，一次起吊。集水间内设有平板格网。泵站与岸上场地用栈桥连接。

图13-19为某水厂合建岸边式取水构筑物的构造图，总取水量为41000m^3/h，供水扬程分别为72m、26.5m。水泵机组分别为24sh—9型水泵4台、24НДНА型水泵4台。机组呈双行交错顺列。由于泵站尺度较大，其平面形式采用连拱形结构，进水间设于主体构筑物的外侧，淹没式。进水间的操作平台与配电室等辅助建筑分别建于上部主体建筑的两侧，呈悬臂状，以减少工程量。构筑物用围堰大开槽施工，连拱形部分墙体以滑模浇注法施工。

水泵站的起吊设备为手动单梁桥式吊车，一次起吊。

图13-20表示一矩形合建岸边式取水构筑物，供工业用水，用大开槽法施工。泵站内设48sh—22型水泵3台、32sh—22型水泵1台，呈双行交错顺列布置。泵的吸水与压水管路直接敷于地面，压水管的上升管段及联络管闸阀等都设于泵站的外侧。因此，泵站布置紧凑，但运行操作、检修不便。取水构筑物的四个进水间外侧有专用钢闸板，内设上下两层格栅（下

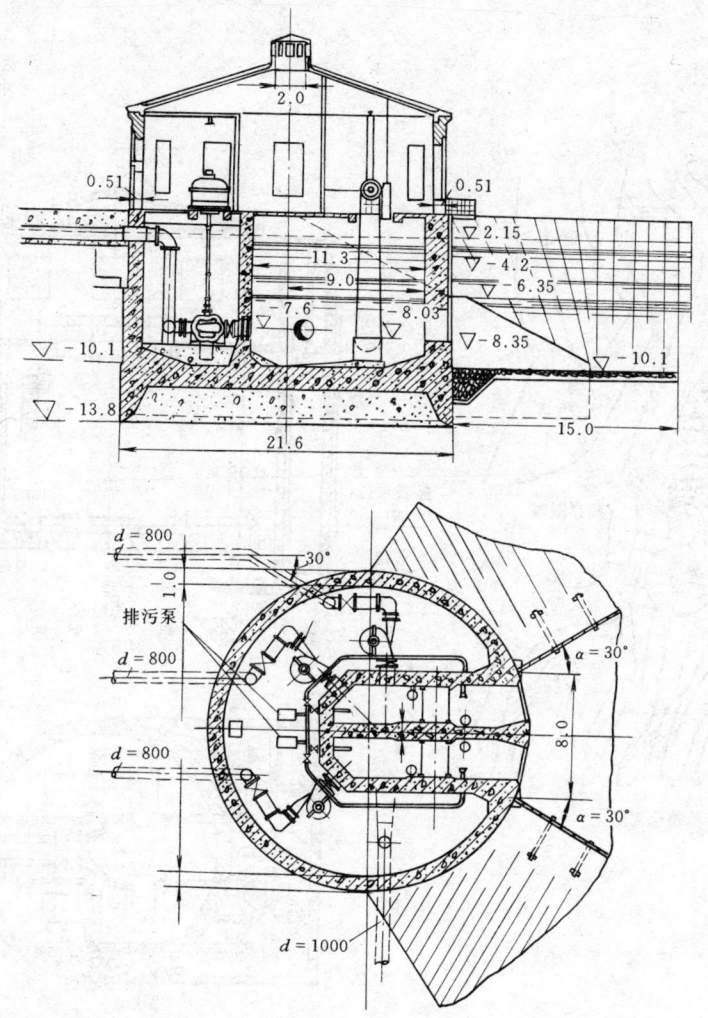

图 13-17 合建岸边式取水构筑（例1）

层为固定格网）。在格网间内设外流式旋转格网。由于进水间内缺少足够的积泥空间，以致有的旋转格网室底部积泥而影响格网转动；此外，因格网的刚度差，网板被压成弧形，致使有的格网失去了过滤作用。

在运行过程中，发生过主流偏向对岸，上游沙滩移至取水口附近而影响正常取水的情况。为此，需在取水口前的河床上挖掘渠道以保证取水。

冬季，为防冰冻，利用了工厂热回水，效果良好。

图13-21所示，亦为一供工业用水的合建岸边式取水构筑物，其基本布置形式与上例相似。但是，取水构筑物位于河道的凹岸顶冲点下游，施工条件差，故用沉井法施工。旋转格网为内流式，格网间进水孔下缘高于进水间底面3m，有较大的积泥空间。

为避免停泵水锤，出水管上未设逆止阀，运行过程未见异常现象。

为保证取水口前池水深及构筑物附近的岸坡与河床的稳定性，构筑物两侧采用一字形钢筋混凝土板桩挡土墙、1:1.5块石护坡与抛石沉排护底。

为防止水内冰堵塞取水口，格栅的栅条外包橡皮，且在取水口上设有高压水管以冲捣

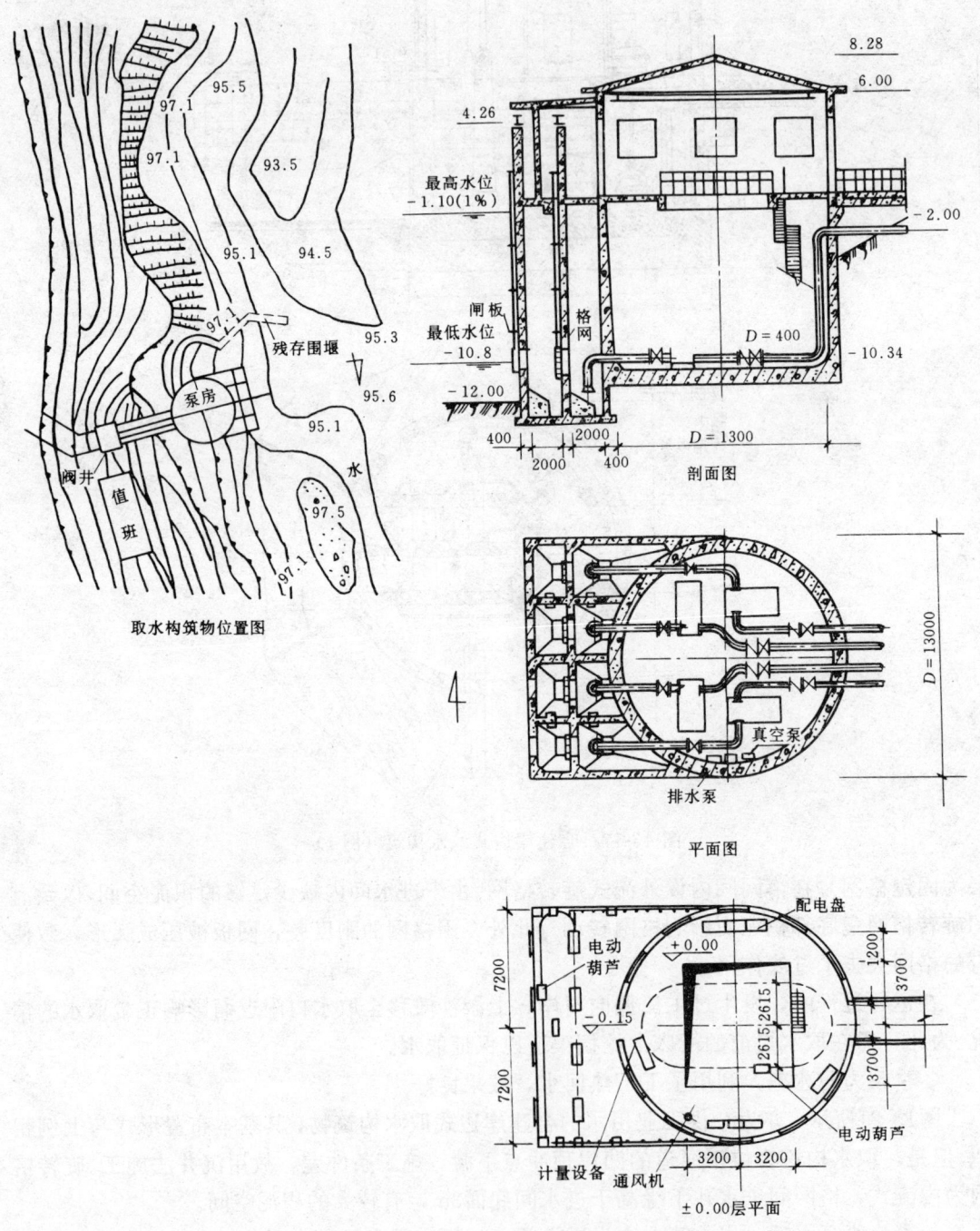

图 13-18 合建岸边式取水构筑物（例2）

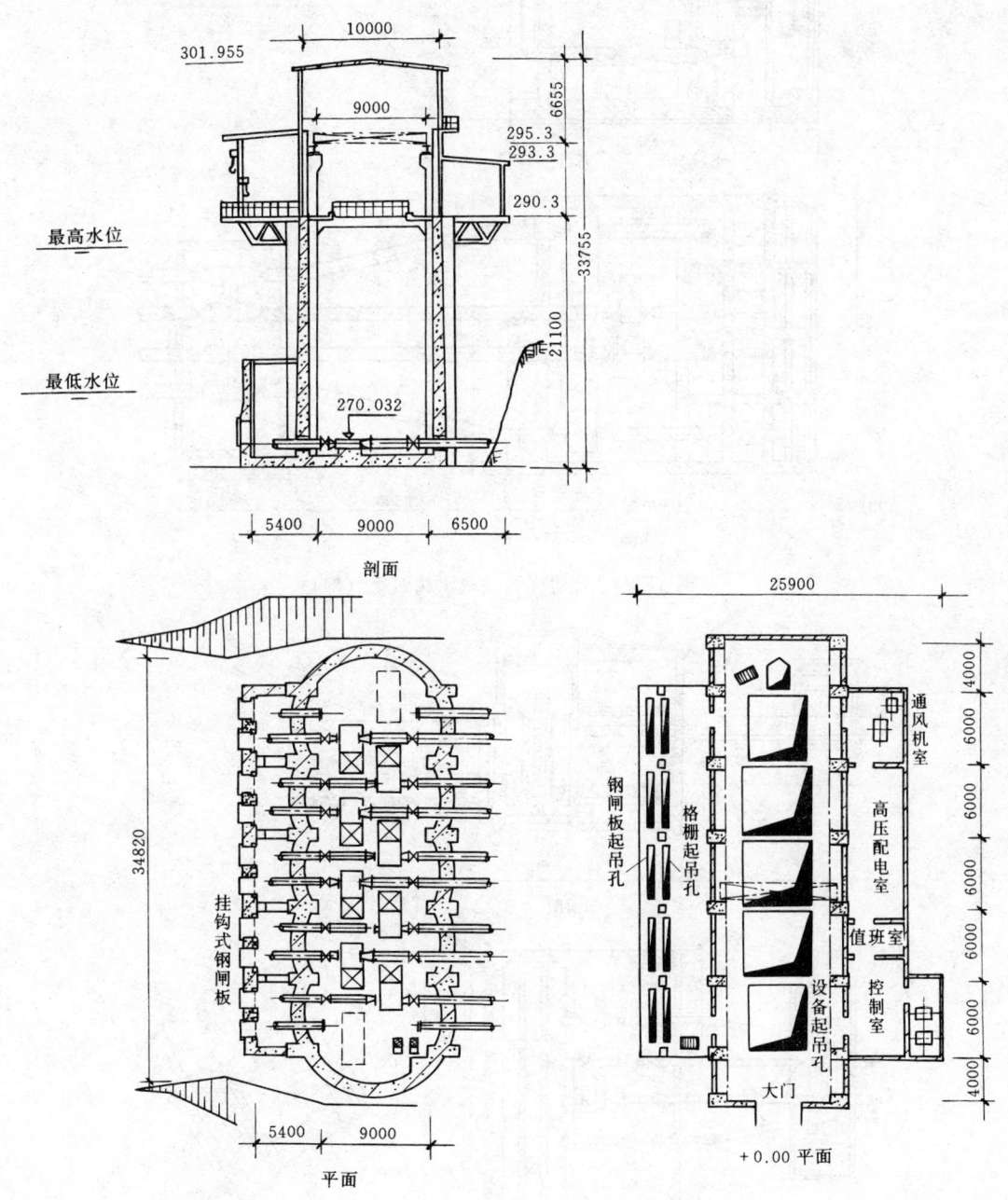

图 13-19 合建岸边式取水构筑物（例3）

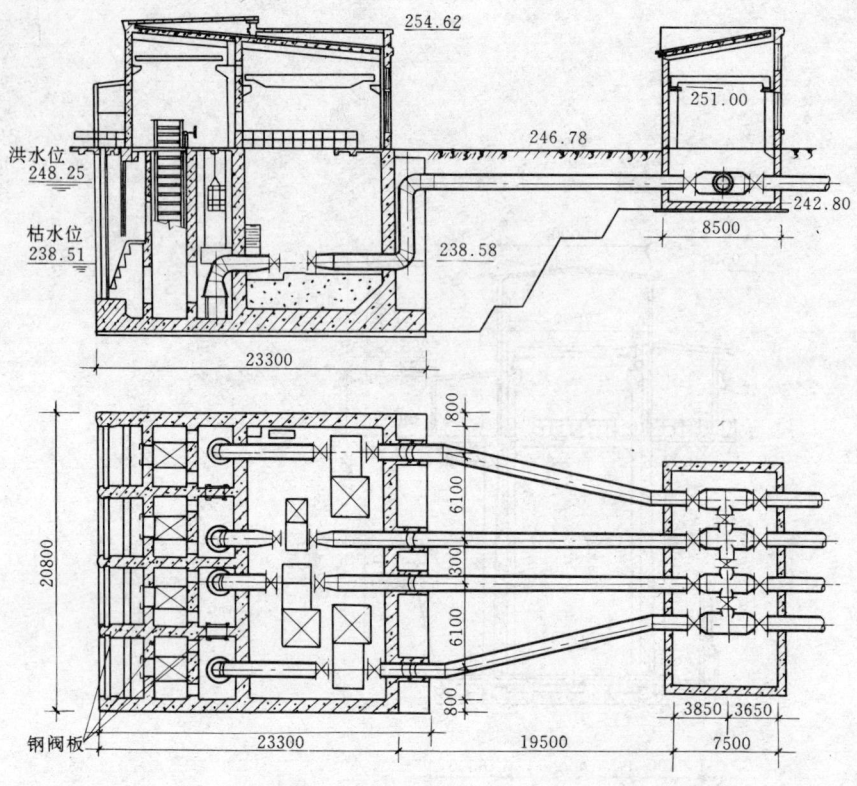

图 13-20 合建岸边式取水构筑物（例4）

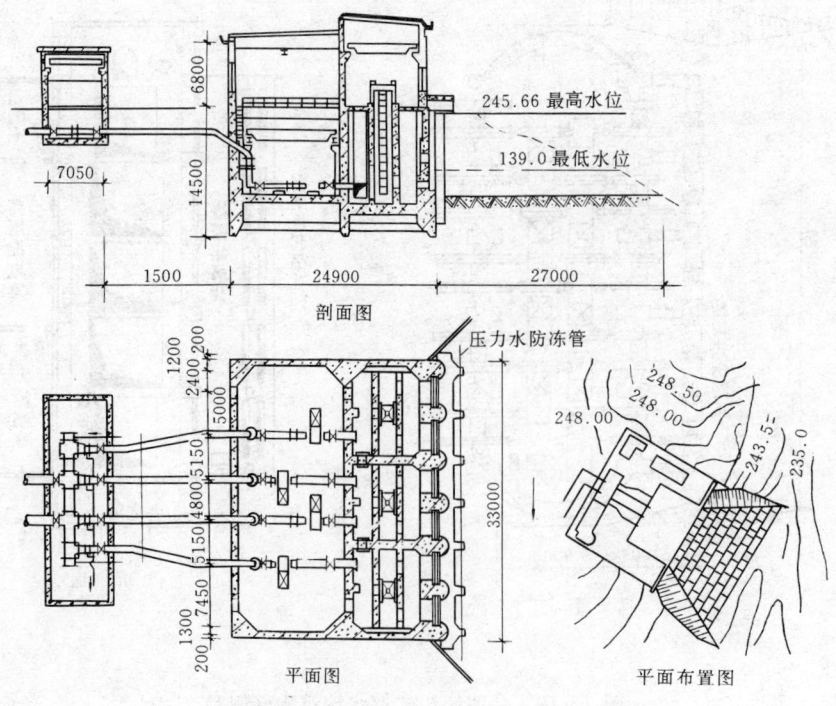

图 13-21 合建岸边式取水构筑物（例5）

冻结的冰块。

取水构筑物的总取水量均为12000m³/h，扬程约60m，水泵以灌入式方式启动。

图13-22表示用围堰法施工的一矩形合建岸边式取水构筑物，供冷却用水；总供水量近20000m³/h，扬程约13m。泵站内设4台卧式泵，呈双行交错顺列布置。泵的扬程较低，泵后以明渠输水，故泵站管路系统简单，布置紧凑，但不利于运行检修。集水井内设平板格网，故集水井的面积较小。由于进水口的导向槽未嵌入钢筋混凝土墙体，受冰块撞击变形，致使闸板启闭困难。构筑物底板前方设有齿墙。冬季，取水构筑物以排放废热水防冻。

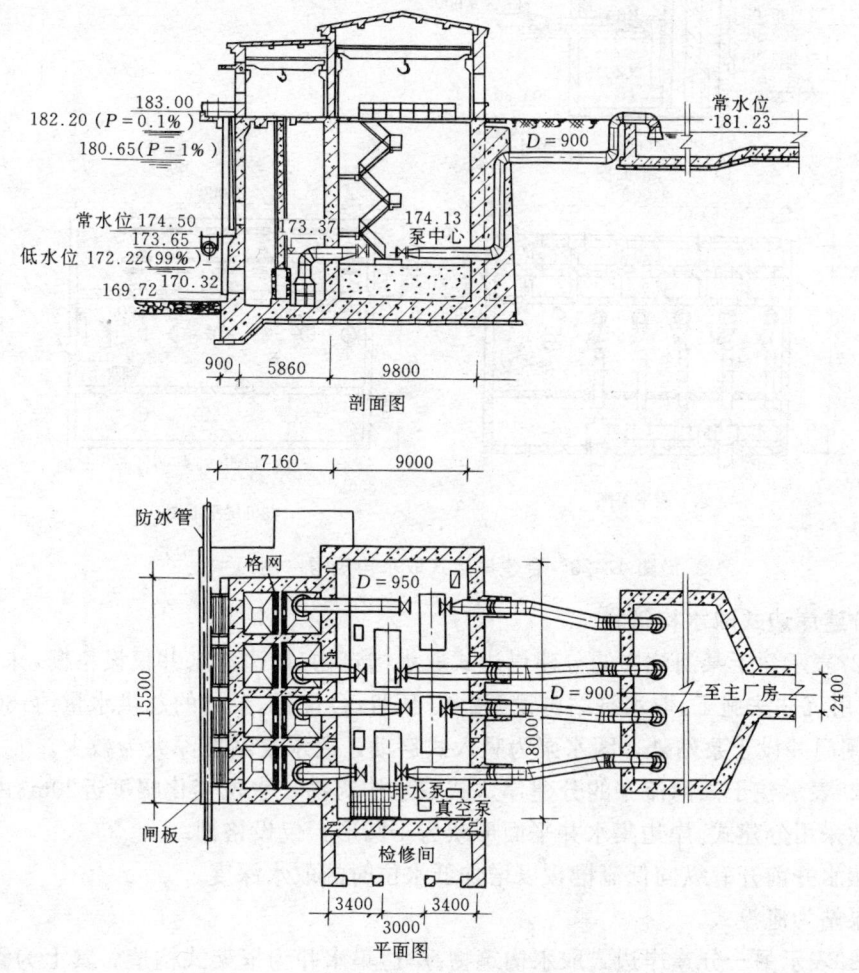

图 13-22　合建岸边式取水构筑物（例6）

图13-23、图13-24、图13-25所示，均为设有立式水泵的合建岸边式取水构筑物。前两个取水泵站电机层位于设计最高供水位以上，最后一个取水泵站的电机层位于下部，以便于机组安装，维修。图13-23中进水部分的操作平台为半淹没式，其余为非淹没式。此外，在格栅、格网安装，起吊设备设置、管路系统与辅助间的布置上都有所不同。

图13-26表示设有立式轴流泵的供电厂用水的合建岸边式取水构筑物。集水井中装有内流式旋转格网，因气候温暖，集水井的上部操作平台以及桥式吊车全为露天式。压水管路上的单向闸阀及连结管等全部设于露天石砌闸门井中，减小了泵站的跨度。

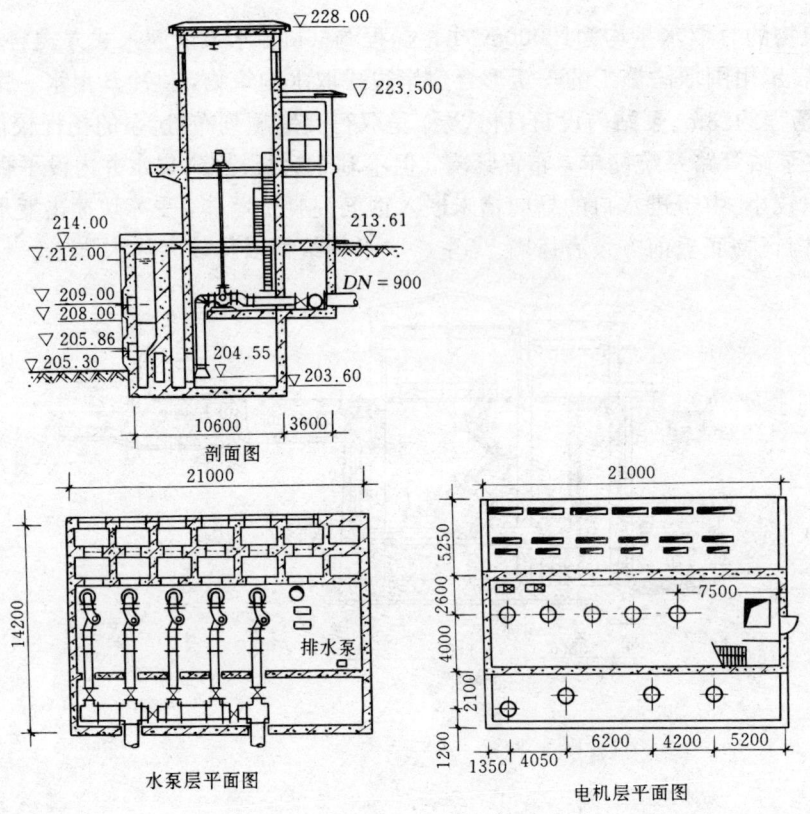

图 13-23 合建岸边式取水构筑物（例7）

二、分建岸边式取水构筑物

图13-27表示建于某河流中的分建岸边式取水构筑物。岸边集水井仅设格栅，未设格网，露天式，采用沉井法施工。取水泵站内设泵2台，预留1台位置。泵站的总供水量约1600m³/h，扬程12m。闸门井设于泵站外，因水泵为吸入式启动，故水泵站埋深大为减少。

图13-28表示建于某河流中的分建岸边式取水构筑物，水位变化幅度近20m。由于岸坡较平缓，故采用分建式。岸边集水井平面形状为半圆形，仅设格栅。

岸边集水井前开有纵向低流槽，以增加低水位时的取水深度。

取水泵站为淹没式。

图13-29表示另一分建岸边式取水构筑物。岸边集水井为框架式构造，其上为露天操作平台。

由于岸边无适当地形，因此需于岸边集水井前开纵向流槽，深达5m。

取水泵站平面形状为圆形，内设立式水泵5台，电机层在泵站下部。泵站的多数吸水管与压水管斜穿墙体与水泵相连，故对其构造处理较困难，要求亦严格。

如果改用岸边自流管式取水构筑物，将水以重力流方式引入泵站内的吸水井，则可免除类似上例中的以及施工中的困难。岸边自流管式取水构筑物，实际上是分建岸边式取水构筑物的一种变型，即在岸边不再设岸边集水井，只设一简单的进水口（上设格栅），水自进水口的管渠引入泵站内的吸水井。这样，泵房与集水井均可避免岸边水下作业，以减少

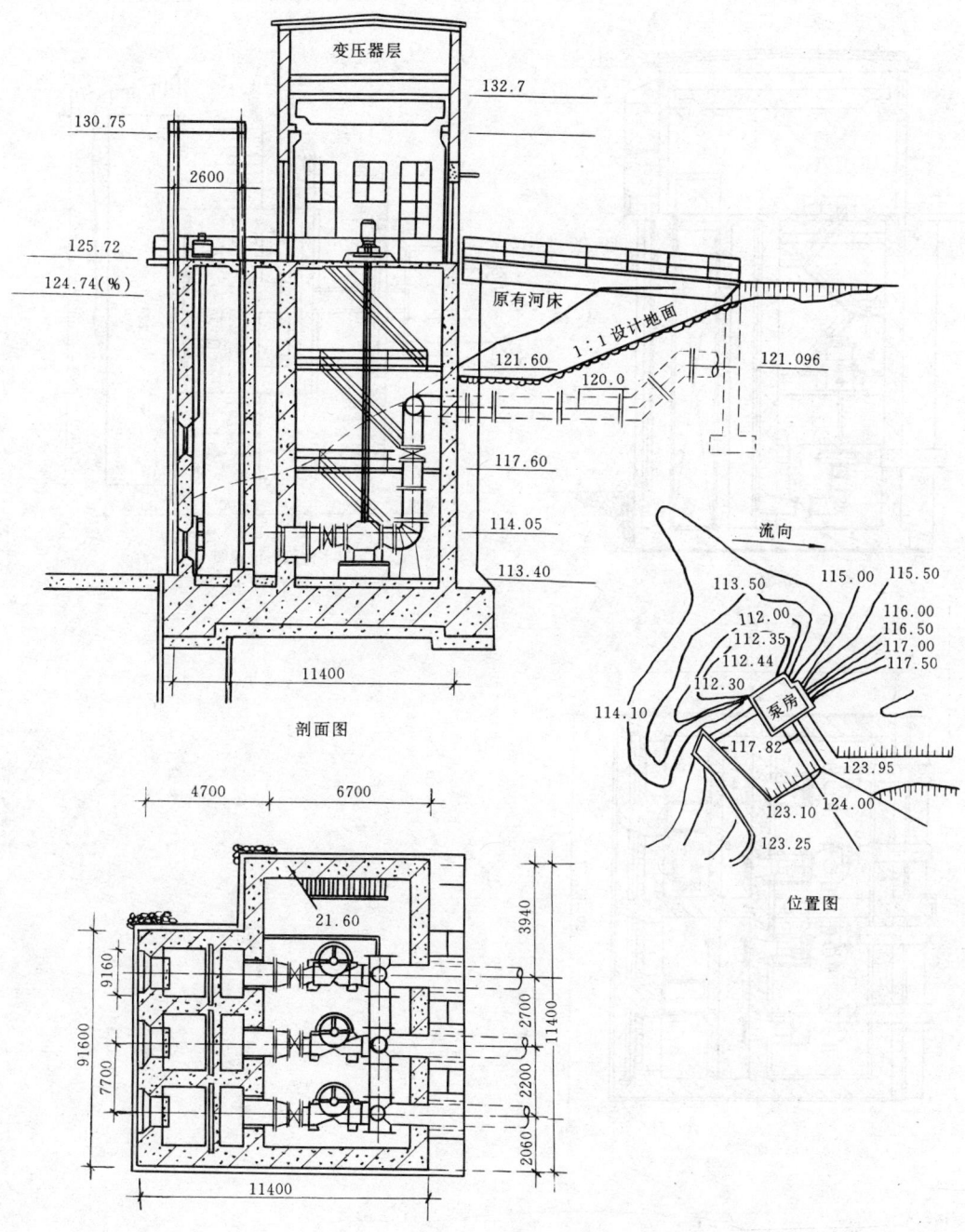

图 13-24 合建岸边式取水构筑物（例8）

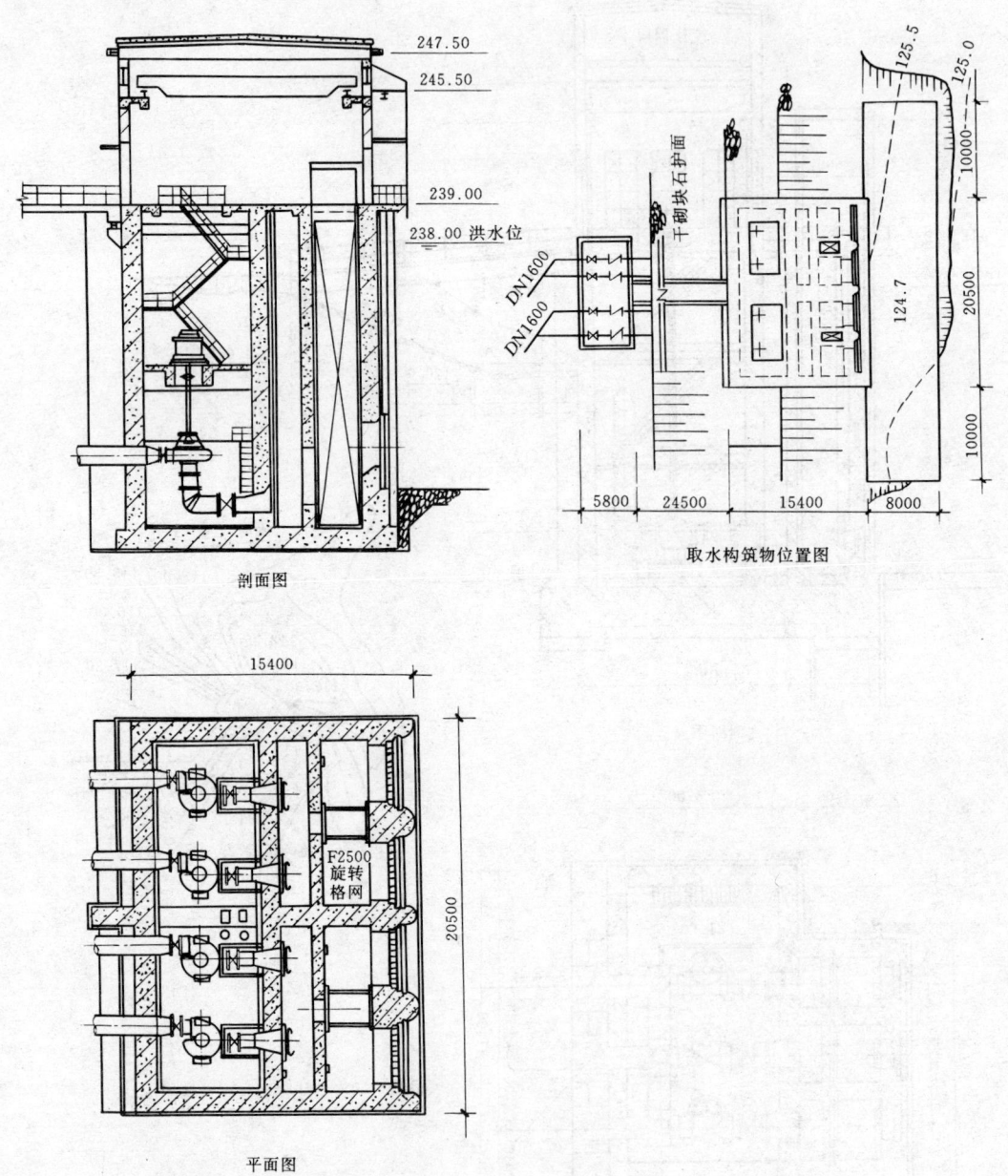

图 13-25 合建岸边式取水构筑物（例9）

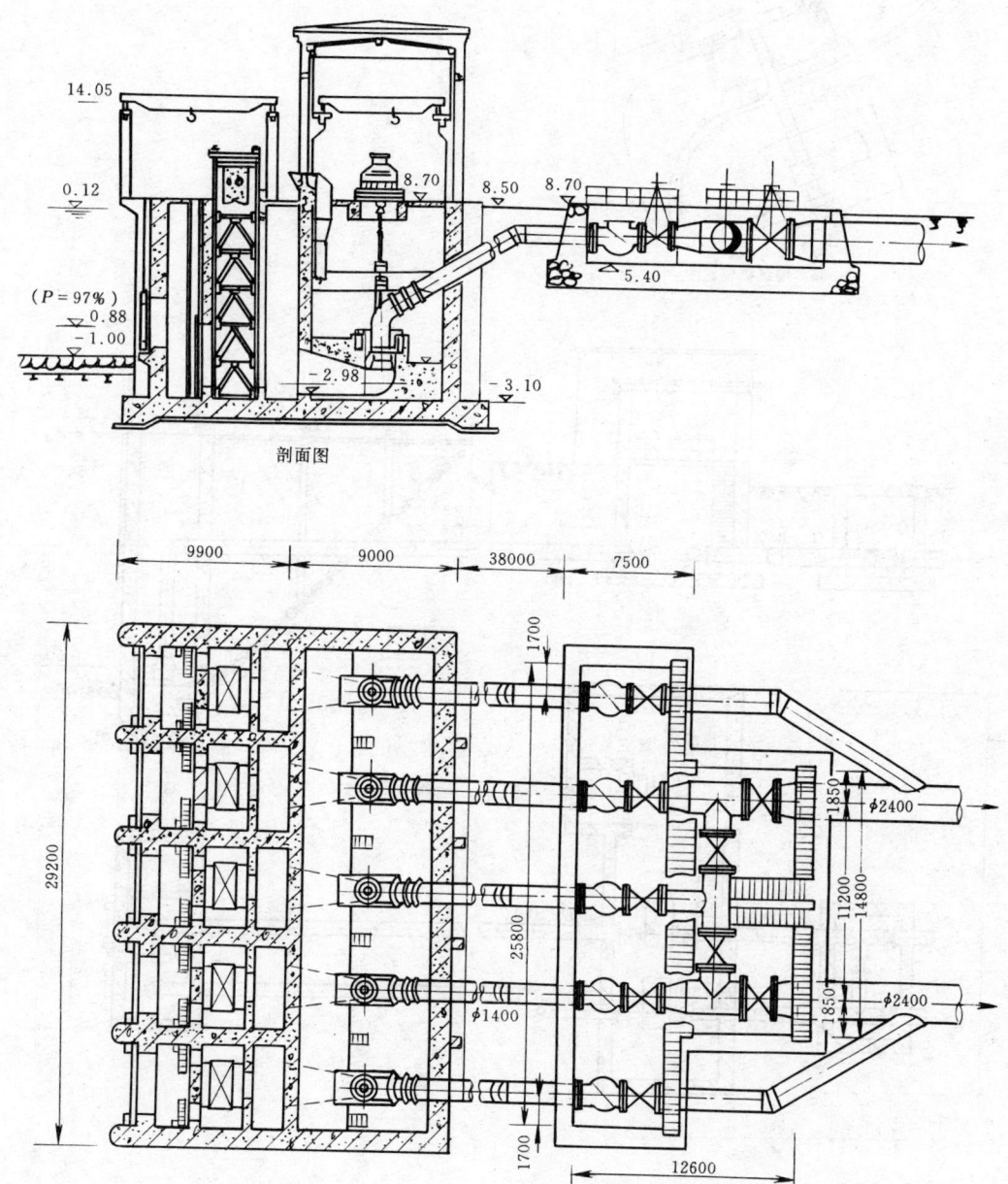

图 13-26 合建岸边式取水构筑物（例10）

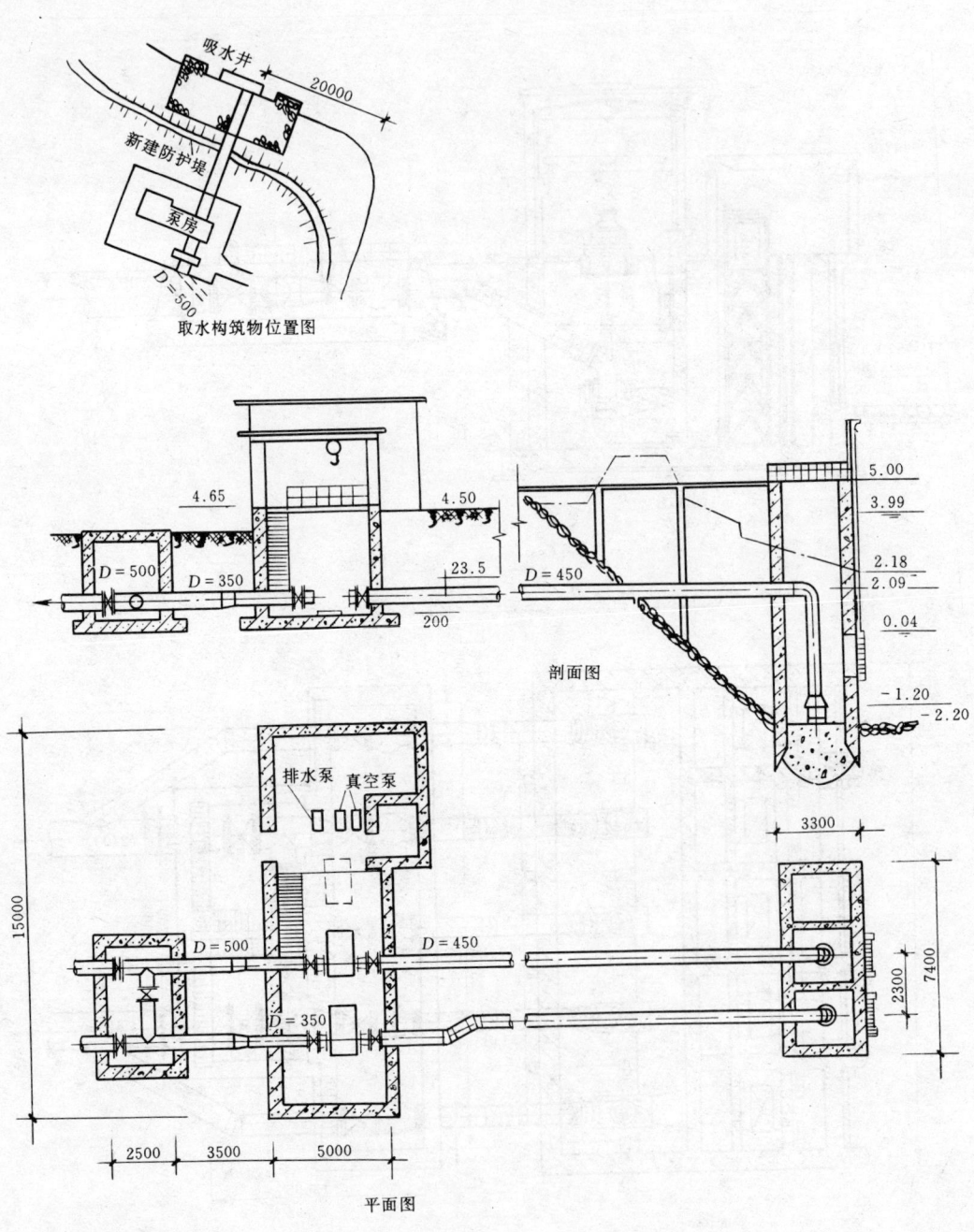

图 13-27 分建岸边式取水构筑物（例1）

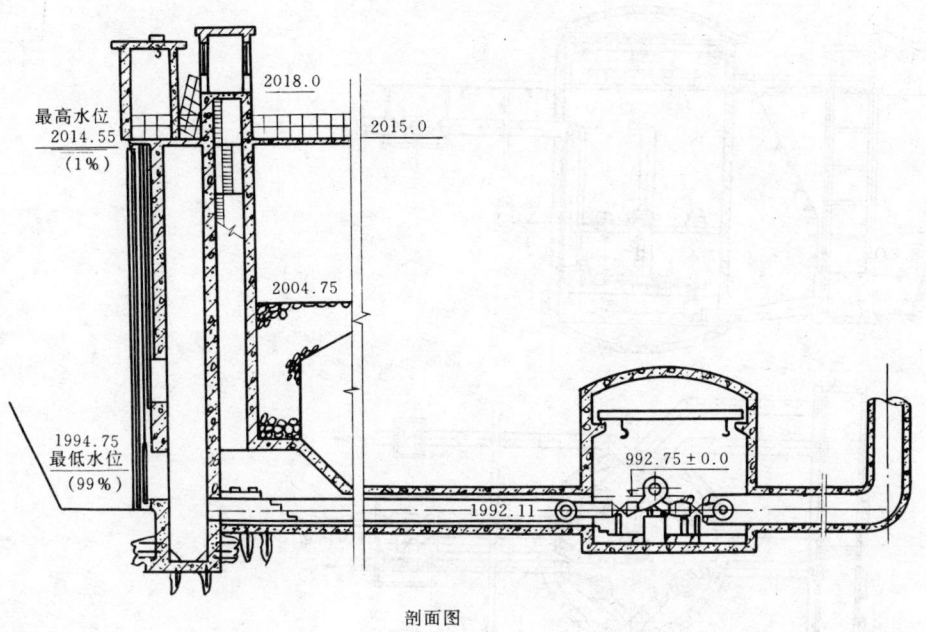

剖面图

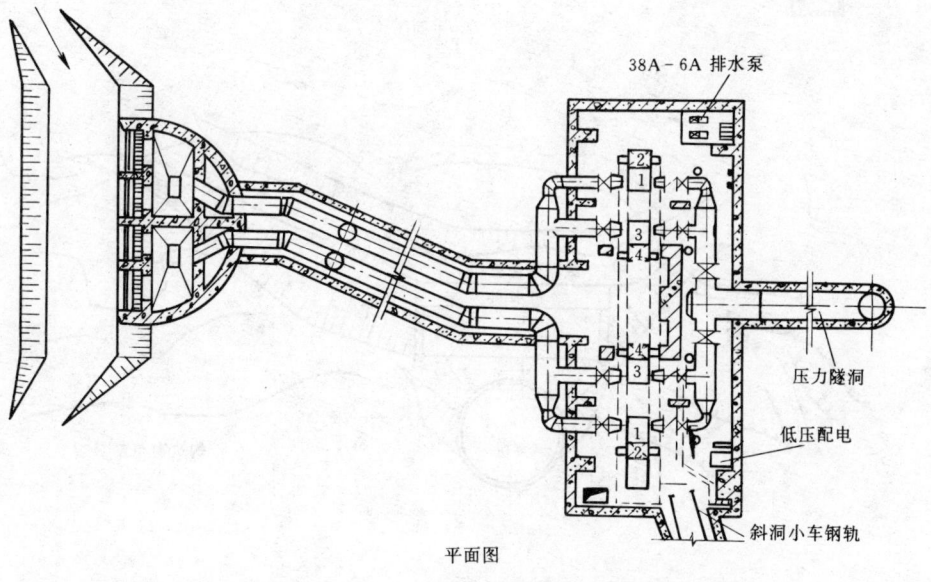

平面图

图 13-28 分建岸边式取水构筑物（例2）

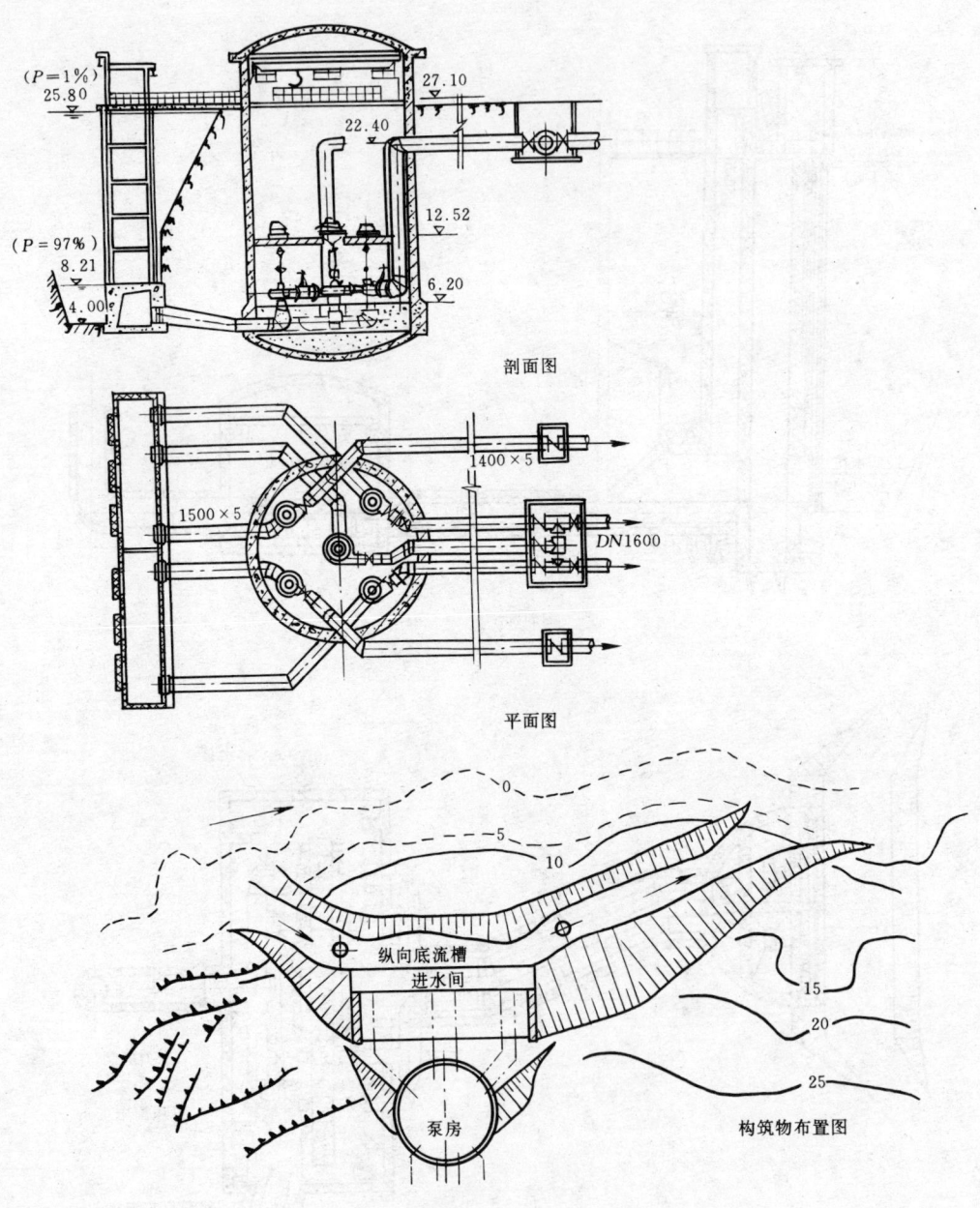

图 13-29 分建岸边式取水构筑物（例3）

施工工程量。这类取水构筑物只宜于在适合于岸边式取水构筑物的地形条件下采用。

图13-30表示某一岸边自流管式取水构筑物。该取水构筑物位于岸边较陡的河段,供水规模达40m³/s。

分建岸边式取水构筑物的另一种类型是将岸边集水井分作岸边进水井与吸水井两独立构筑物。后者可设于岸内,以便于泵站吸水管的敷设安装,减少工程量。

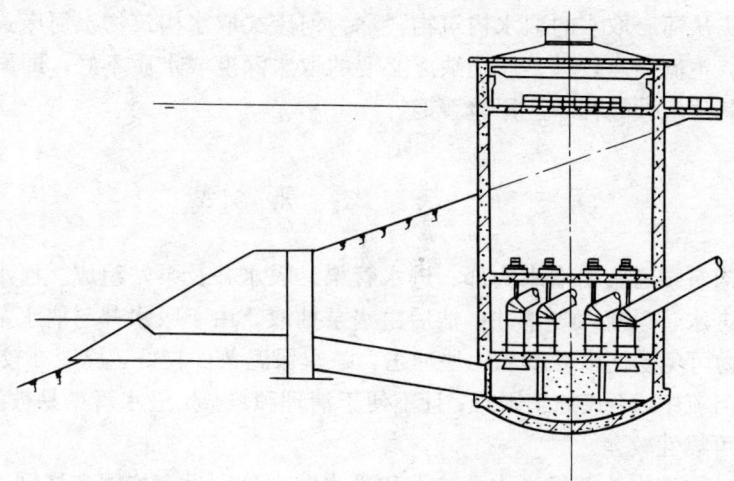

图 13-30　分建岸边式取水构筑物（例4）

第十四章 河床式取水构筑物

凡是用取水头从河心取水的取水构筑物,称为河床式取水构筑物。河床式取水构筑物适用于岸坡平缓、主流离岸较远、岸边缺乏必要的取水深度或水质不好,即岸边无适宜取水条件的情况,其适应性较强,应用较普遍。

第一节 基 本 形 式

河床式取水构筑物通常由取水头部、进水管渠、吸水井及泵站组成。河水经取水头部上的进水孔口沿进水管渠流入吸水井,然后由水泵抽取。由于吸水井与取水泵站全设于河岸内,因此构筑物可免受河水冲刷和冰块冲击,冬季保温条件较好,施工亦较方便。但是,因取水头部设于河流中,不仅施工困难,且不便于清理和维修,进水管渠易被泥砂堵塞,故取水系统的工作可靠性较差。

一般情况下,在取水头部的进水孔口上和吸水井内分别设有格栅和格网。

吸水井与取水泵站可以合建和分建。前一种情况称为合建河床式取水构筑物(图14-1);后一种情况称为分建河床式取水构筑物(图14-2)。在分建河床式取水系统中,水泵如以吸入式方式启动,则可减小取水泵站埋深,相应地减少施工工程量。

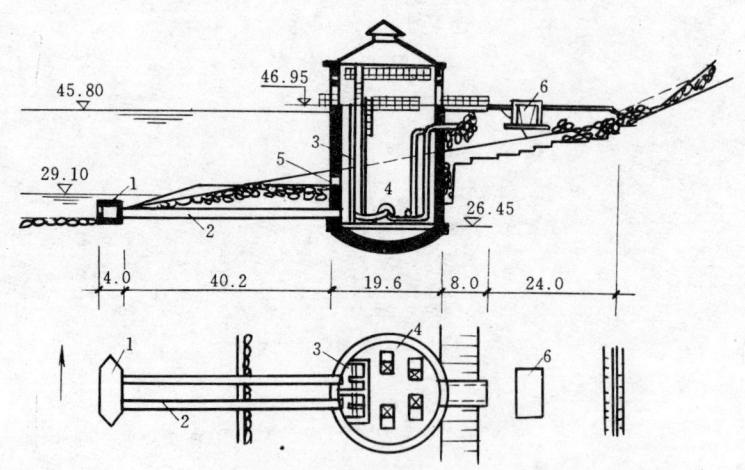

图 14-1 合建河床式取水构筑物
1—取水头部;2—自流管;3—吸水井;4—取水泵站;5—高位进水孔口;6—阀门井

无论合建或分建河床式取水构筑物,其进水管渠均可分为自流式(自流管)、虹吸式(虹吸管)两类。为便于冲洗管路,自流管一般均以一定的坡度坡向吸水井或取水头部。在这种情况下,若河水水位变化幅度大,则自流管的埋深亦大,施工困难。如用虹吸管,则可减小管道埋深,但采用虹吸管时必须设吸水井或真空罐体及相应的抽气排气设备。图14-3

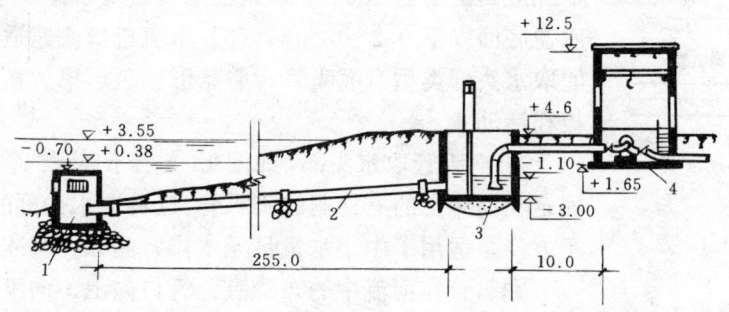

图 14-2 分建河床式取水构筑物
1—取水头部；2—自流管；3—吸水井；4—取水泵站

表示两种情况的对比。

在河床式取水系统中，吸水井具有多种作用：(1) 沉淀一部分泥沙及杂质；(2) 便于安设格网；(3) 可以根据吸水井中的水位变化判断取水系统的工作情况，例如，在取水量不变的情况下，可由吸水井中的水位变化判断取水头部或自流管渠的堵塞程度；反之，若水位不下降而水泵出水量减少，则反映水泵或吸水管的故障；(4) 可以减少水泵吸水管的长度及埋深；(5) 便于清洗自流管。因此，河床取水系统中一般均设有吸水井。

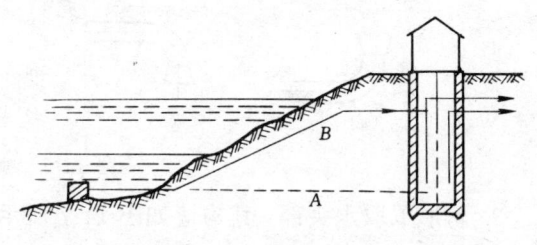

图 14-3 虹吸管与自流管比较

在河流水位变幅较大、洪水期历时较长、水中含沙量较高时，为避免引入底层含沙量较多的水，可视具体情况在吸水井井壁的较高部位开设高位取水口（图 14-1），或再设一层自流管。

从构造上讲，在合建河床式取水构筑物中，若改用深井泵取水，则泵站与吸水井可改型为如一般地下水取水井似的湿式取水构筑物或其改型——框式取水构筑物（见本章第四节）。在分建河床式取水构筑物中，由于取水泵站是以吸水管自吸水井中取水，泵站外壁没有进水口、格栅、格网的启闭或提升问题；因此，泵站外形也有作成下大上小瓶颈式结构，以减少材料消耗，加大构筑物的稳定性。

如前所述，取水头部是河床式取水系统主要的又最富于变化的部分，但其类型的改变并不影响取水系统的基本形式，故在下节中专门介绍。

第二节 河床式取水构筑物的主要构造、计算与设计

一、取水头部

为适应河流各种取水条件与施工技术条件，实际上存在着很多类型的取水头部。任何一种取水头部原则上都应满足下列要求：(1) 避免吸入泥沙；(2) 不引起附近河床的冲刷；(3) 避免其进水口被水内冰堵塞；(4) 不被船只、木排及流冰撞击；(5) 便于清洗。为此，取水头部一般应满足下列条件：(1) 具有合理的外形；(2) 取水头部进水口的位置适当，其

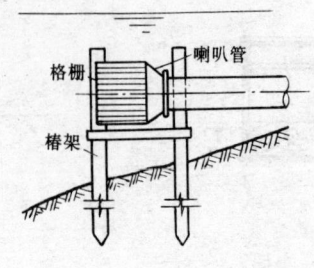

图14-4 喇叭管取水头部

下缘应高出河底1.0~1.5m，上缘在最低水位以下0.5~1.0m，冰盖底面以下0.2~0.5m；（3）水流进口流速适当。一般常用的取水头部类型有喇叭管、蘑菇形、鱼形罩、箱式、墩式、斜板和活动式。

1. 喇叭管取水头部，如图14-4所示，是一个用桩架或支墩固定在河床上的有格栅的喇叭管。这种取水头部的构造简单，施工方便，适用于中小水量且无木排、船只、流冰撞击的情况。

喇叭管在河流中的布置有：管口向上、向下、朝向下游及平行水流等情况（图14-5）。

喇叭管往往也是其他类型取水头部的组成部分。

2. 蘑菇形取水头部，如图14-6所示，是一个加有金属帽的喇叭管（向上）。河水由帽盖底部曲折流入，故带入的泥沙及漂浮物较少。全部结构为装配式，安装检修较方便。这种取水头部需用混凝土底座（基础）固定，高度较大，要求枯水期仍有1m以上的水深。

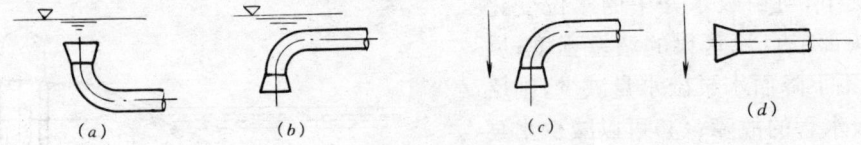

图14-5 喇叭管口

3. 鱼形罩取水头部，其构造如图14-7所示，水自罩面的孔眼流入喇叭管。由于罩形圆滑，水流阻力小，且进水面积大，进水流速小，漂浮物难于吸附在罩上，故能减轻水草杂质堵塞。这类取水头部多用于由水泵直接吸水的中小型取水构筑物。

4. 箱式取水头部，是由周边开设进水孔的箱体及设于其内的喇叭管组成。箱体可由钢筋混凝土及其他材料构筑而成，外形不一，其平面形状有圆形、矩形、棱形、船形等。图14-8为一圆形钢筋混凝土箱式取水头部。它由三节装配而成，吊装就位后，上下夹牢，施工较方便。图14-9为一棱形箱式取水头部，双面进水，采用分段预制，水下拼装。这种取水头部在中南地区含沙量较小的河流上采用较多。

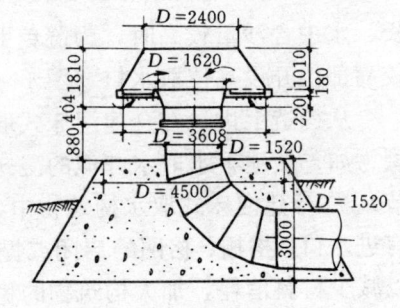

图14-6 蘑菇罩形取水头部

5. 墩式取水头部，分为淹没式、半淹没和非淹没式。这类取水头部稳定性较好，由于有局部冲刷，泥沙不易淤积，能保持一定取水深度，适宜在取水量较大、河流流速较大或水深较浅时采用。

图14-10为一淹没墩式取水头部，用钢板作外壳，将喇叭口先焊好，在水上整体吊装就位，然后浇灌水下混凝土。

图14-11为半淹没墩式取水头部，洪水位时淹没。取水头部设有上下两层进水孔，装有油压启闭的平板闸门。高水位时由上层进水孔进水，以取得含沙量较少的水。取水头部采用钢模沉井施工。

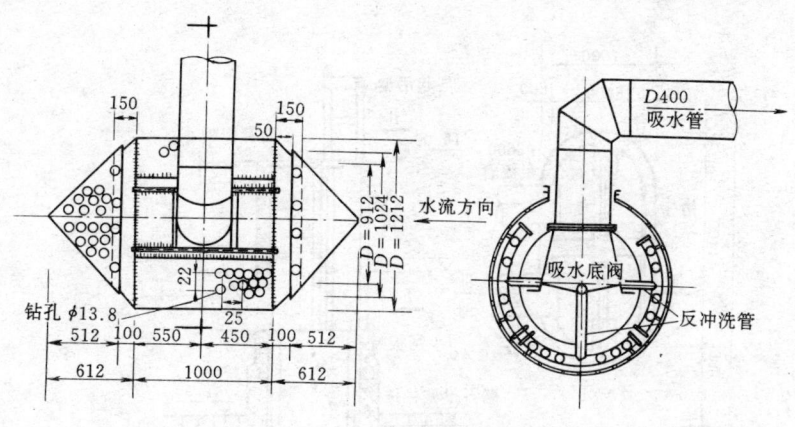

图 14-7 鱼形罩取水头部

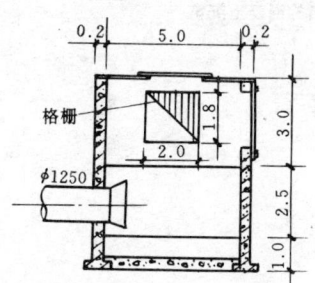

图 14-8 圆形箱式取水头部

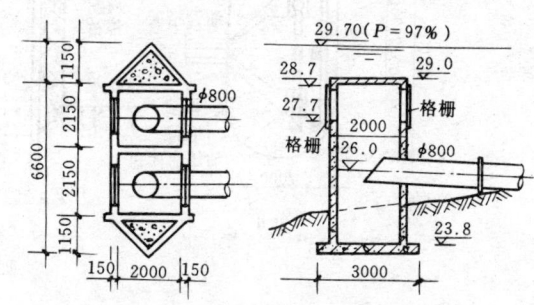

图 14-9 棱形箱式取水头部

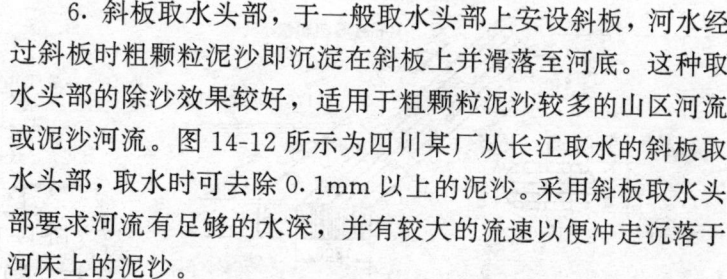

6. 斜板取水头部，于一般取水头部上安设斜板，河水经过斜板时粗颗粒泥沙即沉淀在斜板上并滑落至河底。这种取水头部的除沙效果较好，适用于粗颗粒泥沙较多的山区河流或泥沙河流。图 14-12 所示为四川某厂从长江取水的斜板取水头部，取水时可去除 0.1mm 以上的泥沙。采用斜板取水头部要求河流有足够的水深，并有较大的流速以便冲走沉落于河床上的泥沙。

7. 活动式取水头部，由浮筒及活动进水管等组成。借助于浮筒的浮力，进水管口随河流水位涨落而升降，始终取得上层含沙量较少的水。这种形式的取水头部宜在洪水期底部含沙量大而枯水期水浅的山区河流中且当取水量不大时采用。活动式取水头部有摇臂式、软管式、伸缩罩式等。图 14-13 所示为一摇臂式活动取水头部，尼龙绳穿过摇臂管法兰盘上的孔眼固定在支墩上，不使摇臂管受拉力，故转动较灵活。

设计时，应将取水头部设于河床稳定的深槽段，靠近主流，且有足够的取水深度（按前面的要求确定）。在通航河道中淹没式取水头部以上的最小水深应根据船只的吃水深度要求确定，并应取得航运部门的同意，必要时需设置浮标。在有流冰的河流中应考虑到冰块堆积而产生的影响。

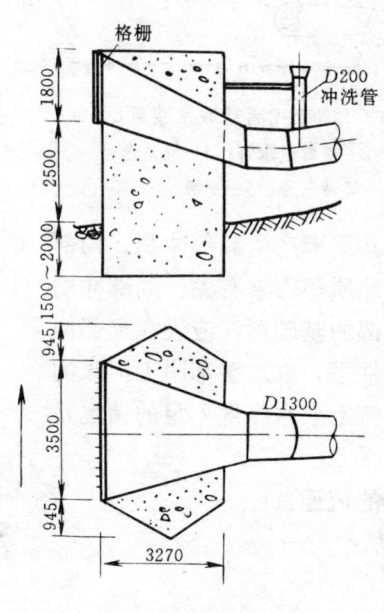

图 14-10 淹没墩式取水头部

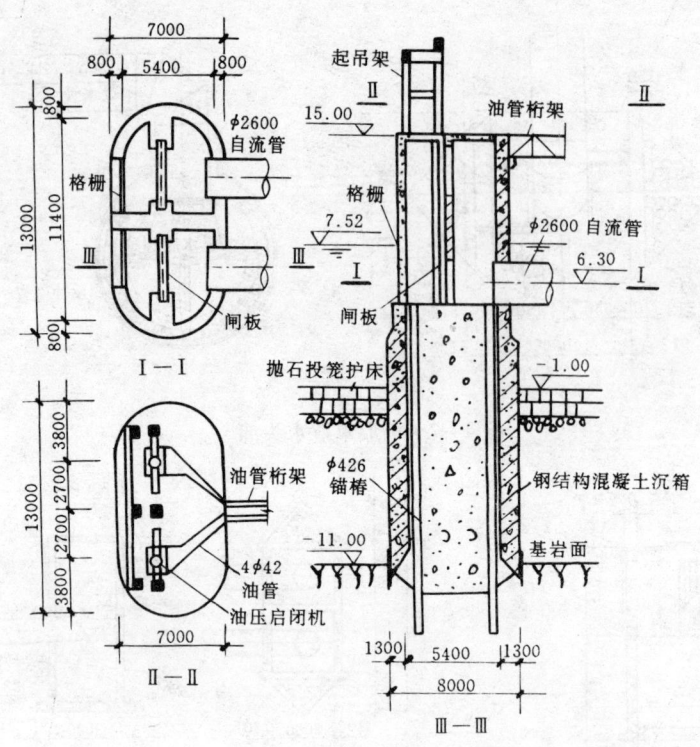

图 14-11 半淹没墩式取水头部

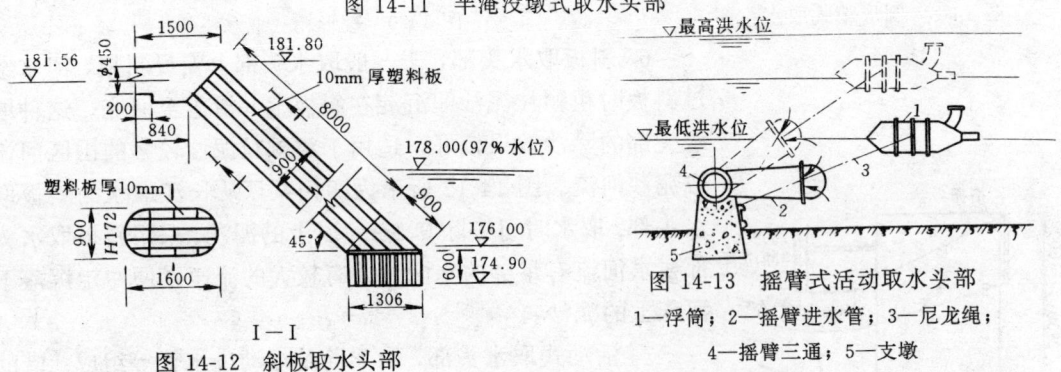

图 14-12 斜板取水头部

图 14-13 摇臂式活动取水头部
1—浮筒；2—摇臂进水管；3—尼龙绳；
4—摇臂三通；5—支墩

设于河流中的取水头部，不可避免地要受到水流冲击并在其周围产生局部冲刷。局部冲刷的程度与水流速度、水深、取水头部的形状及大小、河床地质等因素有关。局部冲刷的深度，一般可参照桥墩的局部冲刷公式计算。显然，取水头部的基础埋深应设在局部冲刷淘深的深度以下，必要时应考虑局部加固河床。在一定的条件下，取水头部附近河床的局部冲刷有利于在取水口处保持一定的取水深度，这对于浅河流上取水深度不足的情况是有利的，但须注意悬浮泥沙的影响。

判断河床是否产生局部冲刷，可参考下式校核取水头部处的流速：

$$V = 1.65 \left(\frac{d_{10}}{d}\right)^{0.25} \sqrt{1+3\rho^{2/3}} \sqrt{\xi d} \left(\frac{H}{d}\right)^{1.4}$$

式中　V——河流的不冲刷流速，m/s；
　　　d——河底沉积物或抛石的平均直径，m；

d_{10}——河底沉积物中含量不大于10%的组分的计算粒径,m;

ρ——由河床变形因素而引起的浑浊度,kg/m³;

H——水深,m。

设计取水头部时,取水头部进水口的水流速度一般取 0.2~0.6m/s,对有冰冻情况的河流宜取 0.1~0.3m/s。取水头部进水口水流速度过大,易带入泥沙、杂草和水内冰;流速过小,会增大进水口和取水头部尺寸,故应慎重选取。对非淹没式取水头部,上述允许流速可适当减少。

取水头部的进水口上一般设有格栅,故进水口或格栅面积可根据选取的设计进口流速用公式 13-1 计算。在已知进水口尺寸的情况下,可进一步按取水头部的形式进行取水头部的构造设计。

斜板取水头部通常采用上向流型,斜板间距采用 50~170mm,斜板内水流上升流速一般取 0.05~0.15m/s,斜板倾角为 45°~60°。斜板长度可按斜板沉淀池的公式计算。泥沙颗粒小于或等于 0.1mm 时,其沉降速度可按斯笃克公式计算。

取水头部如被杂草、树叶等堵塞,可采用反向冲洗的方法(详见进水管渠反向冲洗)。

二、进水管渠

河床式取水构筑物的进水管渠有自流管、渠或虹吸管之分。自流管多采用钢管,有时也采用铸铁管、钢筋混凝土管或预应力钢筋混凝土管等。虹吸管则以钢管为宜。进水渠道一般均用钢筋混凝土浇注而成;在基岩地区,如果条件适当,也可以由穿凿岩层衬砌而成。采用钢管作自流管或虹吸管时,应作内外防腐处理。进水管渠在河床内的埋深:对通航河流应大于 0.8~1.5m,对不通航河流应大于 0.5m。两种情况都应考虑防止冲刷的加固措施。自流管与吸水井应用柔性联接。采用虹吸管通常会降低供水的可靠性。

为提高取水系统工作的可靠性,进水管渠的数量应不少于两条,通常与取水头部的分格数相等。

进水管渠的过水断面可由下式确定:

$$\omega = \frac{Q}{v}$$

式中 Q——取水构筑物的设计流量;

v——取水构筑物正常供水时进水管渠的设计流速,一般取 0.7~1.5m/s。

显然,v 过小,泥沙、杂质可能沉积;过大,会增加管路水流的水头损失,从而增加取水井及取水泵站的埋深。为此,由上式计算确定的管渠,也可用下式进一步核算其中水流的自净能力:

$$\rho \leqslant 0.11\left(1 - \frac{\sigma}{\mu}\right)^{4.3} \frac{v^3}{g\sigma D}$$

式中 ρ——河水的含沙量,kg/m³;

σ——悬移质的平均水力粗度,m/s;

μ——颗粒沉降速度,$\mu = \frac{\gamma g}{C} v$;

D——管渠直径,m;

C——谢才系数。

虹吸管的虹吸高度,应按设计最低水位时的最大取水量情况核算:

$$H = P - \frac{v^2}{2g} - \Sigma h$$

式中 H——自设计最低水位算起的最大虹吸高度;

v——虹吸管中的水流速度;

Σh——虹吸管路中的总水头损失;

P——虹吸管中的真空高度,一般为 6～7m。

虹吸管末端应伸入集水井最低动水位以下 1m,以免进入空气。虹吸管向吸水井方向的上升坡度一般采用 0.001～0.005。每条虹吸管宜单独设置真空管路,以免互相影响。

进水管渠内如能经常保持一定的流速,一般不会产生淤积。但在投产初期尚达不到设计水量或当水量变化管内流速过小时,可能产生淤积;有时自流管长期停用,由于异重流的原因,管道内的上层清水与河中浑水不断地发生交替,也可能造成管内淤积;有时漂浮物可能堵塞取水头部。在这些情况下,则应考虑冲洗措施。

自流管渠的冲洗有顺向冲洗与反向冲洗法两种,后者也适用于取水头部的冲洗。

顺向冲洗,是使水沿正常水流方向以较大的流速冲洗自流管渠,通常可采取两种方式:一是关闭其余的自流管渠,使全部水流通过待冲洗的某一自流管渠,以加大其中的流速;另一是在河流高水位时,先关闭自流管渠末端的闸阀,降低吸水井中的水位,然后迅速开启闸阀,利用自流管两端的水位差造成较强的水流冲洗。非正常工作情况下,自流管渠中的流速可提高到 1.5～2.0m/s。顺向冲洗法措施简单,不需另设冲洗管路,但附在管壁上的泥沙难于冲掉,故冲洗效果较差。

反向冲洗法有两种,一是在河流低水位时先关闭进水管末端阀门,将吸水井充水至高水位,然后迅速开启闸阀,利用自流管渠两端的水位差造成较强的反冲水流冲洗。另一种是设置专门的反冲洗管路用水泵冲洗。后一种方法的冲洗效果较好,但管路复杂且需一定条件,例如,自流管数目至少应在 3 条以上(两条供水,一条反冲),允许暂停取水,有足够容积和高度的吸水井或足够容量的水泵等。反冲洗流速一般宜为 1.5～2.0m/s。

为提高自流管渠的冲洗效果,也可考虑采用水力气压冲洗法。方法是沿自流管渠及取水头部的格栅下缘敷设直径为 25～30mm 的空气管(上有 5～7mm 的孔眼),冲洗管路时向空气管中压入空气,搅动沉积的泥沙,以提高反冲洗效果。

自流管渠的波向主要应取决于冲洗水流的方向。

自流管的冲洗应经计算校核。

三、吸水井(图 14-14)

其构造设计,原则上与岸边式取水构筑物的岸边集水井相似,不同点是吸水井只承接进水管渠,一般不设进水口,进水管的末端设闸阀。多数情况下,吸水井亦分进水间与吸水间,其间设格网,整个吸水井也应由横向隔墙分成若干格。吸水井的大小应满足各种构造要求。

在合建河床式取水系统中,吸水井与取水泵站合建,其布置形式多种多样:有设于泵站一侧、两侧或下部的,构造也将随之变化。一般情况下,吸水井多建于取水泵站前侧(图 14-15 (a)),这种形式工艺流程较顺,布置紧凑,但由于吸水井重心前倾,结构处理较复杂。在取水量大、水泵机组数多时,有时可将吸水井对称地布置在泵站两侧(图 14-15 (b)),这种布置可使构筑物重心移至中心,结构上较为合理,但管路布置复杂。吸水井设于

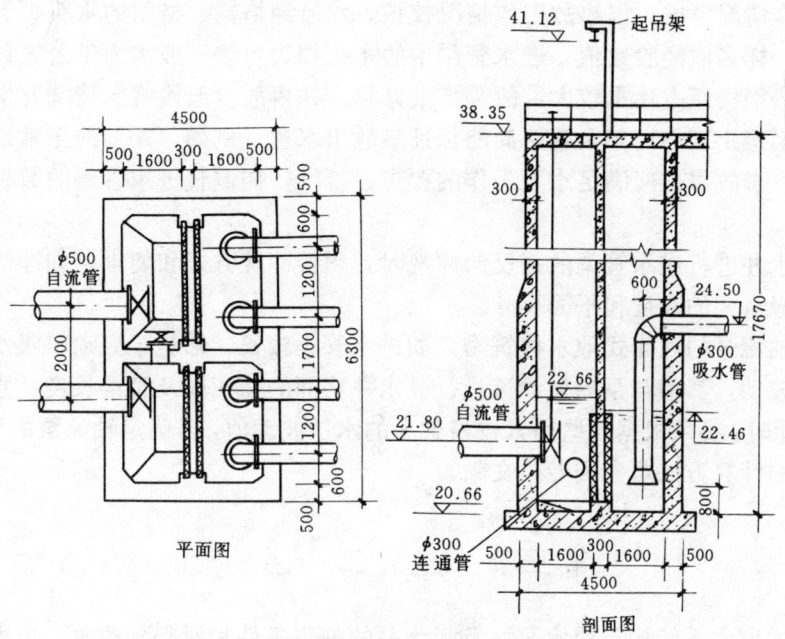

图 14-14 吸水井

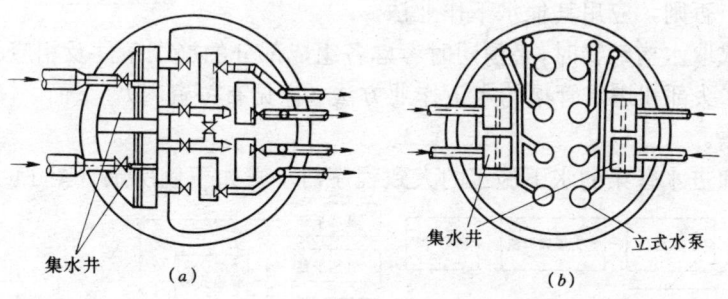

图 14-15 合建河床式取水构筑物中的吸水井布置

泵站下部适于立式泵取水的情况。关于吸水井的布置构造可参看实例。

四、取水泵站
情况与岸边式取水构筑物相同。

五、设计问题
河床式取水构筑物的设计程序与岸边式取水构筑物的程序基本相同。

河床式取水系统中，无论是系统的基本形式还是取水头部的类型变化极多，并且可以形成多种多样的组合；不同的系统设计方案的技术经济效果往往存在很大的差异，因此设计时应结合各种具体条件反复进行多方案比较，才能确定切合实际的系统方案。在工程实际中，有时见到的一些较好的系统形式，就是因地制宜应用取水技术的结果。

河床式取水构筑物的附属设备如第十三章中所述。系统中各构筑物的构造设计在满足工艺设计要求的前提下，应综合考虑结构、建筑、施工安装等多方面的要求。

河床式取水构筑物的水力计算在于确定水流经取水口格栅、进水管渠、吸水井格网等的水头损失，并确定取水构筑物各部分的水位高程，决定构筑物及设备标高。水力计算通常按正常工作情况考虑，以事故工作情况校核。水流经格栅、格网的水头损失，如岸边式取水构筑物一样多取经验数值。进水管渠中的水头损失可按一般水力学公式计算，由于管路的局部水头损失所占比重较大，故需详细计算。在事故（或检修、清洗）情况下，应按部分进水管渠停止工作而其余管路尚能保证事故出水量（例如，70%的正常出水量）的要求进行校核。事故水位应满足水泵工作的要求；否则，需调整进水管渠的数目或设备安装高度。

利用吸水井进行进水管渠的正反向冲洗时，须按冲洗方式和要求（如冲洗流速、延续时间）校核吸水井的高度和平面尺寸。

对采用轴流泵的河床式取水构筑物，如进水管渠较长，轴流泵启动时吸水井内的水位常发生剧烈波动，其值与泵的启动流量、吸水井格间的面积以及管渠长度、直径与其他参数有关。设计时，必须根据这些因素校核最大的水位波动值，以确定轴流泵的安装高度。有关水位波动的计算方法可参阅专门文献。

第三节 施 工 问 题

在河床式取水系统中，取水泵站及吸水井的施工条件相对得到改善，但取水头部及进水管渠伸入河流，施工困难。通常，如施工期河流水深小于 3m 时可考虑用分段围堰、筑岛或栈台法施工；否则，应用其他水下作业法。

设计河床式取水构筑物时，必须同时考虑各组成部分的施工条件及相应的施工方案。因此，应了解取水头部和进水管渠的水下作业方法（详见有关资料）。下面，仅概要介绍上述其他水下作业法。

取水头部和进水管渠的水下施工的大致程序与步骤如下例所示（图 14-16）。

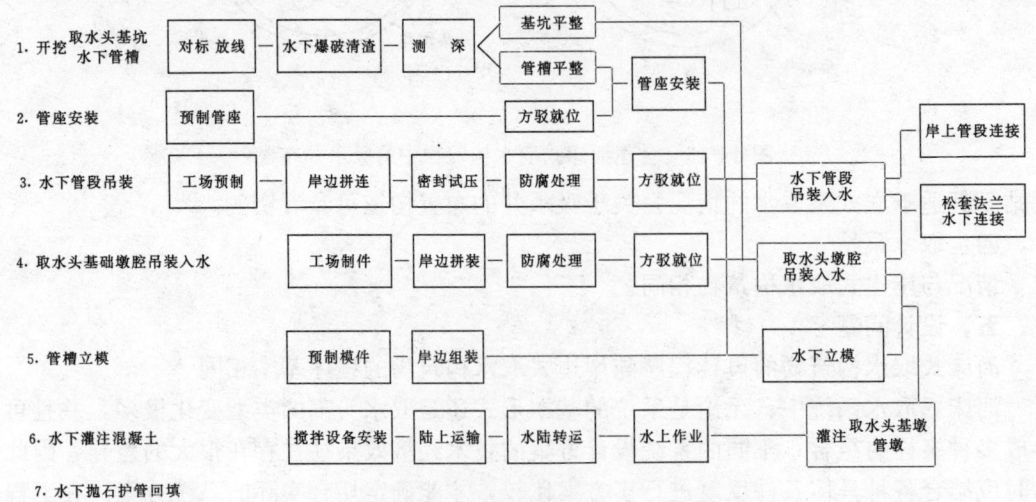

图 14-16　某河床式取水构筑物水下施工程序图

其中最主要的操作程序是水下开挖与水下管渠、取水头部的构筑。

水下开挖作业常用的方法有顶管、开凿隧洞、机械开挖、水下爆破和高压空气吸扬法等。顶管法只适用于直径较小、长度不大的管段，通常借助于各种顶进装备、水力冲击顶进管段，其过程与辐射管的施工相似。顶进法的突出问题是难以控制顶进方向，受地层构造限制较大。

穿凿隧洞，有钻眼爆破法和盾构法。前者适用于稳定的岩层，后者的适用范围广，但设备复杂、施工费用高。两者都只用于大口径输水管渠。

水下开挖、水下爆破，有时单独运用有时联合运用，其基本情况如下图所示。

$$\text{水下开挖}\begin{cases}\text{石方}\begin{cases}\text{爆破}\begin{cases}\text{水下钻眼爆破法}\\\text{水下裸露爆破法}\end{cases}\\\text{清渣}\begin{cases}\text{吸泥机}\\\text{抓斗}\end{cases}\end{cases}\\\text{土方}\end{cases}$$

显然，水下开挖既适于开挖管槽，也适于开挖取水头部的基坑。

进水管渠与取水头部的构筑方法常用的有：水下法、吊装法、浮沉法。这些方法的适用条件如表 14-1 所示。

取水头部的构筑方法   表 14-1

施工方法		水下法	吊装法	浮沉法	备注
作业条件	容许流速（m/s）	<0.8~1.0	1.2~1.5	≥1.5	
	容许水深（m）	不限	不限	≥2.0	
	距岸距离	皆可	与设备有关	较远	
	其他	推移质少	风力<5级	波高<0.5m	
取水头部构造或基础结构形式	墩式	常用	可用	/	
	箱式	常用	常用	常用	
	沉船式	可用	/	常用	基础结构形式
	沉井式	常用	可用	常用	基础结构形式
	桩架式 预制	/	常用	/	基础结构形式
	桩架式 现场	可用	不用	/	
	活动式	/	常用	/	
基本特点		水下潜水作业	抱杆或浮吊起吊下沉	浮运下沉水下浇筑	

此外，对于进水管尚可采用浮漂拖航法和水底拖曳法。施工安装过程中还须考虑：

对大型取水头部，应适当地分块拼装，以减少机具设备容量，易于操作，加速施工进度；

安装水下管线时，应尽量增加管段长度，以减少水下接口数量。水下接口，视具体情况可用：刚性接口——法兰、焊接或套箍接头，柔性接口——伸缩法兰，柔性套箍接头；转动接口——球形接头等。通常，应在适当部位设柔性或转动接头。进水管渠两端同取水头部、吸

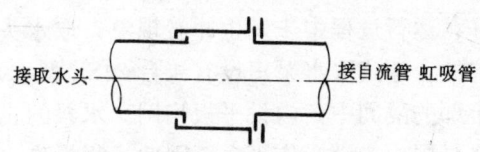

图 14-17 松套法兰和活动套管

水井连接处也应用柔性活动接头，图 14-17 为用于这种情况下一种接头构造示意图。

第四节 河床式取水构筑物举例**

一、合建河床式取水构筑物

1. 自流管进水

图 14-18 表示某工厂的河床式取水系统。图中，取水头部为非淹没墩式，分为四格间；

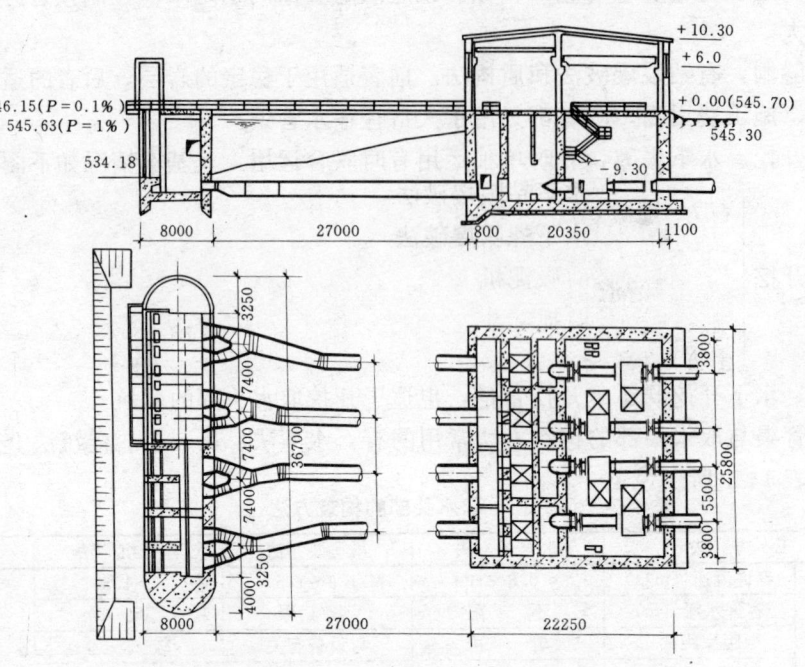

图 14-18 合建河床式取水构筑物（例 1，自流管进水）

取水泵站中设 4 台 48Sh—13A 水泵机组，双排交错顺列，平面形状为矩形。自流管为钢管，水平敷设。取水头部与取水泵站用栈桥联结。

图 14-19 表示的取水系统设有蘑菇形取水头部，从而避免了吸入河底泥沙。该取水泵站设有 4 台 НД Н 水泵机组，其平面形状为圆形，其前部近三分之一的面积用作吸水井，整个合建式泵站的布置紧凑。因洪水期河流中的杂草较多，平板格网冲洗频繁，故以改用旋转格网为宜。由于河流水位变化幅度大，取水泵站深达 26.5m，因此泵站内设有升降电梯，水泵机组以集中控制为主。

图 14-20 所示的取水系统设有箱式取水头部。该取水头部位于江心主流处，取水条件良好，运行过程中未发生冲淤现象，取水头部前的底槛能有效地阻止推移质进入其中。该系统的合建式取水泵房设有 4 台 24Sh 型水泵机组，对称排列，布置合理。吸水井设于泵站前半部的隔间中，内设平板格网。水泵的止回阀全设于切换井内。水泵机组为分散控制，加之泵层内未设操作平台，因此运行操作、检修甚为不便。该取水系统的取水头部和自流管均用浮沉法施工，泵房用沉井法施工。

图 14-21 表示某城市取水系统。该取水系统采用箱式（棱形）取水头部。合建式取水泵站中设有 14SA—10A 型水泵机组 4 台（远期可换作 20Sh—9A），呈对称布置。为减少占地面积，泵站前侧的压水管直接穿越后侧水泵的基础。吸水井设于泵站圆柱体结构的外侧，为半淹没式。其优点是，不占用泵站的有效空间，但结构处理较复杂。该泵站采用了锚桩加固措施，以增强其稳定性。

该取水系统附近河床稳定，水流条件良好。

图 14-22 所示大型取水构筑物的总取水量达 $450 \times 10^4 m^3/d$，单台机组出水量为 5.2～

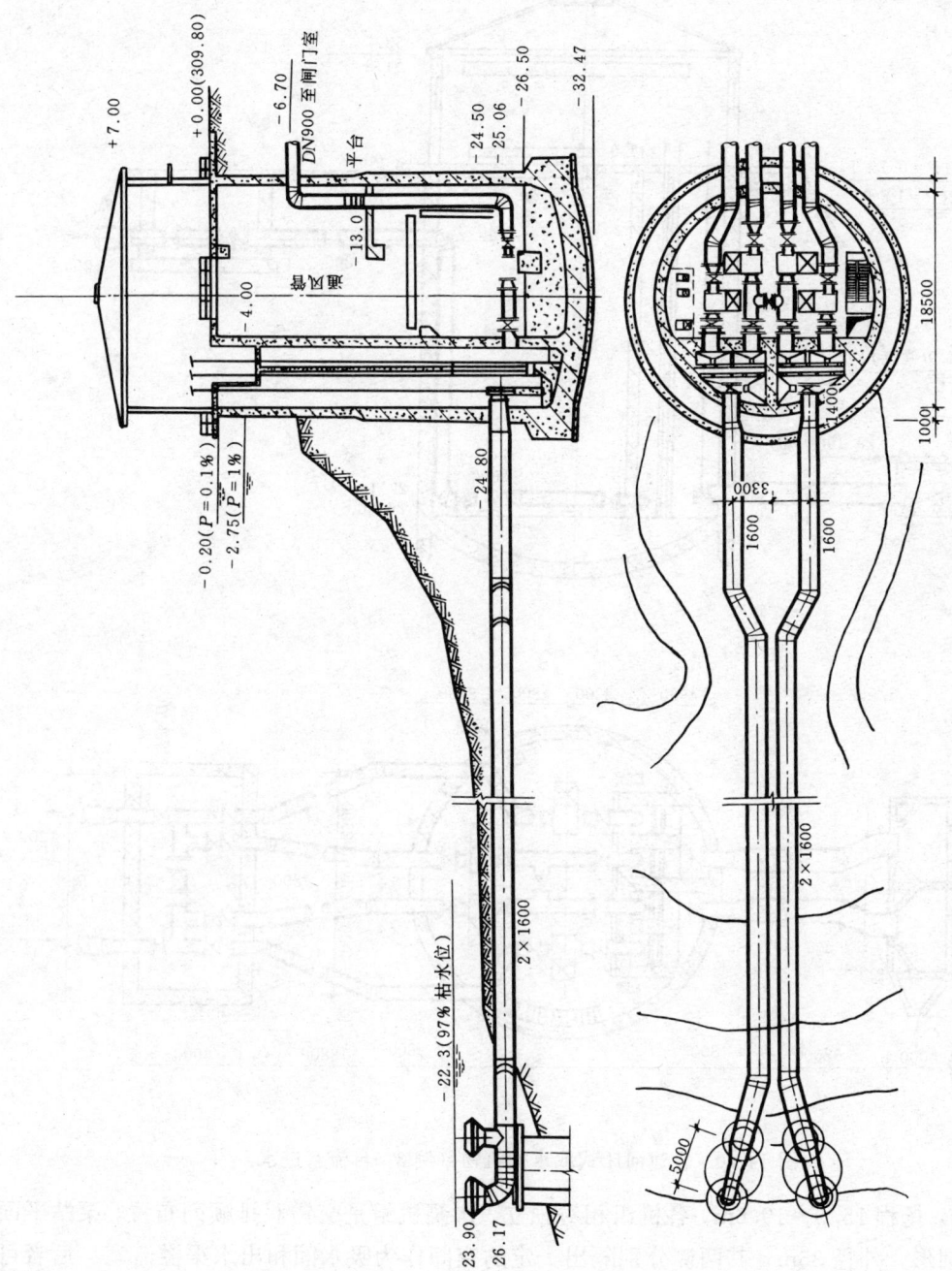

图 14-19 合建河床式取水构筑物（例 2，自流管进水）

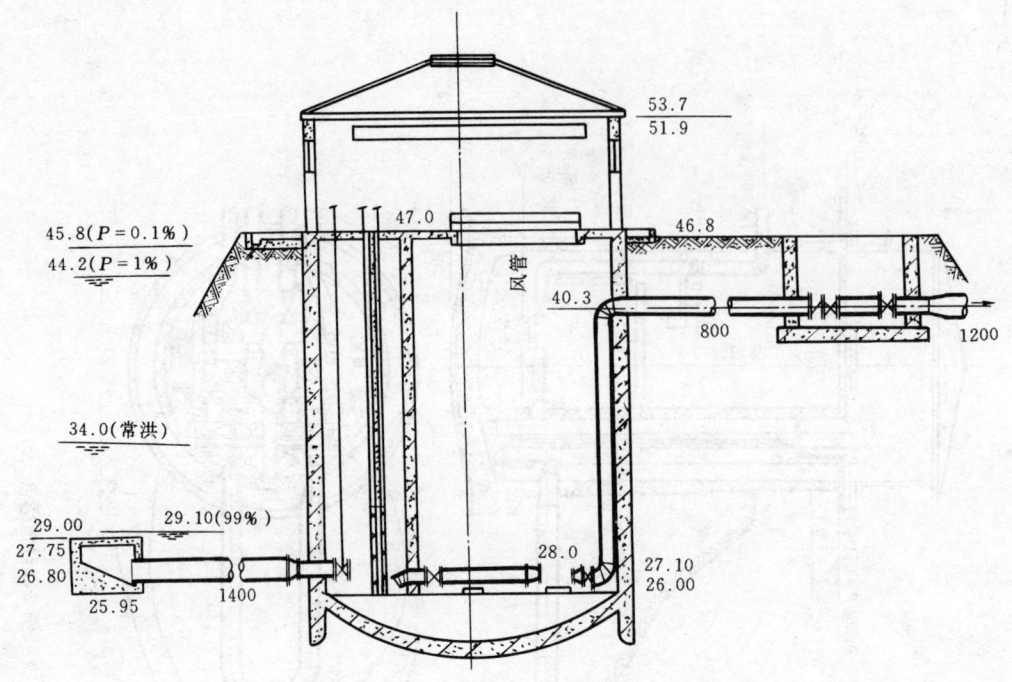

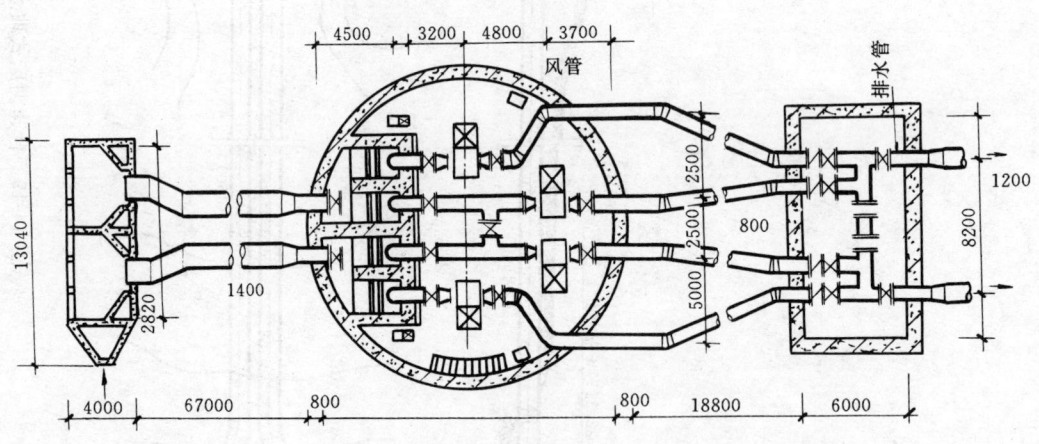

图 14-20 合建河床式取水构筑物（例 3，自流管进水）

6.4m³/s，扬程 15.5～19.6m，各机组相对独立。水泵机组是交错双排顺列布置，泵站平面形状呈圆形，外径 35m，其两侧分别隔出一定的空间作为吸水间和出水渠溢流室。后者可以取代数条大口径压水管，以节省安装空间，防止水倒流。取水泵站内的排水、通风、升降电梯等附属装备齐全。该取水系统所用的直圆形取水头部为半淹没墩式，长 14m、宽 8m、高 26m，自流管为钢管。取水头部与取水泵站相距约 150m。水下部分自流管采用整体浮运下沉法，部分穿越饱和细砂层的自流管用顶管施工法。取水泵站用大开槽滑模施工。

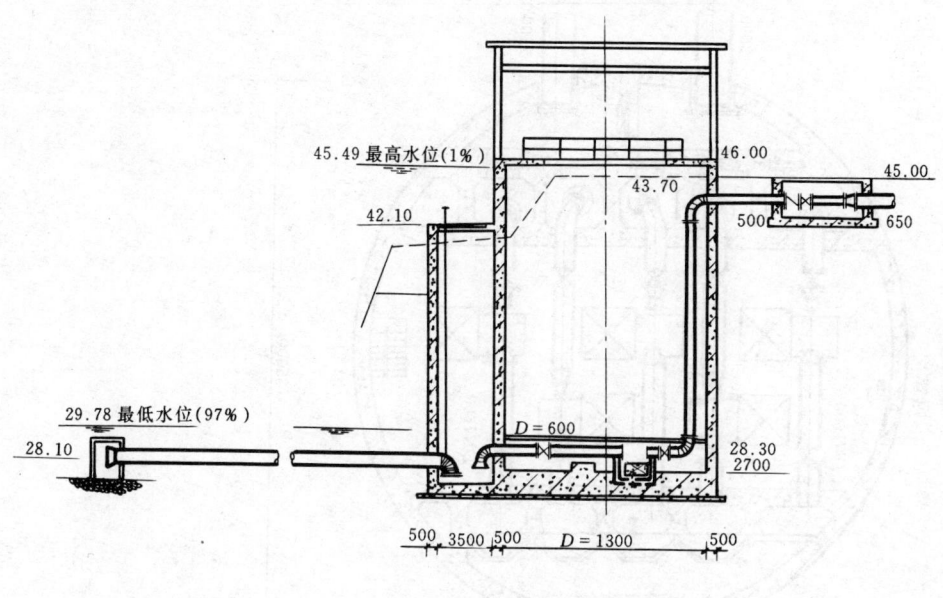

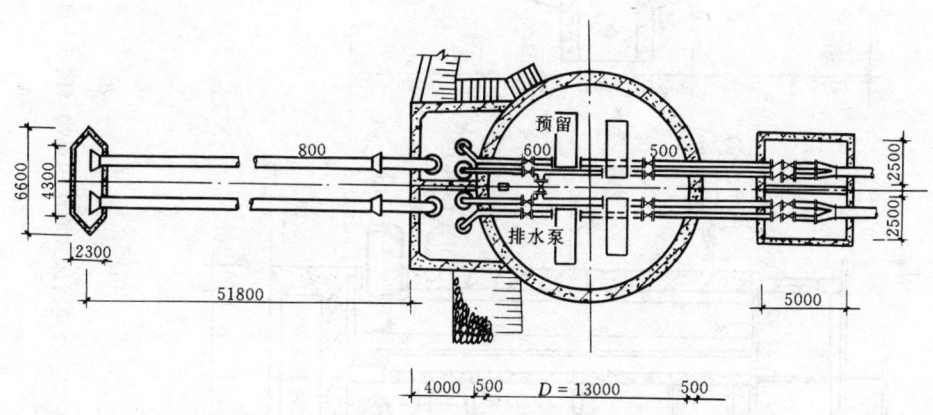

图 14-21　合建河床式取水构筑物（例 4，自流管进水）

2. 虹吸管进水

图 14-23 表示某厂的合建河床式取水构筑物，日取水量约 220000m³，单台机组出水量为 2300m³/h，扬程 30m³。取水泵站平面形状为圆形，直径 16m。吸水井部分的操作平台为露天式。

取水头部为箱式，采用水下拼装法施工，并用水下充填混凝法压重。靠近取水泵房一侧的虹吸管外设套管。

3. 湿井式

图 14-24 表示某建于基岩层的湿井式取水构筑物，其构造处理因地制宜，频具特色，但实际上仍属合建河床式取水构筑物。

在该取水系统中，进水管渠为隧道，直径为 900mm。取水头部设于隧道末端的爆破开槽段。吸水井为在岸边开凿的竖井，直径约为 8m，深井泵从中取水，其中无其它隔间，故

203

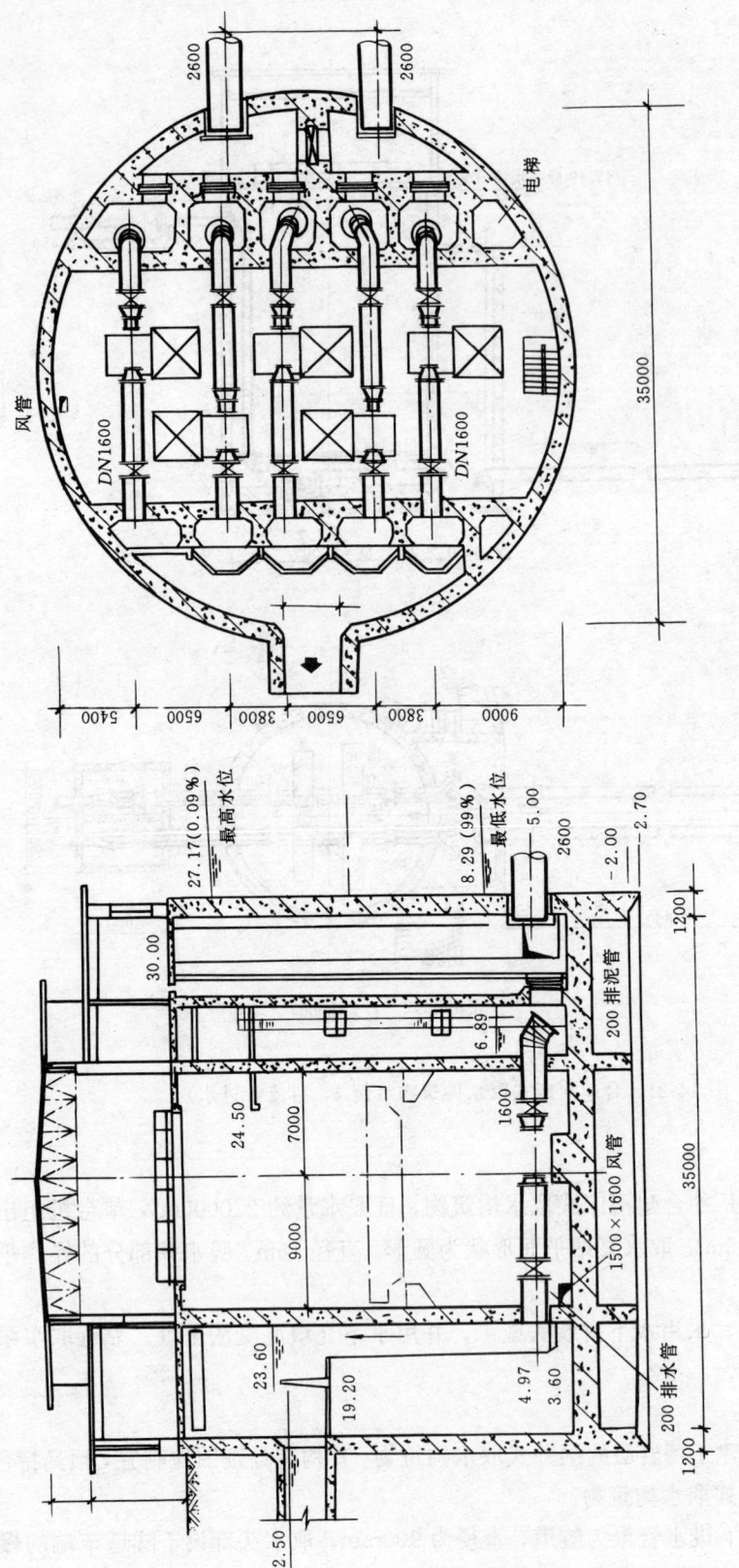

图 14-22 合建河床式取水构筑物（例 5，自流管进水）

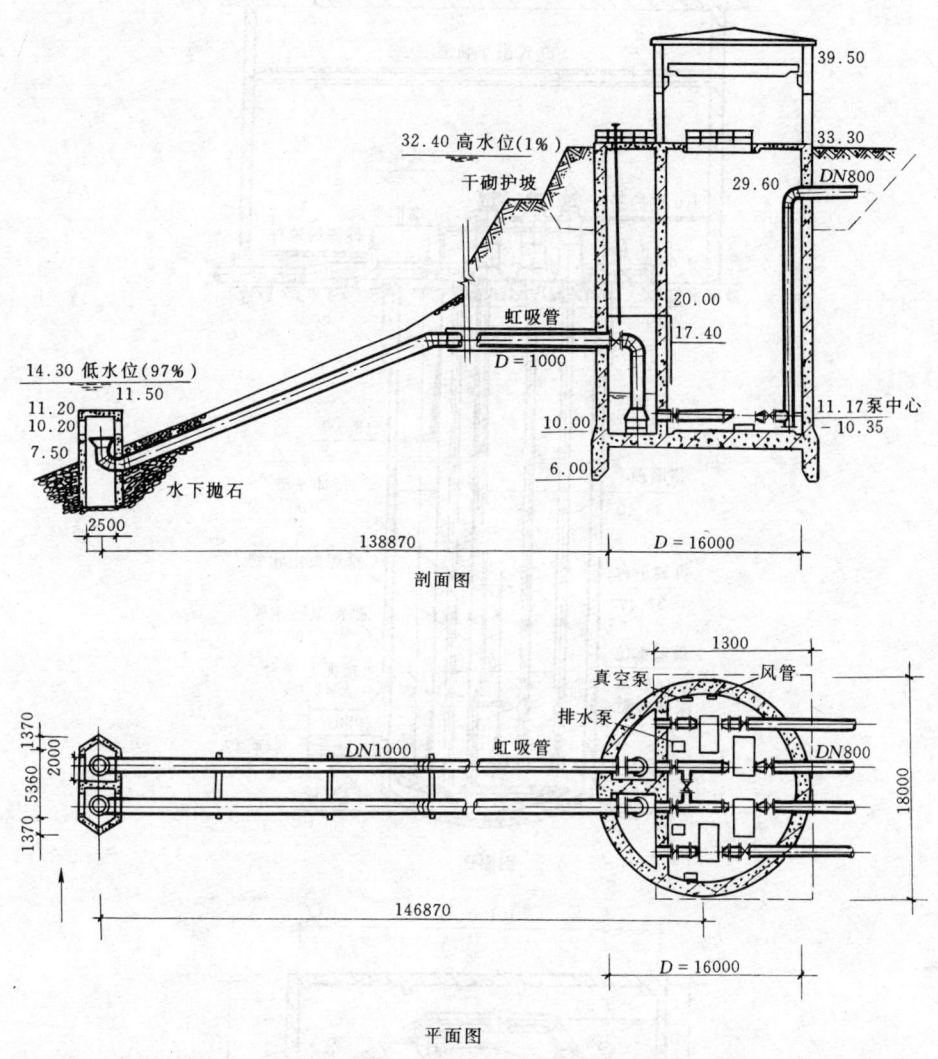

图 14-23 合建河床式取水构筑物（例 6，虹吸管进水）

称湿井式取水构筑物。竖井底设有排泥装置。泵站内共设 30JD—19×3 深井泵 6 台，每台出水量 1400m³/h，扬程 76m。

该取水构筑物的隧道开凿费用约占土建费用的 40%。

显然，湿井式取水构筑物适于水位变幅大、河槽深的山区河段。它是利用地形或天然岩层凿井开渠取水的一种好办法。湿井式取水构筑物便于施工、进度快。由于泵站井筒内外水位基本相同，故对防渗、抗浮的要求低，可以减薄井壁，加之泵站面积较小，故投资亦省。

4. 框架式

框架式取水构筑物，在构造上与湿井式相似，其不同点是在集水井上用钢筋混凝土框架支撑深井泵站的电机层。这类取水构筑物可用于河岸较陡的非基岩河段，其结构简单，施工方便，节约投资。

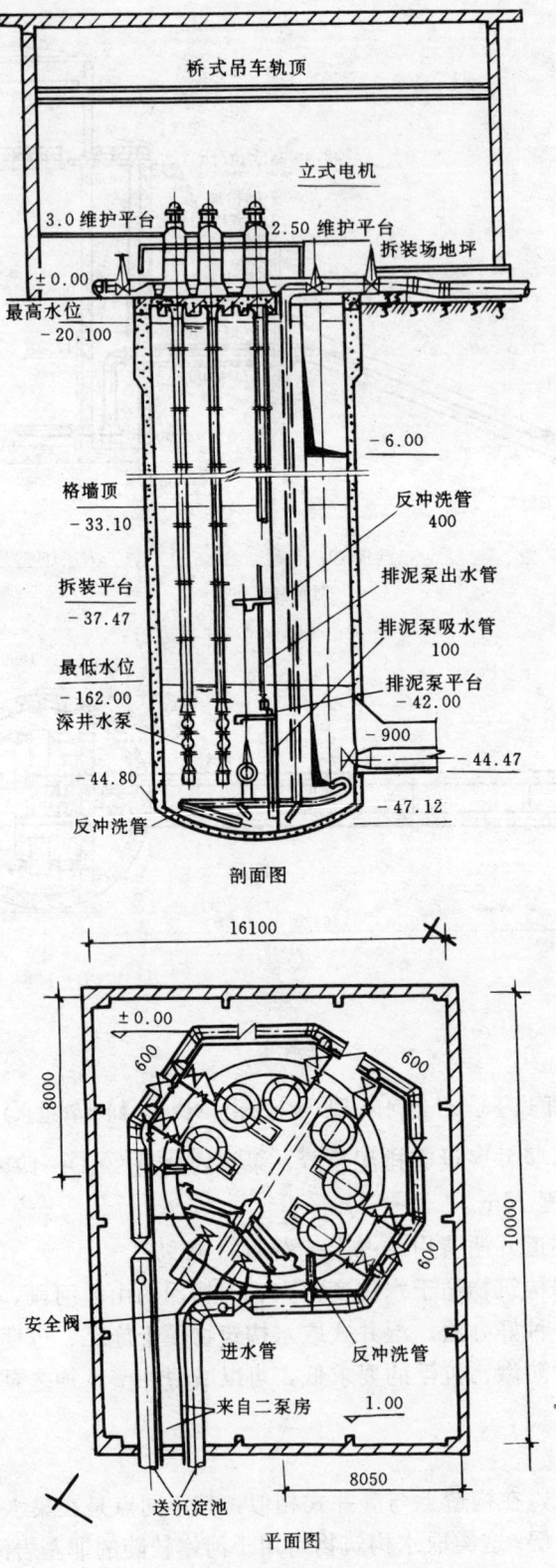

图 14-24 合建河床式取水构筑物（例 7，湿井式）

图 14-25 表示某厂的框架式取水构筑物,总取水量为 11280m³/d,泵站内设深井泵 3 台。取水头为喇叭管,以虹吸管与吸水井相连。吸水井两格间之间以虹吸管连通。

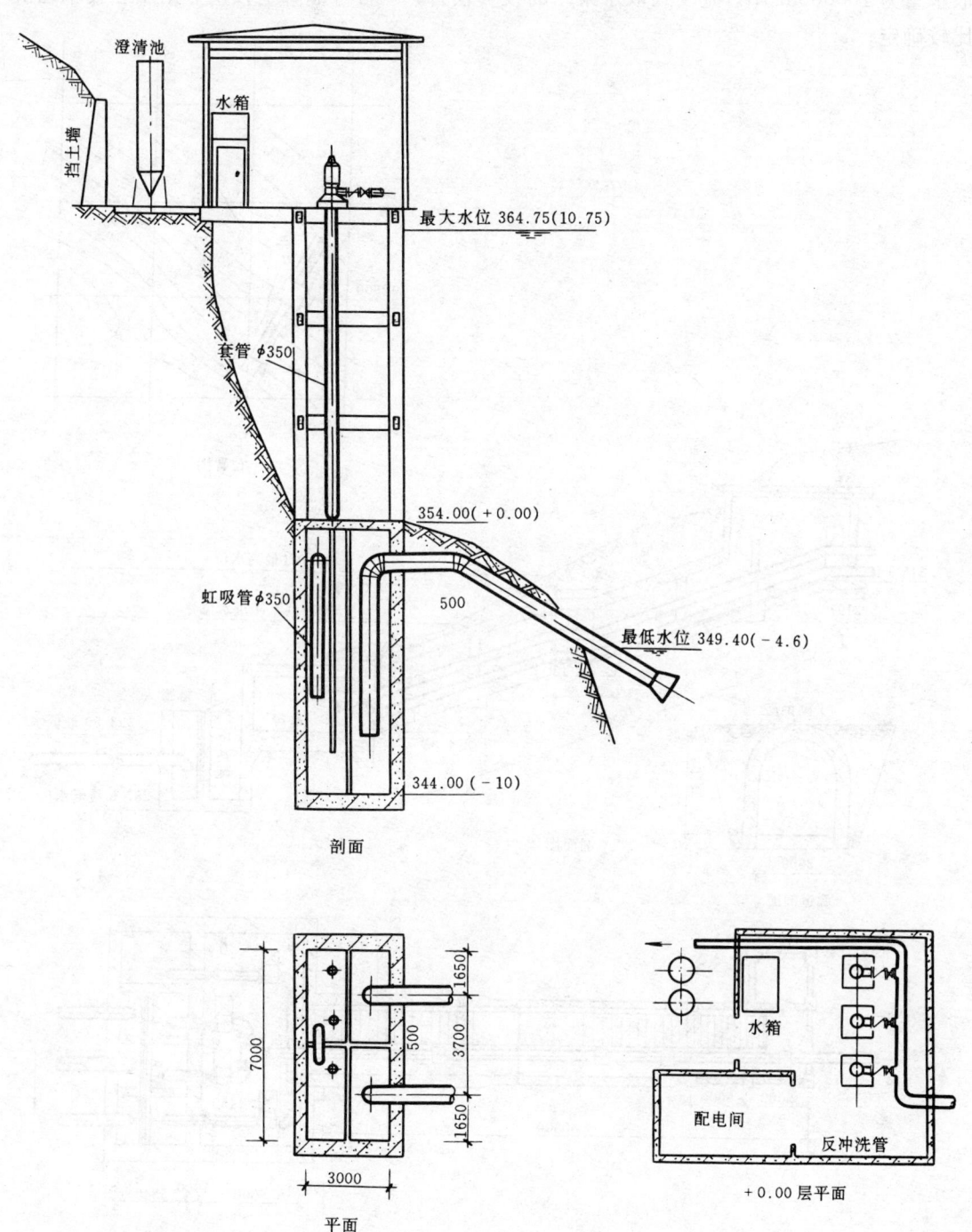

图 14-25 合建河床式取水构筑物(例 8,框架式)

5. 淹没式

图 14-26 表示河床式取水构筑物中的一种特殊构造形式——淹没式取水构筑物，其总取水量为 100000m³/d。淹没式取水泵站的投资较省，但若考虑廊道投资，则须经技术经济比较确定。

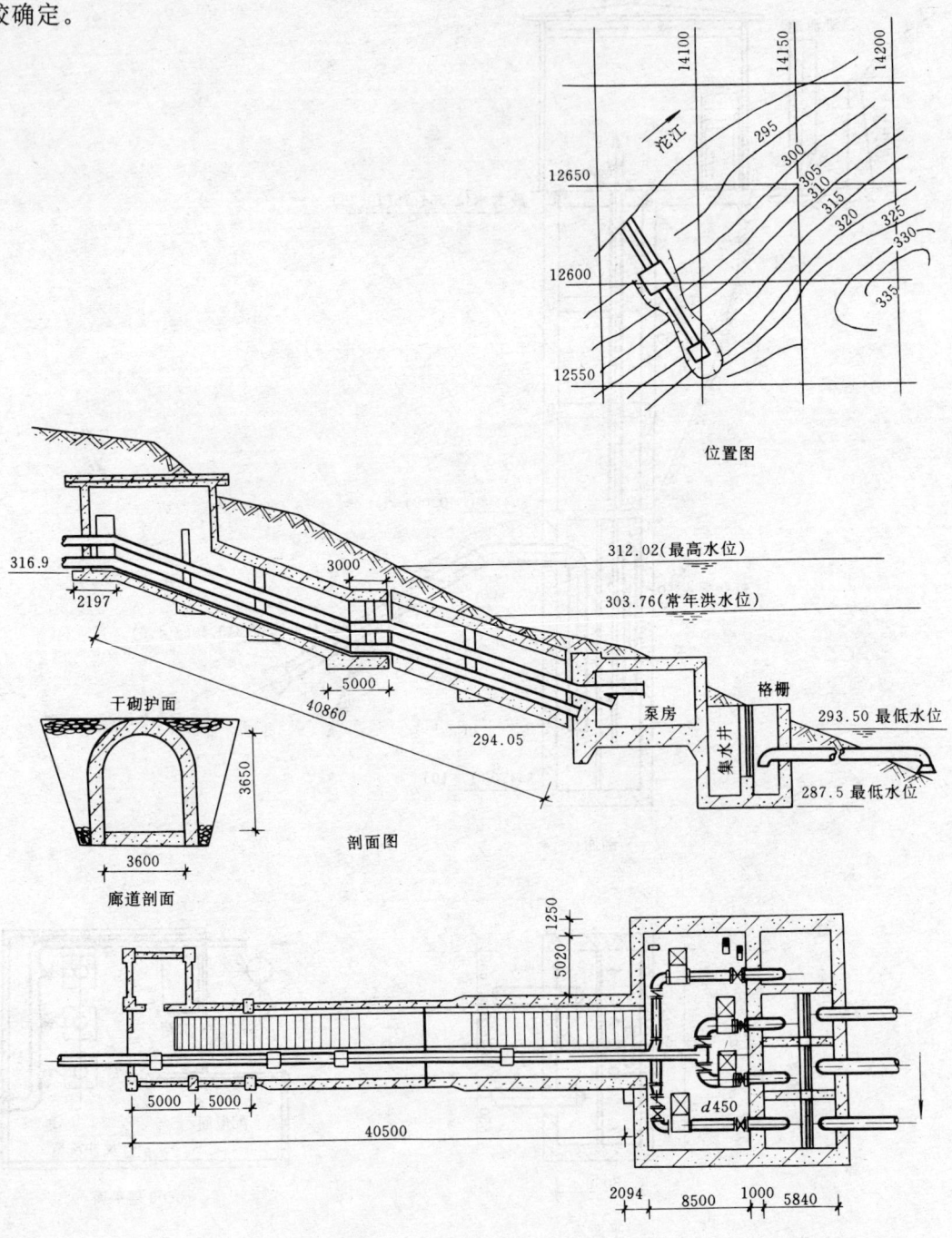

图 14-26 合建河床式取水构筑物（例 9，淹没式）

二、分建河床式取水构筑物

图 14-27 表示一自流管进水的分建河床式取水构筑物。由于地形条件较好，整个系统施工时避免了水下施工，节省了投资。取水泵站为条石砌筑，采用四布（麻布）五油（沥

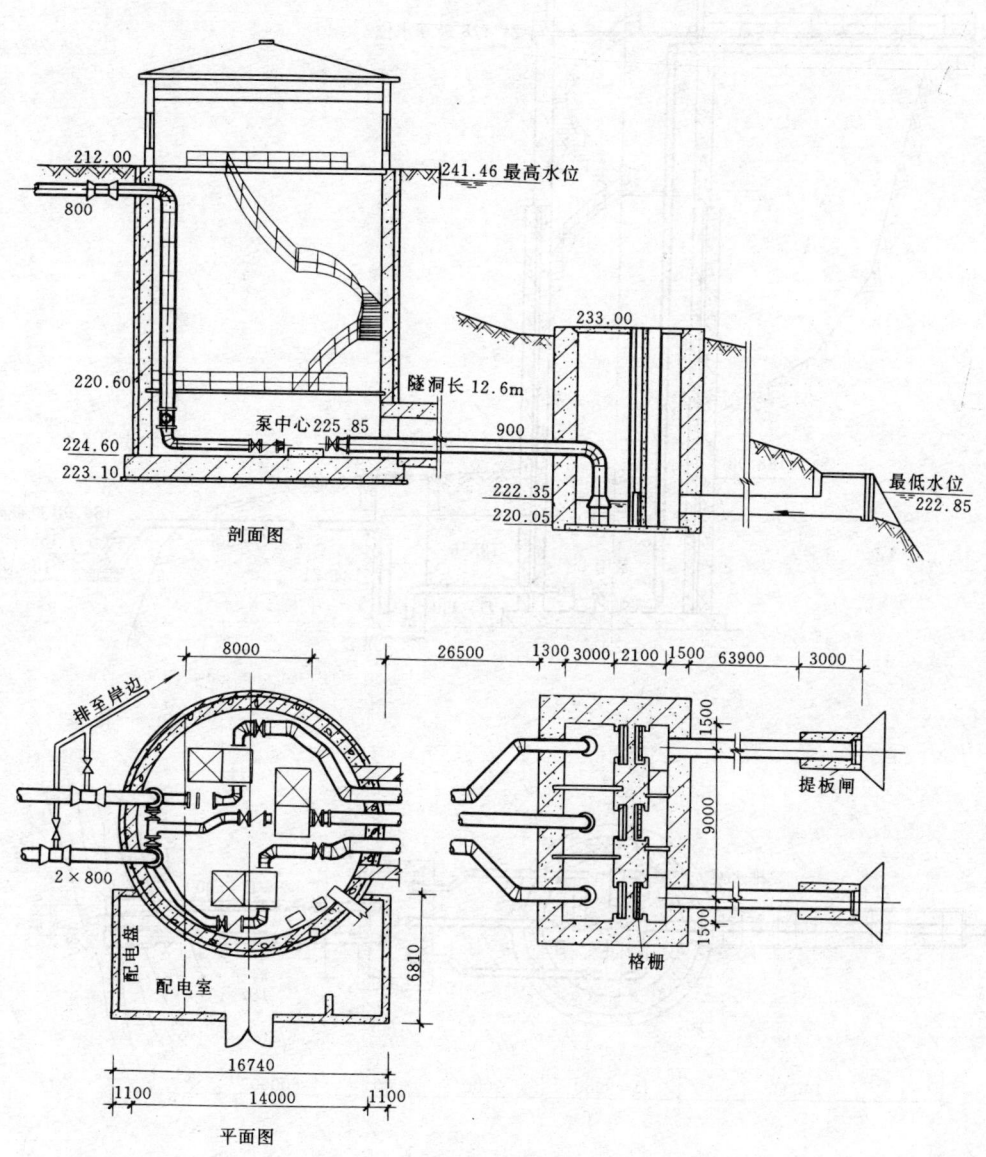

图 14-27 分建河床式取水构筑物（例 1，自流管进水）

青）防水，效果尚好。取水构筑物的总取水规模达 240000m³/d，扬程 52m。

图 14-28 表示一虹吸管进水的分建河床式取水构筑物。取水头部为斜板式，吸水井凿于

基岩。取水泵站为条石夹混凝土砌筑，其净深达 33m，为我国西南地区同类结构中所少见。取水泵房中设 12Sh—9B 型机组 3 台，总取水量可达 36000m³/d，扬程 47m。

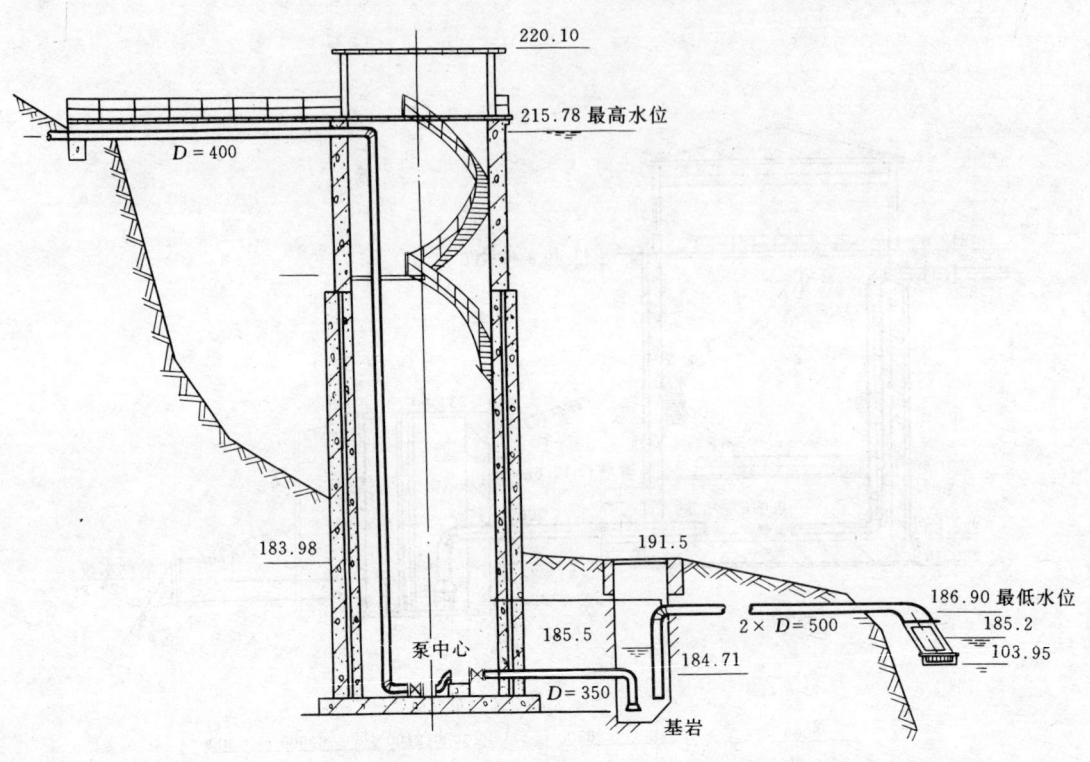

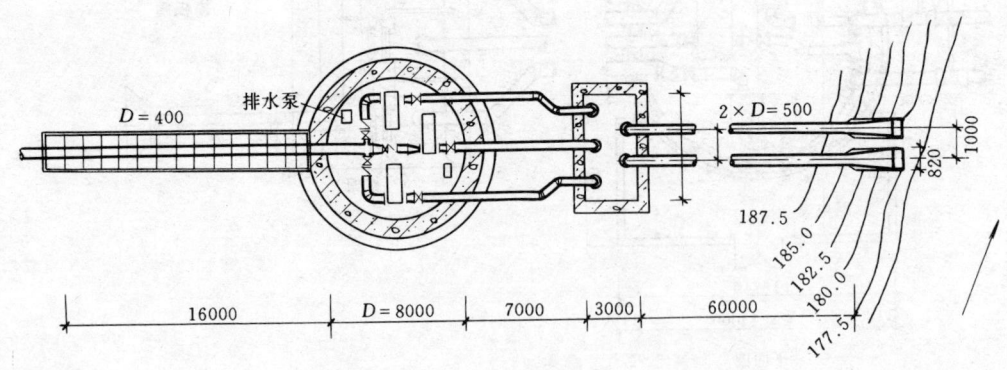

图 14-28 分建河床式取水构筑物（例 2，虹吸管进水）

图 14-29 表示一瓶颈式取水构筑物。采用喇叭口取水头部，用虹吸管进水。由于集水井与取水泵站分建，因此后者可采用瓶颈式结构，以节省土建造价，但泵站内的通风、消音及操作条件较差。取水泵站中设 14Sh—19 及 12Sh—13A 水泵各 2 台。

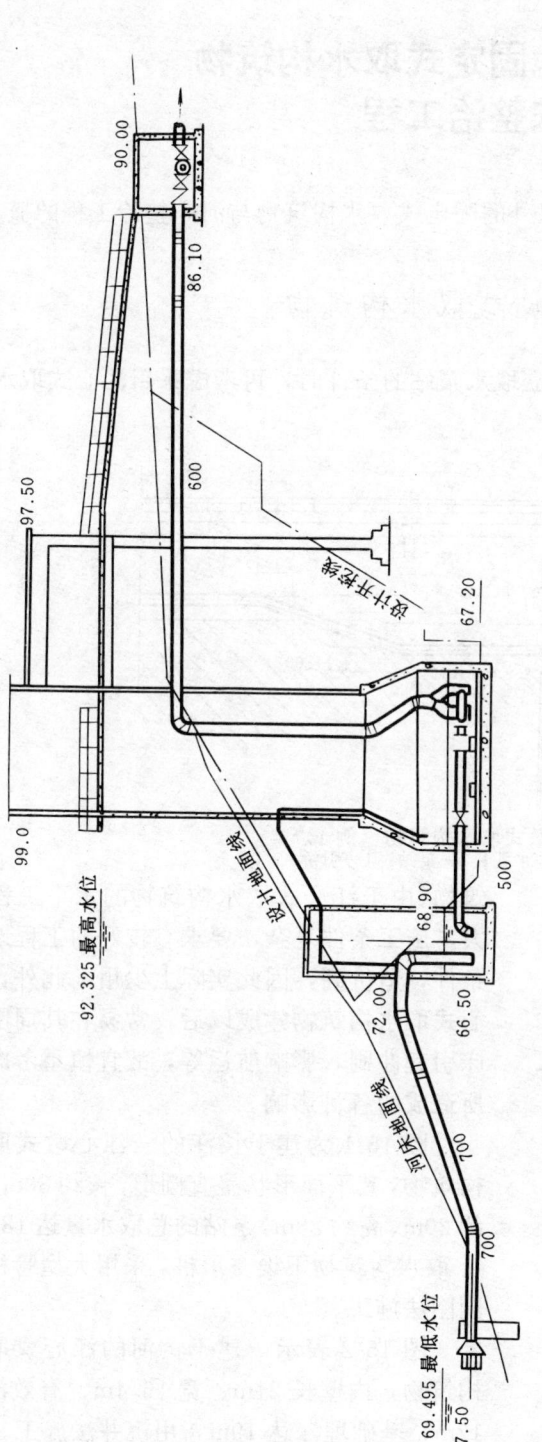
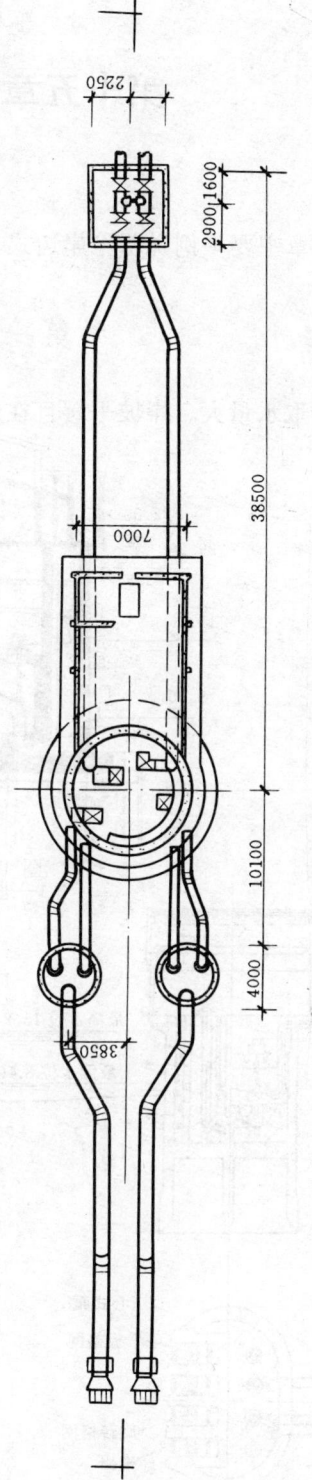

图 14-29 分建河床式取水构筑物（瓶颈式）

第十五章 其他固定式取水构筑物与河床整治工程

本章主要举例说明除岸边式、河床式以外的固定式取水构筑物与河床整治工程的概况。

第一节 江心式取水构筑物

当取水量大、岸坡平缓且在岸边无建立取水泵站的条件时，可考虑采用江心式取水构

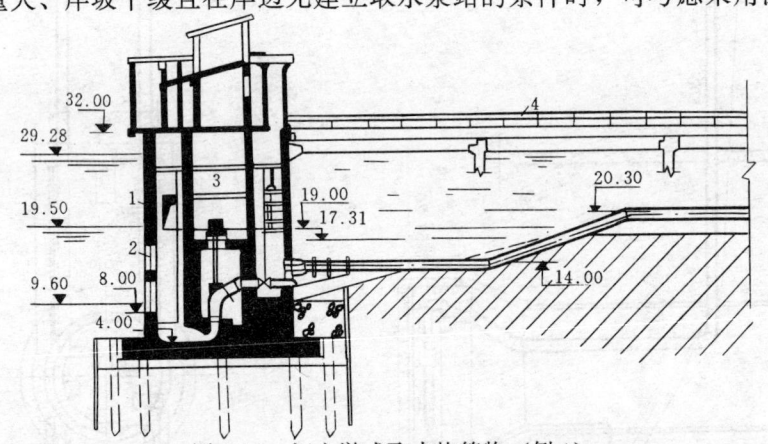

图 15-1 江心墩式取水构筑物（例 1）
1—进水井；2—进水孔；3—泵站；4—引桥

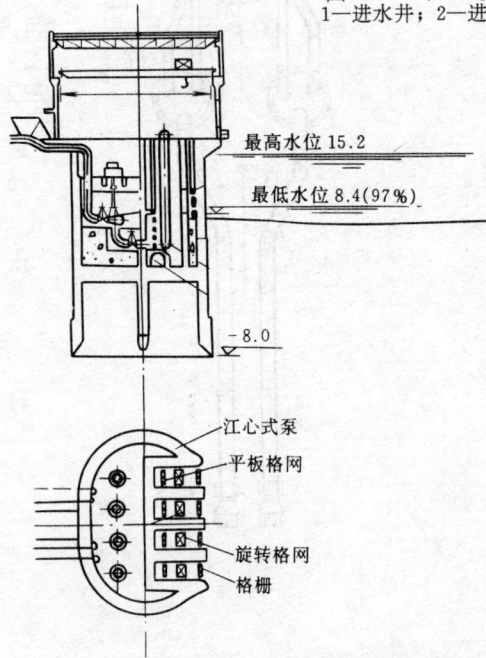

图 15-2 江心取水构筑物（例 2）

筑物。由于江心式取水构筑物的水下工程量大，施工条件复杂，要求有较好的工程地质条件，造价高，因此实际上少用。此外，江心式取水构筑物建成以后，常易在其周围河床引起冲刷，影响航运等，故宜慎重考虑它所造成的各种影响。

图 15-1 为建于长江的一江心墩式取水构筑物，其平面形状呈直圆形，长约 30m、宽约 20m、高约 28m，泵站的总取水量达 18m³/s。取水构筑物下设支承桩，采用大型管柱钢围图法施工。

图 15-2 表示一建于黄河的江心式取水构筑物，内壁长 21m、宽 16.4m、有效深度 17m，基础埋深达 19m，用沉井法施工。

由图 15-1、图 15-2 可见，从分类原则上讲，江心式取水构筑物并非岸边式亦非河床式。

第二节 直吸式取水构筑物

若以水泵直接自河中吸水,即在河床式取水构筑物中取消吸水井就成为直吸式取水构筑物。这类取水构筑物多用于小型也可用于中型给水系统,这是由于可以利用水泵的吸水高程,以减少取水泵站的埋深,简化泵站结构和取消集水井以降低造价。通常,吸水管均

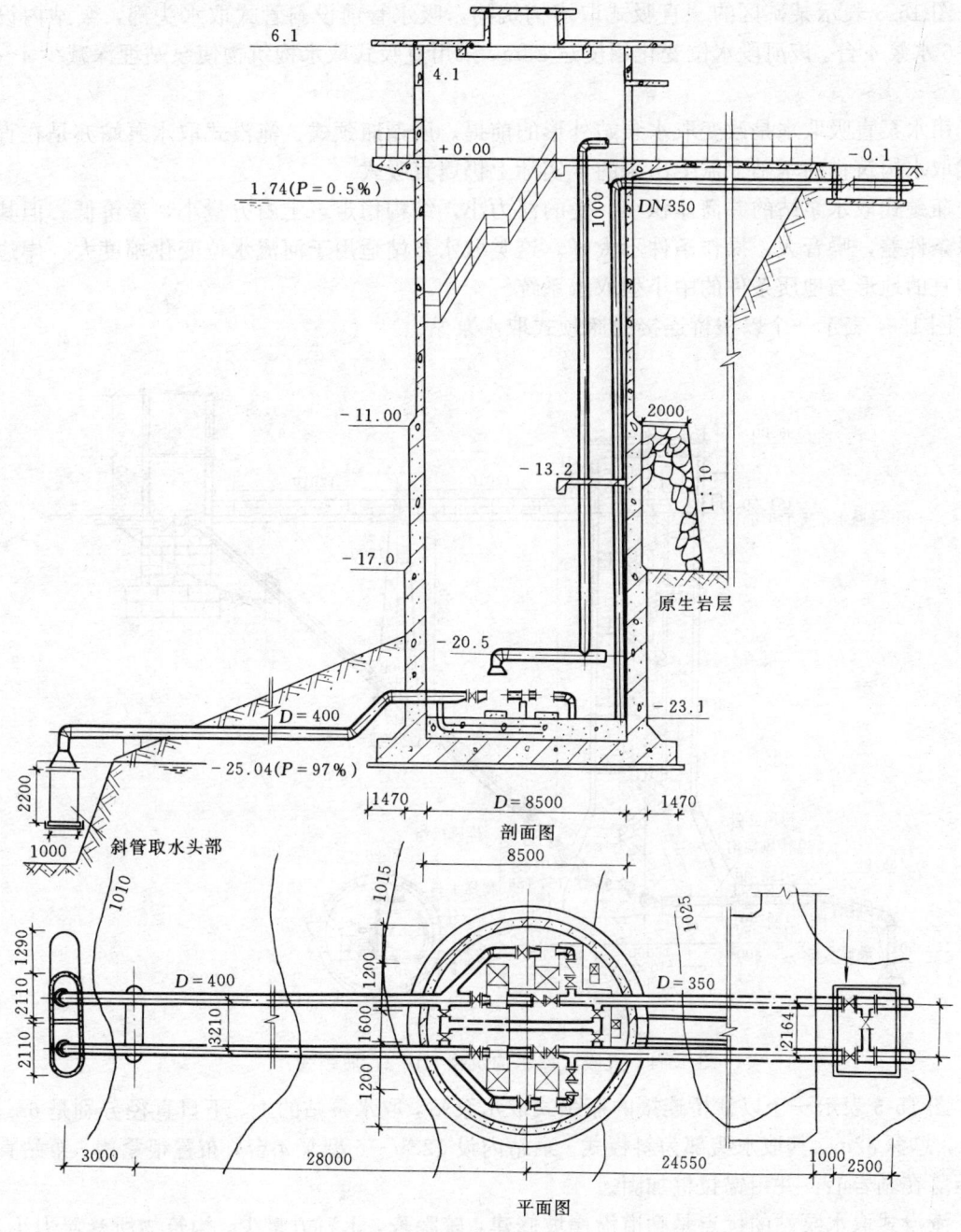

图 15-3 直吸式取水构筑物(例1)

架设在框架或支墩上,吸水管口有时可设取水头部。由于取水头部上的格栅有时难于清理,因此直吸式取水构筑物多限于漂浮杂质较少的河流,应在不影响航运的情况下尽量将取水头部伸向主流,或者加大取水头部进水孔眼(不超过水泵叶轮间隙,流经水泵带入的漂浮杂质应在随后的净水工艺流程中予以清除)。此外,还可用反向冲洗法清洗格栅。

应当指出,直吸式取水构筑物只适用于南方的无冰冻河流。它在四川中小型给水系统中用得较多。

图 15-3 表示某矿区的一直吸式取水构筑物,吸水管前设斜管式取水头部,泵站内设 8Sh-6 水泵 4 台。该河段水位变化幅度达 23m,采用直吸式取水构筑物使泵站埋深减少 4~5m。

用水泵直吸取水是改变取水泵站外形的前提。所谓瓶颈式、淹没式取水泵站亦是在直吸式取水构筑物的基础上派生出来的,实际上仍属直吸式。

瓶颈式取水泵站的井筒体积小,受的浮力小,结构稳定,土石方量小,造价低。但其通风条件差,噪音大,操作条件不太好。这类取水泵站适用于河流水位变化幅度大、岸边有适宜的地形与地质条件的中小型取水系统。

图 15-4 表示一个以栈桥连接的瓶颈式取水泵站。

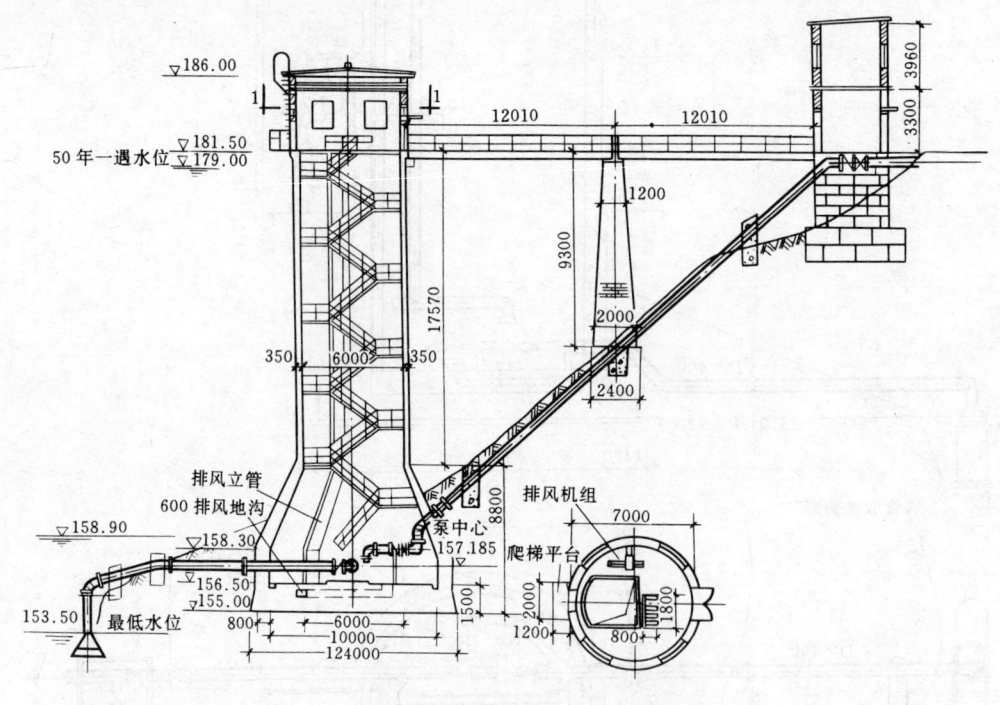

图 15-4 直吸式取水构筑物(例 2,瓶颈式)

图 15-5 表示一个以栈桥连接的瓶颈式取水泵站,取水泵站的上、下口直径分别是 6m、11m,总深 32m。其取水头部为斜板式。泵站内设 12Sh—6 型泵 4 台,布置很紧凑。泵站直接座落在基岩上,并用锚拉桩加固。

淹没式取水泵站的优点是廊道沿岸坡修建,较隐蔽,土石方量少,构筑物所受浮力小,结构简单,造价低。它适于在岸坡稳定、水位变化幅度大、洪水历时不长、漂浮物少时采

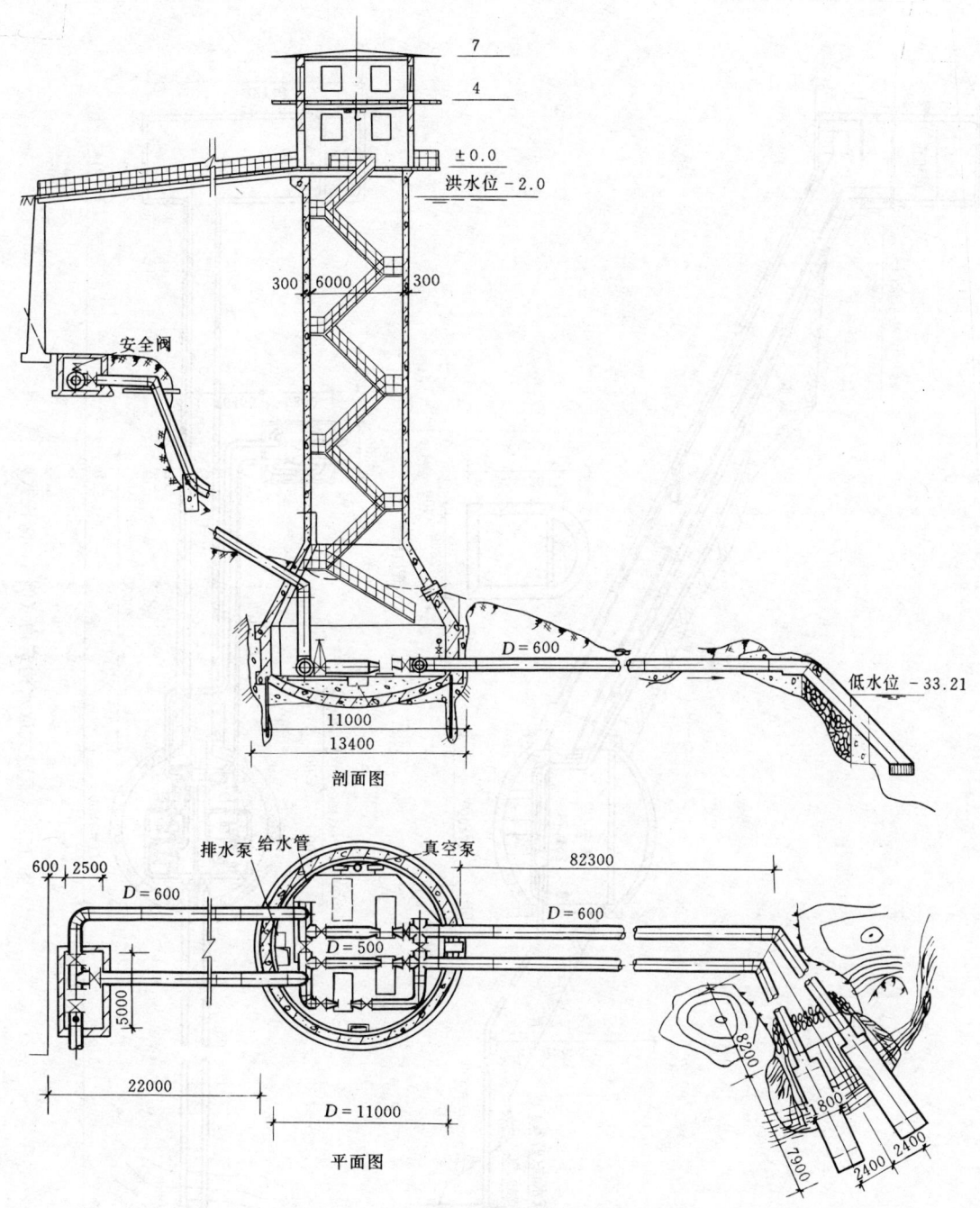

图 15-5 直吸式取水构筑物（例 3，瓶颈式）

用。其缺点是通风采光条件差，噪音大，设备检修和运输困难，操作管理不便，结构防渗要求高。

图 15-6 表示某淹没取水泵站，内设 10Sh—6 型水泵 6 台。泵房内布置紧凑，通风良好。值得注意的是，水泵的压水管路是从廊道外侧引向用户的。

215

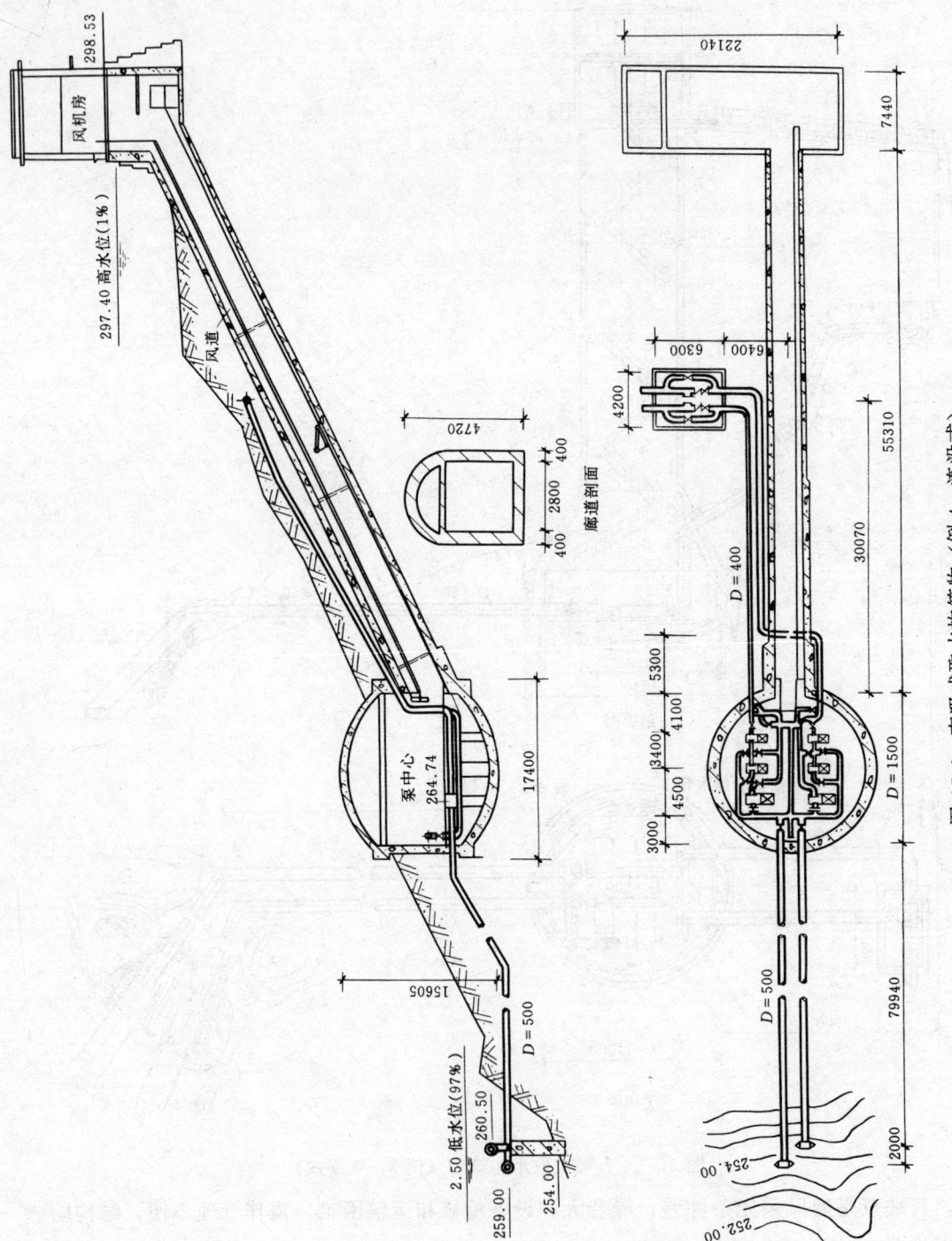

图 15-6 直吸式取水构筑物（例 4，淹没式）

第三节 斗槽式取水构筑物

斗槽式取水构筑物由斗槽和取水构筑物组合而成（图15-7）。

由于斗槽中水的流速较小，故水中泥沙容易沉淀，水内冰易上浮，水面能较快地形成冰盖，并可创造较好的其他取水条件；因此，斗槽式取水构筑物有时用于泥沙量大、冰冻情况严重及取水量大的情况。

一、斗槽式取水构筑物的基本形式

按斗槽伸入河岸的程度，可分为全部或部分伸入河岸及全部在河流中的斗槽。这些都取决于河岸地形条件。

此外，按水流对斗槽的补给方向可将斗槽分为：

1. 顺流式斗槽

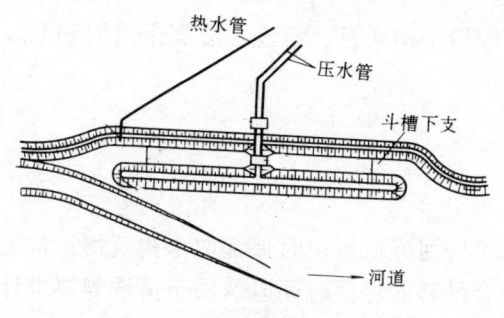

图15-7 斗槽式取水构筑物

顺流式斗槽（图15-8（a））中的水流方向与河流水流方向基本一致。由于斗槽中的水流速度远小于河水流速，当河水沿正向流入斗槽时，其动能转化为势能，在斗槽入口处形成壅水及横向环流；因此，进入斗槽中的主要是河流的上层水。由此可见，顺流斗槽多适用于泥沙含量大而冰冻情况并不严重的河流。

2. 逆流式斗槽

逆流式斗槽（图15-8（b））中的水流方向与河流水流方向基本相反。由于河水的"抽吸"作用，生成与上述情况相反的环流；因此，流入斗槽的主要是河流的底层水。可见，逆流式斗槽多适用于冰冻情况严重而泥沙含量不大的河流。

逆流式斗槽进水口易淤积泥沙，如采取一些特殊措施：设立调节闸板或所谓的自动冲洗进水口，则可较好地防止泥沙进入斗槽。

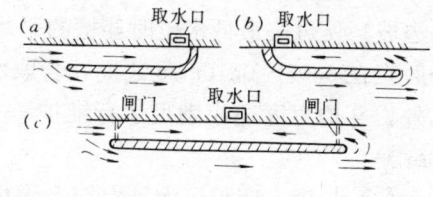

图15-8 斗槽的水流补给方向

3. 双向式斗槽

双向式斗槽（图15-8（c））由顺流式与逆流式斗槽组合而成，故兼有上述两种类型斗槽的特点，适用于含沙量大及冰冻情况严重的河流。为此，只须在不同的季节分别启用不同的进水口即可。

按洪水期斗槽堤坝是否被淹没，又可将斗槽分为淹没式及非淹没式两类。虽然淹没式斗槽的造价低，但工作条件较差。

斗槽在河道中的位置对其工作效果的影响很大，通常亦须将斗槽设于取水条件良好的河段。

由于斗槽的工程量大，造价高，排泥困难，故在我国少用。

二、斗槽式取水构筑物主要构造

1. 堤坝

可用砂质粘土、砂、砂砾、碎石及小块石筑成。非淹没堤坝顶应在最高水位以上0.5～0.75m，顶宽2.0～4.0m，坝体两侧之边坡应为：

细砂及中砂　　　　　1∶2～1∶3
碎石、卵石及砾石　　　1∶1.5～1∶2
砂质粘土　　　　　　　1∶2.5～1∶3.5
小块石　　　　　　　　1∶1～1∶1.5

为防止水流冲刷及冰块撞击，坝坡与坝首应用干砌块石、石笼、混凝土或钢筋混凝土板、挡土墙护坡，坝脚亦须以抛石或沉排加固。

2. 取水构筑物

多用岸边式取水构筑物，并以合建式为主。

3. 斗槽的主要尺寸

斗槽的主要尺寸——深度、宽度和长度，应按河流低水位时保证取水构筑物正常工作条件，即使水内冰上浮、泥沙沉降、水在槽中有足够的停留时间以及便于清洗等要求计算确定。

(1) 深度，通常按保证率为90%～95%的最低河水位计算。取水构筑物附近的取水深度除须按岸边式取水构筑物对取水深度的要求考虑以外，尚须注意斗槽取水的特点，即应考虑斗槽内泥沙沉积的厚度及冰盖厚度的影响。斗槽中泥沙沉积厚度允许达0.5～1.0m，取水口下缘的位置应从沉积的泥沙面算起，其上缘位置应从增厚以后的冰盖层底面算起，按上述要求求得的斗槽水深一般不小于3.0m（最低水位时）。

(2) 宽度，若已知斗槽的设计流量与水深，则斗槽的过水断面尺寸（底宽、两侧堤坝的边坡）便可按最低水位时斗槽的平均水流速度与坝体材料确定。斗槽中的水流平均流速一般应在0.05～0.10m/s之间，若取水量大，水流平均流速亦可适当增大（至0.25m/s）。此外，斗槽宽度还应满足运行维护——挖泥船清除泥沙的要求，一般斗槽宽度约为18～20m。

(3) 长度，应保证泥沙沉淀、水内冰上浮，并使水流稳定地流向取水构筑物。

若按潜水上浮要求，斗槽长度可参考下式确定：

$$l = k \frac{hv}{u}$$

式中　h——最低河水位时斗槽中的水深，m；
　　　v——斗槽中的平均水流速度，m/s；
　　　u——水内冰上浮速度，与河流及其冰冻情况有关，很难确定，建议取0.003m/s；
　　　k——考虑斗槽中涡流及紊流影响的系数，其值可取3。

根据泥沙沉淀要求，可按一般平流沉淀池计算公式确定。根据试验及现场观测资料，斗槽长度应为宽度的5倍以上。

设计斗槽式取水构筑物时，应使水流在斗槽中有足够的停留时间，以使水流稳定地流向取水构筑物。在河流最低水位及最高泥沙沉积面的情况下，停留时间通常为20～60min。

三、斗槽式取水构筑物举例

图15-9为某市水厂从黄河取水的双向斗槽式取水构筑物，设计最大取水量6.0m³/s，上游斗槽长107m，下游斗槽长237m。实际运行效果良好，泥沙沉淀效率达10%～30%，冬

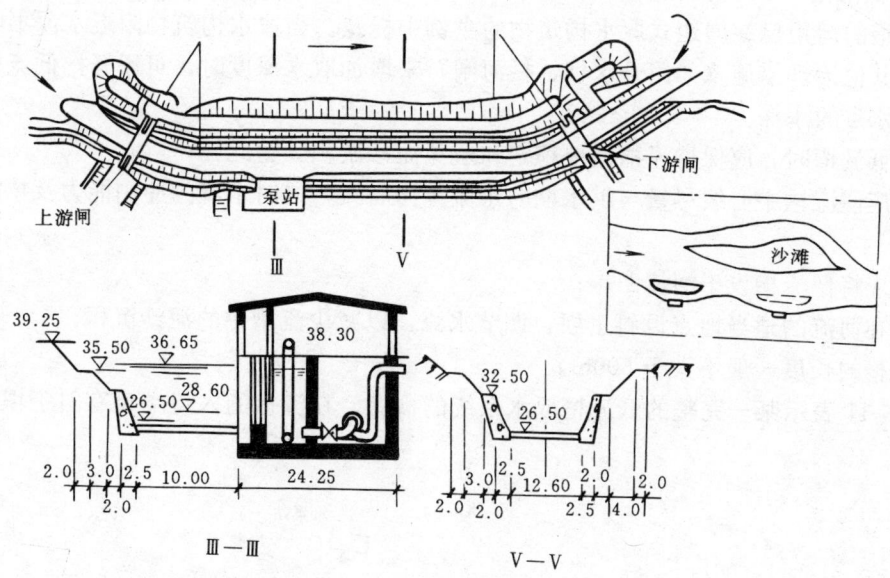

图 15-9 双向斗槽式取水构筑物

季槽内未发现冰絮。由于斗槽靠近主流，便于引河水冲洗，冲洗效果较好。该取水系统的取水构筑物为岸边式。

图 15-10 表示某市水厂以渠道预沉泥沙的取水系统，实际上亦为斗槽式取水构筑物。该河属山区河流，河水的浊度高、河面宽、水浅、河道游荡、径流变化大、泥沙量变化大、漂浮物多、冰冻情况严重。为取得足够的水量、稳定水流、抬高水位、防沙防冻，采用了低坝与渠道（实为斗槽）相结合的取水系统。运行情况表明，当原水含沙量达 $50kg/m^3$ 时，经投聚丙烯酰胺混凝沉淀后出水含沙量降到 $2\sim3kg/m^3$。沉积的泥沙由河水冲洗，仅需半小时即可冲净，效果良好。

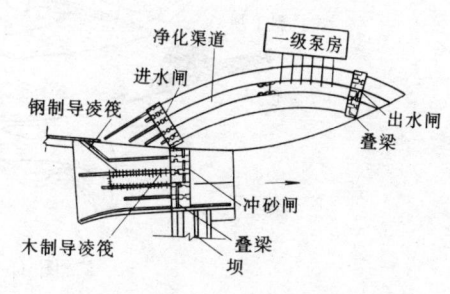

图 15-10 以渠道预沉泥沙的取水系统

第四节 河床整治工程

河床整治工程的面极广，本节主要举例说明涉及取水工程的河床治理工程。关于山区河流取水工程须采取的有关工程措施，将在第十七章述及。

为取水目的而实施的河流治理工程和主要目标是保证必要的取水条件：水深、良好的水流结构、稳定的河床等。如建立取水工程系统时不具备上述某些取水条件，或在取水构筑物运行过程中因取水条件改变而不能保证正常取水时，均须考虑采取相应的河床整治措施。

概括地讲，取水工程中的河床整治工程有下列几方面：

1. 设低流槽——水下渠道

低流槽的运用已在岸边式取水构筑物的举例中提及。当取水构筑物附近水深不够，且不宜于用其他治理措施（如用升水坝、拦河闸）来增加取水深度时，可用开挖低流槽的方式增加取水点的水深。

开挖低流槽时，应保持流槽边坡稳定和避免泥沙淤积，为此：

（1）应使流槽中心线尽量与洪水期的水流方向一致，这时水流的冲刷能力及挟沙能力较大；

（2）应将低流槽设于河流凹岸；

（3）在河流的适当地点设斜丁坝，调节水流，以减少流槽中的泥沙沉积。

低流槽的长度一般不大于 500m。

图 15-11 表示某一完整的低流槽取水系统的概貌。在流槽的入口端设有斜丁坝调节水流。

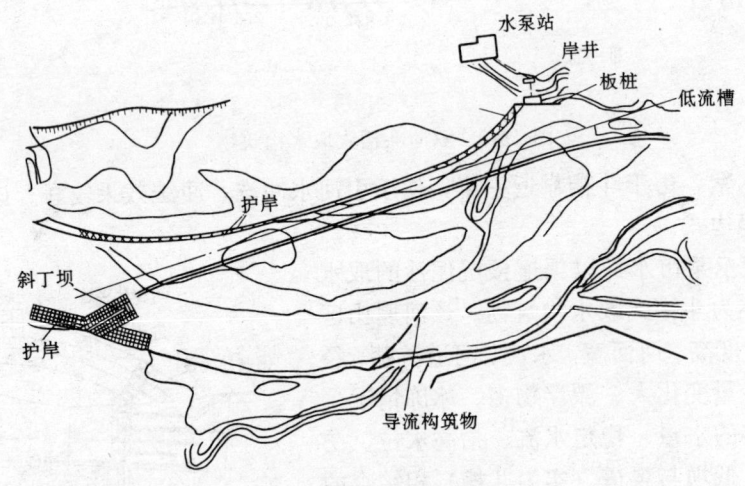

图 15-11 低流槽取水系统

2. 设立顺坝、丁坝和导流坝（斜丁坝）

这些构筑物（图 15-12）都是用以约束水流、改变水流方向、促使河床变形、以利于取

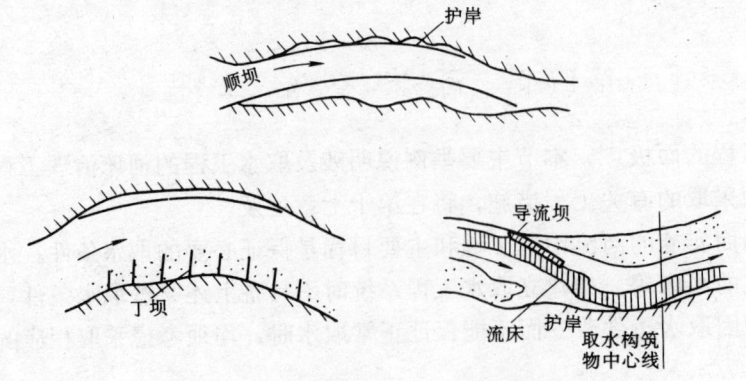

图 15-12 顺坝、丁坝、导流坝示意图

水的。通常多用丁坝调节水流,因丁坝的长度可以在使用过程中根据实际情况调整。规划设计丁坝时,应根据河流的水流状况及取水要求等来确定坝长、坝的间距和坝高。对规模较大的河床整治工程,应通过模型试验确定方案。

3. 设升水坝

用以抬高水位,增加取水水深。当需要大量截取河流的水量时(例如大于30%~50%),也可设升水坝。

升水坝通常有两种类型:滚水坝和拦河闸。拦河闸的优点是,可开闸清淤,便于调节水流断面以适应河流的径流变化,其缺点是维护管理复杂。滚水坝的情况与之相反。

在平原河流中,有时可考虑将取水构筑物设于深槽附近,并以加固深槽下游浅滩的办法来抬高枯水期取水点的水位。

升水坝与取水构筑物可以分建或合建。

4. 其他措施

如裁弯取直、清淤、护岸等,这些措施通常与建立丁坝、斜丁坝或顺坝联合运用,以取得综合治理效果。

图 15-13 (a)、(b) 表示某水源的河流治理工程概况。图 15-13 (a) 为治理

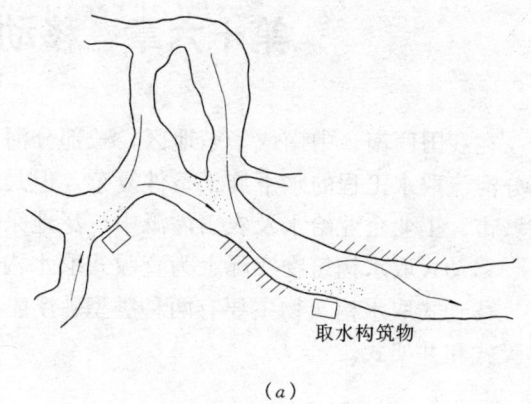

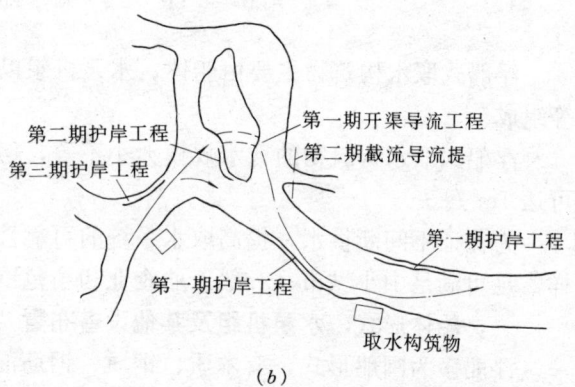

图 15-13 河床整治工程实例

之前的情况,取水构筑物前的水流由南、北两股合成,河床的顶冲点落于水源地的上游及其斜对岸,但在取水构筑物前则产生淤积。由淤积形成的边滩长达1600m、宽400m,它对取水构筑物的工作构成严重威胁。图 15-13 (b) 表示河床整治工程情况。整治工程分三期:第一期,开渠导流以调整两股水流的比例及交汇角,从而改变河流的主流方向,使河床的顶冲点下移至取水构筑物附近;同时加固两岸河床,以控制河床继续变形。实际情况表明,第一期工程效果良好,取水构筑物前的边滩逐渐消失。第二、三期工程则是为完善、巩固第一期工程效果而采取的辅助措施。应当指出,河床整治工程,在初步规划设计的基础上带有一定程度的试探性,因此,应根据实际的工程效果逐步推行。

第十六章 移动式取水构筑物

在我国西南、中南或华东地区，一部分河道切深大、河岸陡、水位变化幅度大，另一部分河流取水工程的水下施工条件复杂，但是这些地区气候温暖，河流无冰冻现象，因而在城市、工业企业给水及农田灌溉中广泛地采用移动式取水构筑物。

移动式取水构筑物实际上为直吸式取水构筑物的变型。

移动式取水构筑物主要有两种类型：浮船式和斜桥式（缆车式）。此外，尚有极少数的浮吸式和井架式。

第一节 浮船式取水构筑物

浮船式取水构筑物主要由船体、水泵机组以及水泵压水管与岸上输水管之间的连接管等组成。

浮船式取水构筑物的取水规模大小不等，但在我国有较大的发展，单一浮船的取水量可达 $1m^3/s$。

为保证不间断供水，提高取水系统的可靠性，亦可考虑采用两三只浮船联合供水。这样，足可满足中小城市、一般工业企业和小范围农田灌溉的需要。

一、船体形式、水泵机组及其他设备布置

浮船多为囤船形式，有木质、钢质、钢筋混凝土或钢丝网水泥船体，不同材质船体各具不同的特点。

浮船的水泵配置，应根据浮船的数目及供水要求考虑。如为两只浮船时，每只浮船应按 75% 或 100% 的供水量配置水泵；3 只浮船时，每只应按 50% 的供水量配置水泵。

水泵机组及其他设备的平面布置应与船体尺寸、浮船的平衡稳定性及操作管理等要求综合考虑。

水泵机组平面布置有下列几种形式：

1) 单行顺列布置，其优点是布置较紧凑，但只适用于水泵机组较少的情况；2) 单行并列布置，适用于水泵机组较多的情况；3) 如果水泵机组较多，水泵容量较小，单行并列布置不够合理时，可采用交错双行顺列布置。布置水泵机组时，应尽可能考虑浮船的平衡，使机组的重心偏于吸水侧。此外，应考虑机组小修、安设电气设备、水泵启动设备及工作人员操作的场地。

水泵机组的竖向布置，可根据浮船船体结构和其他条件采用下列形式：1) 上承式（图 16-1 (a)），水泵机组安于甲板上，这样浮船构造较简单，机组安装方便，管路可不穿过船舷；但船的重心较高，稳定性较差，摆动性大，操作管理不便；2) 下承式（图 16-1 (b)），水泵机组安装在浮船底板之骨架或骨架的垫板上，其特点与上承式的相反；3) 中承式，水泵机组安装在浮船底板的机座上，其特点介于两种布置形式之间；布置水泵机组时，应特

别注意防止船体因水泵运转而引起的震动,这种震动多因布置和安装不当而造成。

浮船首尾一般均作浮船锚固及移动的操作场所,为此,应根据浮船的锚固和移动要求,在适当的位置设置绞盘、缆柱和导缆钳等(图 16-2)。

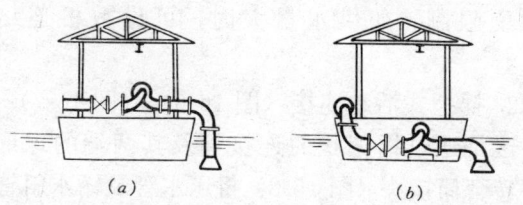

图 16-1 水泵机组竖向布置示意图
(a)上承式;(b)下承式

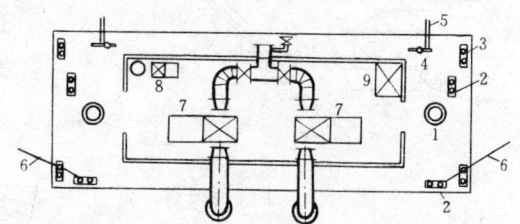

图 16-2 浮船平面布置示意图
1—绞盘;2—系缆柱;3—导缆钳;4—撑杆桩;5—撑杆;
6—钢缆绳;7—水泵机组;8—真空泵;9—配电设备

二、水泵压水管与输水斜管的连接

这是比较重要而复杂的问题,当取水量和水压较大时更难处理。

水泵压水管与输水斜管之间通常以一根管相连。多管连接时接头的受力情况复杂,除柔性连络管连接外,一般很少采用。连接方式有下列几种:

1. 阶梯式活动连接

(1)刚性连络管(图 16-3)

刚性连络管两端分别以球形接头(图 16-4)与水泵压水管及输水斜管连接。这种连接方式的特点是稳当可靠,能较好地适应浮船在各个方向上的移动,浮船距岸较近,便于联系和防护;但球形活动接头轴向的最大转角可达 30°,而在实际使用时,为了不使岸边接头淹没,只能利用 11°~15°左右,加之连络管的长度有限(一般不超过 15m,过长会影响球形活动接头转动的灵活性和严密性),同时连络管自重太大,当水位变化到一定限度时,即需转换接头位置。因此,这种连接方式适用于水位变化幅度不大或变化不频繁的河流,否则操作管理麻烦。当岸坡较平缓时,可以在输水斜管接头处增加一水平管段,以保持连络管有足够的作用范围。

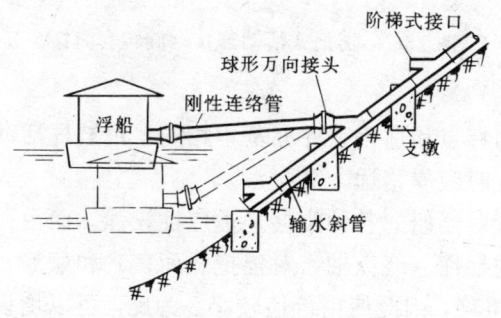

图 16-3 刚性连络管

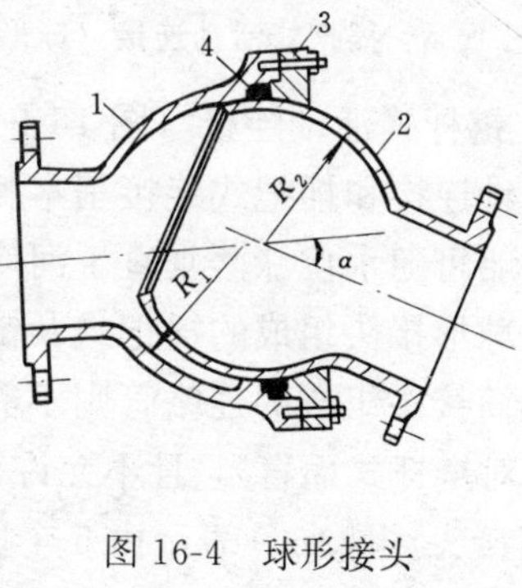

图 16-4 球形接头
1—外壳;2—球心;3—压盖;4—油麻填料

这种连接方式,实际上应用较多。

(2)柔性连络管(图 16-5)

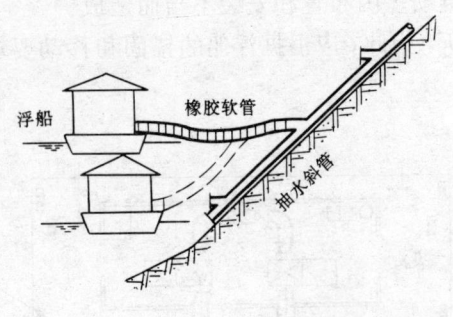

图 16-5 柔性连络管

水泵压水管与输水斜管之间以橡皮管相连，管长一般为 6～8m，其特点与适用范围同上述情况相似，但橡皮管使用期短，管径较小，能承受的水压不大（$<5\times10^5$Pa），故浮船的供水量和水压均受限制。如供水量大时，可设数根连络管。

2. 摇把式活动连接（图 16-6）、（图 16-7）

这是通过摇把状的连接管及其两端的球形或旋转套筒接头（图 16-8）将压水管及输水斜管连接起来。浮船可随水位涨落平行于河转动，而不须经常转换接头位置。这种连接方式适用于水位变化较快和频繁的河流，浮船距岸亦较近，便于联系和防护。

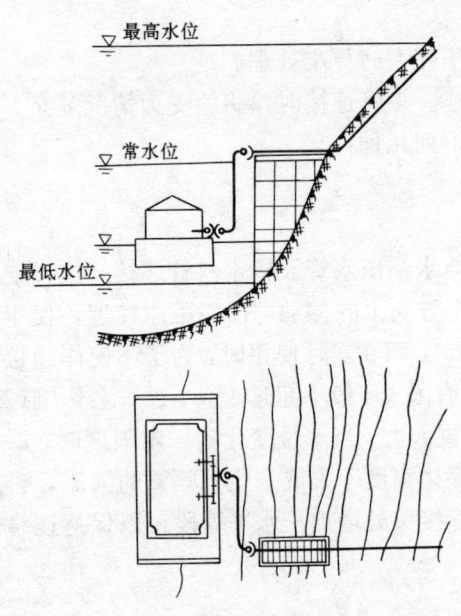

图 16-6 摇把式活动连接（球形接头）

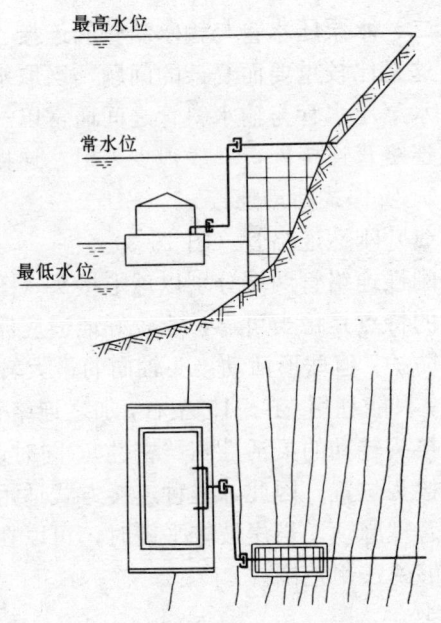

图 16-7 摇把式活动连接（旋转套筒接头）

3. 链杆式活动连接（图 16-9）、（图 16-10）

这种连接和摇把式连接基本相似，两者的特点和适用条件亦基本相同。用链杆活动连接的浮船可随水位涨落垂直于河岸转动，但有时距岸稍远。

由球形接头组成的摇把式及链杆式连络管对浮船的各种位移之适应性较强。而由两个旋转套筒接头组成的连络管则不能适应浮船的摇摆（绕纵轴，对摇把式而言）和颠簸（绕横轴，对链杆式而言），且不允许浮船作水平位移，因此使用价值较小。为此，可以增设旋转套筒接头。图 16-9 表示由 5 个旋转套筒接头组成的链杆式连络管，它可适应浮船在各个方向的位移、颠簸和摆动；由于联络管偏心，使两端套筒接头受较大的扭力，接头填料易磨损漏水，加之接头数太多，在复杂的外力作用下接头转动不灵，损坏、漏水的可能性相应增加。

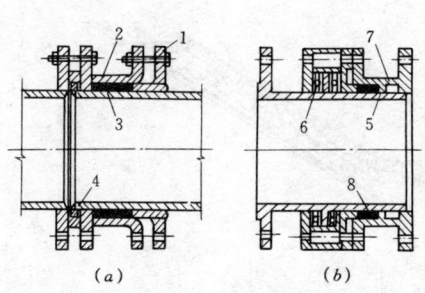
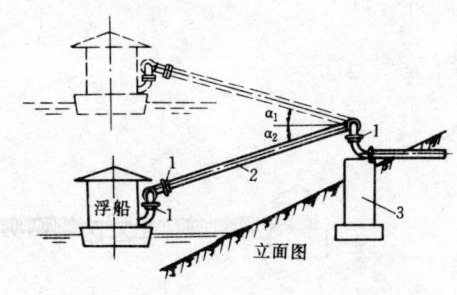

图 16-8 旋转套筒接头

(a) 旋转套筒接头，(b) 滚珠轴承旋转套筒接头

1—压盖；2—套筒；3—油浸石棉绳填料；
4—挡圈；5—短管；6—滚珠轴承；
7—管座；8—橡皮圈填料

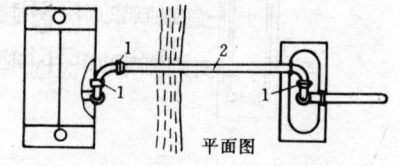

图 16-9 链杆式活动连接

图 16-10 表示由 7 个旋转套筒接头组成的摇臂式连络管。由于套筒处受力较均匀，增加了接头转动的灵活性与严密性，故能适应较高的水压（$4\sim9\times10^5$Pa）和较大的水量。

4. 活动钢引桥橡胶管连接

图 16-11 表示刚性连络管的两端用橡胶短管连接，连络管支承在活动钢引桥上。钢引桥一端支承在靠近岸边高出洪水位的支墩或框架上，另一端支承在浮船侧面的支座上。这种摇臂连接在长江中游（水位涨落幅度为 17～19m）采用较多，其优点除与前一种摇臂式相同外，接头检修和上下交通则更方便，运行更加安全，但钢引桥耗费钢材较多，对航运有一定影响。它适宜在取水量较大、河岸较陡时采用。

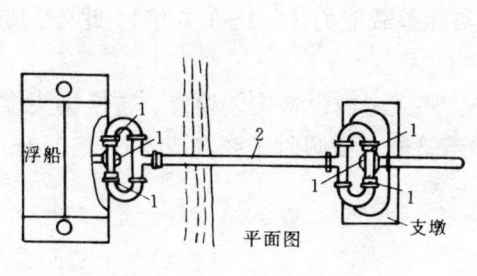
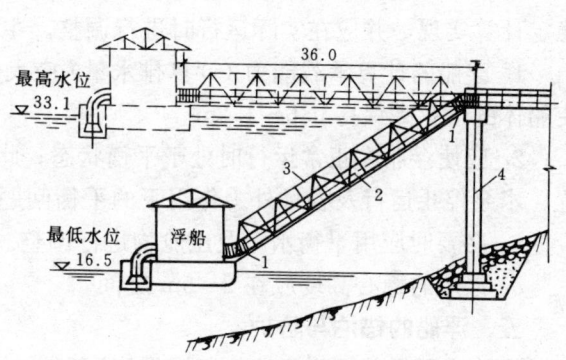

图 16-10 链杆式活动连接

图 16-11 活动钢引桥橡胶管连接

5. 浮筒式活动连接（图 16-12）

这种连接方式的特点是不须经常转换连接点，能适应幅度较大、变动频繁的水位变化，但橡胶管的使用期短，能承受的水压力小，连络管的直径有限，占用了较宽的河面。这种连接方式宜在岸坡平缓、浮船须远离河岸取水（不影响航运）时采用。

转换接头位置的操作较麻烦，工作量较大，通常均设专人担任这项工作。

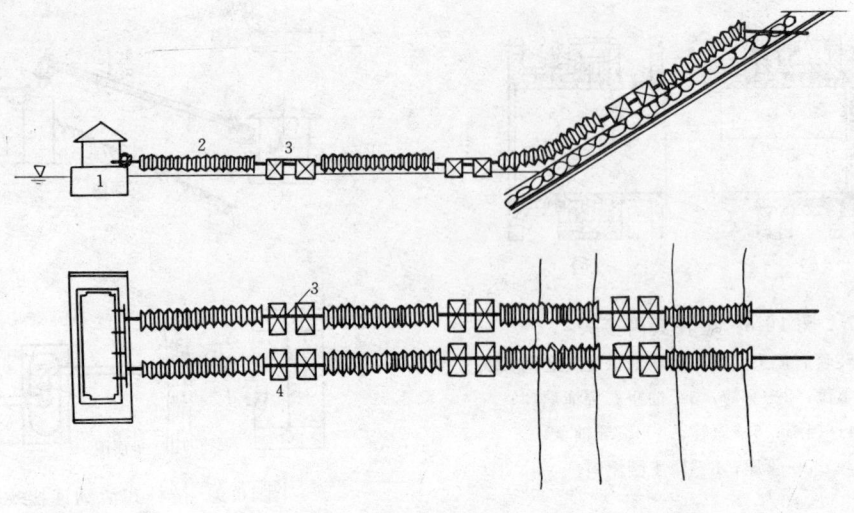

图 16-12 浮筒式活动连接
1—浮船；2—法兰橡胶软管；3—刚性连络管；4—浮筒

三、输水斜管

输水斜管可按河岸的自然坡度敷设。阶梯式连接时，叉管的位置、间距视连络管的长度、允许转角、斜管坡度和浮船的型深而定。通常应设在设计最高最低水位时连络管所及的范围以内，并应从常水位线每隔 1.5～2.0m 向上下布置。为了便于转换连接点，应于斜管的上端设闸门和排气阀。输水斜管的布置，还应考虑转换接头的操作要求。当有两只以上浮船时，各条输水斜管上的叉管在高程上应交错布置，以便浮船交互移位。

四、浮船平衡及稳定性

对浮船的平衡及稳定性要求应通过设备选择与布置、船型选择与船体设计以及平衡与稳定计算实现，并应在实际运行时进行调整。主要要求如下：

1. 浮船的计算承载能力（计算排水量）应大于实际承载能力（1.2～1.5 倍）。此外，应使船体的干弦高保持 0.6～1.2m。

2. 应使浮船在正常运行时处于平衡状态；此外，还应考虑设备安装检修、转换接头位置、水泵停止运行及各种外力作用下的平衡问题。浮船最大横倾时干弦高应不小于 0.2～0.3m，必要时应用平衡水箱及压舱物进行调整。

3. 浮船的稳心高度应在 2～5m 之间。

五、浮船的锚泊与防护

锚泊应可靠和便于船体位移操作。主要锚泊方式有下列几种（图 16-13）：近岸锚泊，远岸锚泊，多船锚泊。关于锚具、锚链之选择，可参看专门文献。

应视实际需要考虑浮船免于被航船、木排撞击，使其附近水体免被污染以及进行浮船警戒的各种防护措施。

河流水位涨落时，浮船须移位和收放锚链。移船方法有人工与机械两种，机械移船是利用船上的电动绞盘，收放船首尾的锚链和缆索，使浮船向岸边或江心移动，移船较方便。人工移船系用人力推动绞盘，耗费劳动较多。

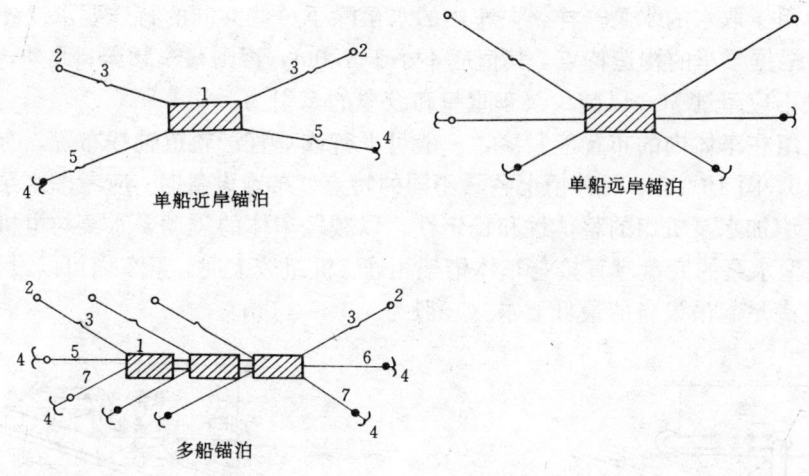

图 16-13 浮船的锚泊方式
1—浮船；2—岸上固定系缆桩；4—锚；5—船首锚链；6—船尾锚链；7—角锚链

第二节 斜桥式（缆车式）取水构筑物

斜桥式取水构筑物主要由装有水泵机组的泵车、倾斜的轨道、输水斜管和牵引车体用的绞车设备等组成（图 16-14）。

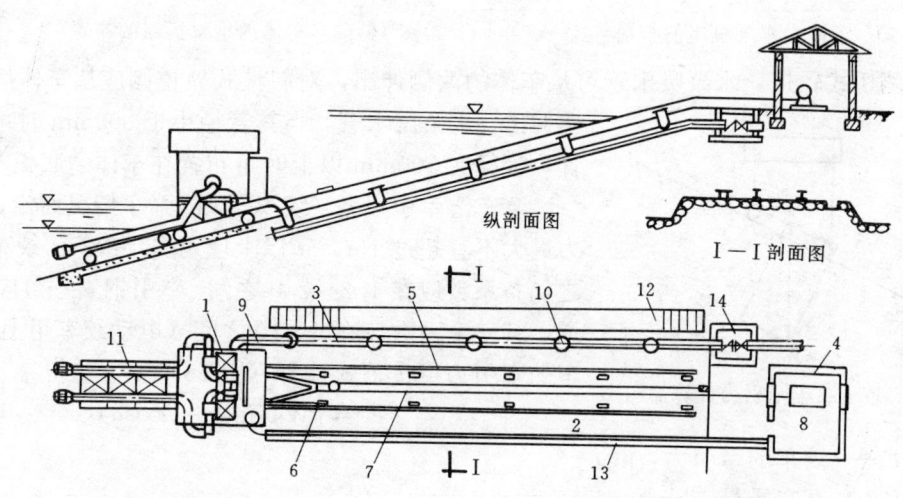

图 16-14 斜桥式取水构筑物的组成
1—泵车；2—坡道；3—输水斜管；4—绞车房；5—钢轨；6—挂钩座；7—钢丝绳；8—绞车；
9—连络管；10—叉管；11—尾车；12—人行道；13—电缆沟；14—阀门井

我国使用的单个泵车的供水量一般在数千至 10 万 m^3/d 之间。一个供水系统所需泵车数视供水规模、供水可靠性及调节构筑物的容量大小而定。对重要的供水对象，泵车不得少于 2 台。

一、泵车设备及车体

和其他用于取水的水泵一样，泵车内的水泵除了一些共同的特殊要求以外，应有较大的吸水高，根据泵车的构造特点，其值应不小于 4.0m，否则移车频繁；此外，机组之重量要小，一般不应超过 5t，以减少泵车重量和绞车的牵引力。

水泵机组在车体内的布置应紧凑，一般可平行或垂直于轨道轴线布置，有时可交错布置（图 16-15、图 16-16）。两种情况各具不同的特点。布置设备时，应考虑水泵机组的小修场地。为了增加水泵机组的整体性和稳定性，以减轻车体的震动，水泵与电机最好共用一个底盘，大型水泵的底盘应直接与车体桁架相连。机组较大时，泵车内可以设置起重设备，车厢高度应满足起吊设备的最低要求（一般为 4.0～4.5m）。

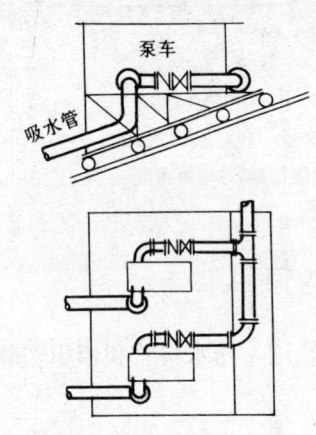

图 16-15 车体内水泵机组的布置

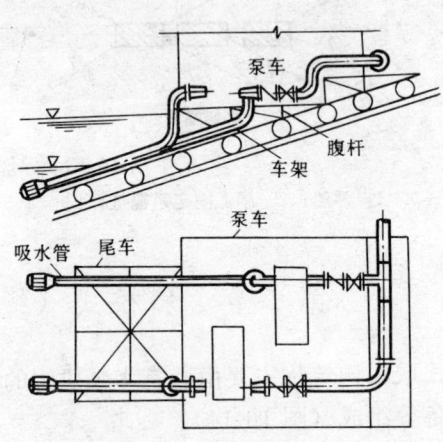

图 16-16 车体内水泵机组的布置

对斜桥式轨道，水泵吸水管可从车体的两侧伸出，对斜坡式轨道则应从车体后部之尾架伸出。水泵压水管，当其管径小于 300mm 时可架空布置，管径在 500mm 以上时可布置在车体的底板下部。

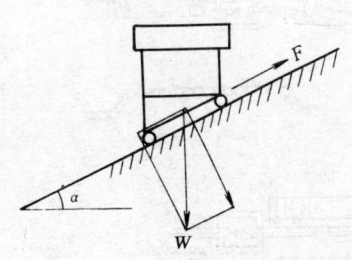

图 16-17 绞车牵引力计算简图

泵车之牵引设备（绞车等）随泵车情况而定，其牵引力最大不宜超过 15t。5t 以上应用电动绞车。绞车牵引力之储备系数应在 1.2～2.0 之间。牵引钢索一般应为 2～3 道，其安全系数应在 6～10 之间（电动绞车用上限）。绞车的牵引力可按下式计算（图 16-7）：

$$F = \beta W(\sin\alpha + \mu\cos\alpha)$$

式中　F——绞车的牵引力，kg；
　　　W——泵车重量，kg；
　　　α——坡道倾角，度；
　　　μ——摩擦系数，采用 0.10～0.15；
　　　β——储备系数，我国中南地区采用 1.2～2.0；西南地区由于水位涨落较快，移车次数频繁，故采用 3～4。

带动绞车用的电动机功率为：

$$N = \frac{Fv}{102\eta} \quad (\text{kW})$$

式中 F——绞车牵引力，kg；

v——钢丝绳移动速度，一般采用 0.01～0.03m/s；

η——效率，采用 0.7～0.8。

移动泵车时常发生安全事故，因此应采取必要的安全措施。常采取的安全措施不外以下三方面：1）设绞车制动装置；2）设泵车制动固定装置，它们可作移车时的保安或运转时固定

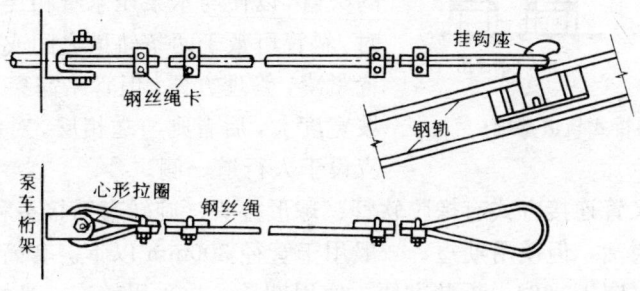

图 16-18 制动固定装置

车体之用；3）采取其他移车的安全措施，如控制移车速度（<1～2m/min）等。此外，保持轨道平整，防止轨道被泥砂淤积，便于泵车移动，对于泵车之安全运行也有重要作用。制动固定装置情况如图 16-18、图 16-19 所示。

二、轨道

泵车轨道坡度一般在 10°～30°之间，不宜过大。当岸坡过平缓或过陡时，可采取开挖或架斜桥的办法铺设轨道（有时也可不垂直于河岸），以取得适宜的坡度。习惯上，将前一种轨道称为"斜坡式"，后一种称为"斜桥式"（斜桥式取水构筑物即因此而得名）。

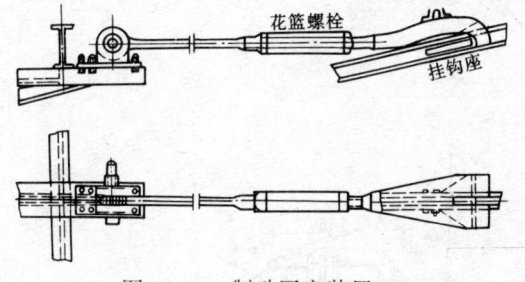

图 16-19 制动固定装置

斜坡式轨道应尽量高于原河岸，否则易被泥砂淤塞。此外，这种轨道不便于泵车取水（需设尾车），其优点是造价低，便于移车及转换接头位置。斜桥式轨道之特点与斜坡式相反。这两种铺设方式的选择，取决于许多具体条件（径流情况、泥砂情况、河岸地形、地质、施工、航运条件等）。

斜坡式及斜桥式轨道的构造如图 16-20、图 16-21 所示。泵车之轨道间距一般为：对小

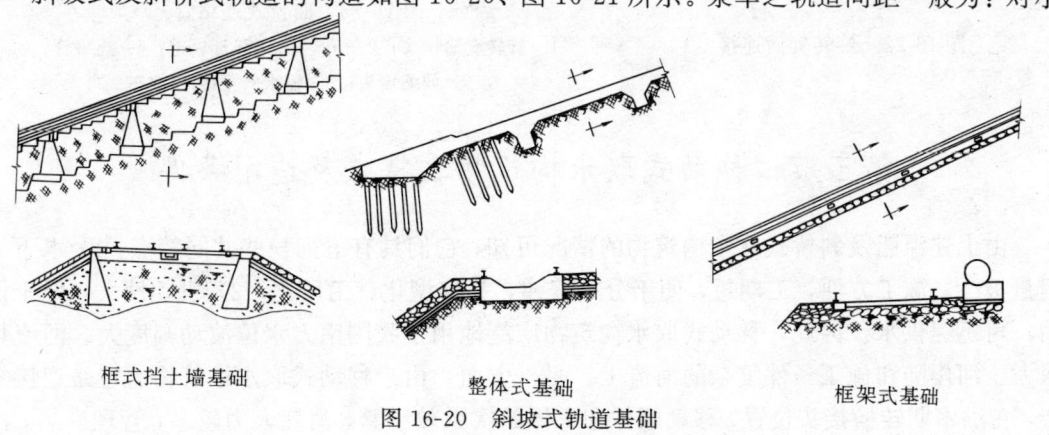

框式挡土墙基础　　　整体式基础　　　框架式基础

图 16-20 斜坡式轨道基础

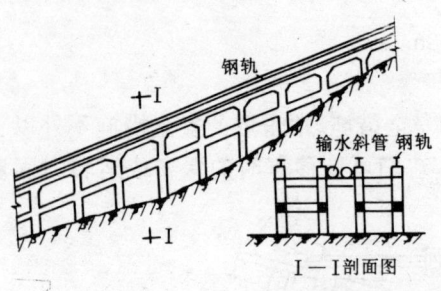

图 16-21 斜桥式轨道基础

型泵车，1.5～2.5m；对大型泵车，2.8～4.0m。

三、输水斜管及连络管

通常，1台泵车用1条输水管。对斜坡式轨道斜管多敷于轨道地面上，其上每隔一定距离（考虑的因素与浮船的情况相同，约2m）设有垂直或斜的叉管，以便与水泵压水管相连，当泵为2台以上时，斜管可敷于两条轨道之间或轨道外侧。前者布置紧凑，管理方便，但管路需穿过绞车房，所须斜坡宽度大，后者则与之相反。对斜桥式轨道，斜管应设于人行道一侧。

水泵压水管与叉管连接方式有橡胶软管、球形接头、旋转套筒接头和曲臂式活动接头等。橡胶软管使用灵活，但使用期短，一般用于管径300mm以下。套筒接头可由1～3个旋转套筒接头组成（图16-22），拆装方便，使用期长，故采用较广。当坡道平缓时，为了减少拆装接口次数，可采用曲臂式连络管（图16-23），其上装有3个旋转套筒接头和1个托轮。当移车幅度不大时，连络管可以在泵车前平台上的弧形轨道上移动，而不需拆换接头，从而可以减少接头拆装次数，适应水位迅速涨落。显然，这种连接方式需较大的回转面积，因而增加了车体面积和重量。

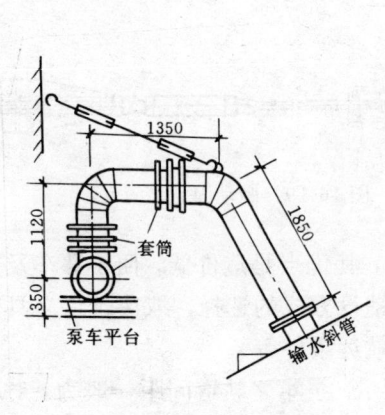

图 16-22 旋转套筒连接

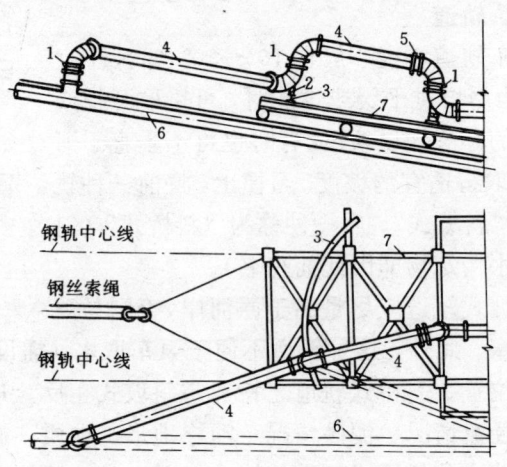

图 16-23 曲臂式连络管

1—旋转套筒接头；2—托轮；3—弧形轨道；4—连络管；
5—伸缩接头；6—输水斜管；7—前车

第三节 移动式取水构筑物之特点及适用条件

由上述浮船及斜桥式取水构筑物的情况可知，它们具有下列一些共同特点：1）水下工程量极少，施工方便，工期短，便于分期修建，易定型化、工厂化；2）机动性大，便于调动，可迅速供水。因此，移动式取水构筑物广泛地用于我国南方水位波动幅度大、河流切深大、河岸陡和施工条件复杂的河流上。另一方面，由于移动式取水构筑物的管路连接复杂，在洪水期转换接头位置、移动船体和车体的次数较频繁，消耗人力较多，管理麻烦；出现事故的可能性较大；靠近河岸的取水条件较差，因此其供水规模有限，要求河流水位变化不能过快（<2m/h），径流量大且岸边有良好的取水条件，漂浮杂质少，无冰冻现象，岸坡稳定，对航运无大的影响。

浮船与斜桥式取水构筑物对河流取水条件的要求不尽相同：浮船抗颠簸的能力较差，因此不宜将其设在面对主风向的河岸和水流过急的河道，但是浮船取水构筑物允许岸坡有多种变化，要求亦不甚严，其造价较斜桥式取水构筑物低。斜桥式取水构筑物的特点则与浮船相反。

第十七章 山区河流取水构筑物

第一节 山区河流的特性及取水条件

利用山区河流作为给水水源在我国具有重要意义。

了解山区河流的特性,对于正确选择取水构筑物的位置、形式及有效地利用山区河流是十分重要的。人们从不同方面提出了多种山区河流的分类方案,通常是将它分为三段,即高山区河段、山区河段和山前区河段。虽然各河段的特性各不相同,但是与平原河流相比,它们多具有下列一些共同特性:

1. 地势落差大而多变,河流的纵比降大,河流上常出现浅滩和瀑布。
2. 河流的切深大,河谷陡峻,稳定性相对较强;在山前区河段,河流的弯曲性加强,常出现许多不稳定的河汊。
3. 流量水位的变化幅度大,变化迅速。
4. 水流急,流速的变化范围大。
5. 洪水期水流的挟砂量大,推移质多,颗粒粗。
6. 在寒冷地区,水面不易形成稳定的冰盖,水内冰多,冰期长。
7. 在林区,河流中的漂浮杂质多。
8. 自然灾害,如滑坡、塌方、雪崩及泥石流等出现的机会较多。

由上述特点可见,利用山区河流作为给水水源较平原河流复杂,主要表现在下列几个方面:

1. 由于河流年径流甚至日径流不均匀以及不便于用蓄水库进行调节,山区河流的水利资源常不能被充分利用。山区小河流在枯水期甚至经常断流。
2. 枯水期,多数河流的水深较小,甚至仅有河床下部径流;洪水期水位暴涨暴落,水流急,固体径流量大,不但不便取水,而且对取水构筑物的破坏性强。
3. 水中含砂量大,颗粒粗,必须就近沉淀并排除水中的大颗粒泥砂。
4. 在不稳定河段须建立相应的整治构筑物,在可能出现自然灾害的地区须要采取防护措施。
5. 施工条件复杂,构筑物的造价较高。

第二节 山区河流取水系统

在我国,对山区河流取水构筑物,特别对单纯用于给水工程的山区河流取水系统的组成、构筑物的形式和设计运行问题尚缺乏研究。迄今,国外关于山区河流取水构筑物的建设经验,也多由不同部门逐渐积累起来的。本节着重介绍与给水工程有关的一些山区河流取水构筑物。

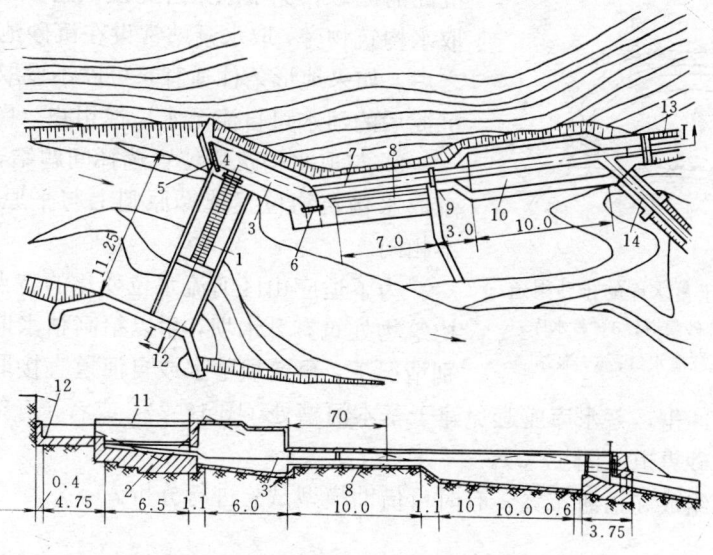

图 17-1 山区河流取水系统（未设取水泵站）
1—进水口（水栅）；2—集水槽；3—进水间；4—孔口；5—事故进水口；6—排水孔；7—连接渠道；
8—侧面溢流槽；9—闸槽；10—沉淀池；11—溢流坝；12—输水管；13—排水渠

山区河流取水系统一般由取水构筑物、带有排砂冲洗设施的沉砂池、预沉池、输水与排水渠道及取水泵站等组成。确定取水系统组成及各构筑物的形式时，应充分考虑所在河段的特点，尽可能使取水系统的组成与构筑物的形式简单、工作可靠、构造坚固耐用并能最大限度地利用当地材料。

取水枢纽的布置在山区河流取水工程设计中是个关键问题，它涉及到能否有效地防止泥沙、水内冰、漂浮杂质等对取水构筑物的威胁，也是能否保持河床稳定的重要环节。由于各地情况不同，取水枢纽的布置无固定原则可以遵循，而应根据给水系统的总体布置、取水量、河流泥砂组成情况及其他自然条件考虑；此外，应注意下列几点要求：

1. 必须保证水流能比较集中、平稳和顺利地通过取水和泄水构筑物；同时，应使水流具有将泥砂、水内冰和漂浮杂质自取水口挟走的水流结构，应避免取水构筑物上游河道淤积和下游河床冲刷；必要时，应考虑水流调节问题。

2. 为了就近沉淀并利用河水冲洗

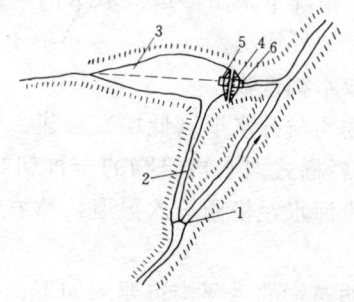

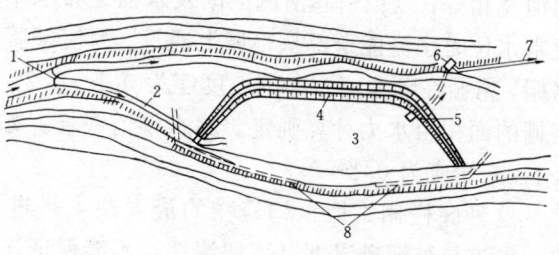

图 17-2 建于基本河槽之外的蓄水库
1—渠首枢纽；2—并联渠道；3—蓄水库；4—坝；
5—底部泄水口；6—泵站；7—输水管；8—排水渠

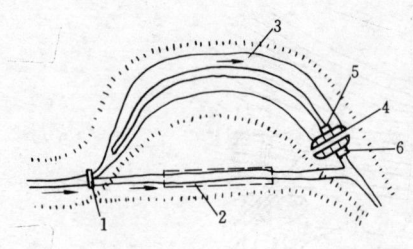

图 17-3　并联于蓄水库的排砂渠道
1—渠首；2—排砂渠道；3—蓄水库；
4—坝；5—底部泄水口；6—泵站

沉淀的泥砂，免于水泵叶轮遭到磨损，沉淀池应设在取水构筑物旁，取水泵站常设在沉砂池以至预沉淀池之后。如果地形条件适宜，可以不设取水泵站，这时沉淀后的河水可自流至水厂或用户（图 17-1）。

3. 与取水构筑物位置选择问题结合考虑。山区河流取水构筑物位置选择原则上与平原河流的要求基本相同。

为了适应山区河流水位变化的特点，在多数取水构筑物处筑有升水坝，用以抬高枯水期的水位。在个别情况下，可筑坝蓄水或自河道直接取水。为了防止泥砂淤积和山洪冲击，蓄水库应避免建于基本河槽处（图 17-2），或者（有条件时）采用与蓄水库并联的排砂渠道（图 17-3）。

取水系统的组成和枢纽布置，有时可借助模型试验进行分析。

第三节　山区河流取水构筑物的形式与构造

山区河流取水构筑物的形式很多，下面按照取水方式介绍几种主要取水构筑物。

一、渗透式取水构筑物（参看第八章）

在由卵石、砾石及砂组成的山区河流河床下常有丰富的地下水径流。因此，在其他条件适宜的情况下，采用渗透式取水构筑物是适宜的。特别在山前区河段，由于河流发育在冲积锥（扇）地带，河床下部的冲积层较厚（相对于其他河段而言），透水性强，而河流的稳定性较差，在这种情况下采用渗透式取水构筑物能够充分地发挥其优越性。我国东北地区的许多城市即属于这种情况。

二、底栏栅式取水构筑物

这类取水构筑物均与升水坝（低坝）合建。

图 17-1 表示底栏栅式取水构筑物的一种初始形式。其取水部分为一种建于坝体的渠道，渠上覆有格栅。河水经格栅进入渠道，然后顺渠道流经沉砂池（进水室）、输水渠道、沉淀池等至用户。

底栏栅式取水构筑物的主要构造要求如下：溢流坝及取水部分之总长大致与常水位时的河宽相等，以免引起河流摆动及水栅处布水不均。溢流坝顶应较格栅面高 30～60cm，以便常水位时水流能全部从格栅上通过。为使杂质能顺利地通过格栅，格栅在顺水流方向的坡度应为 0.1～0.2。栅条的间距和格栅的面积由水力计算确定。集水渠道底坡：始端应为 0.2～0.4，末端应为 0.1～0.2。

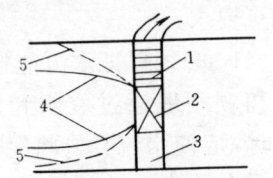

图 17-4　设有闸孔的底栏栅式取水构筑物
1—取水口；2—闸孔；3—溢流坝；4—表面水流分界线；5—底部水流分界线

这种底栏栅式取水构筑物的最大缺点是进入渠道的泥砂多，渠道易被泥砂淤塞且不便清洗，不能保证连续工作，取水枢纽缺乏有效的排砂设施。

为了克服上述缺点，人们提出了以下几种类型底栏栅式取水构筑物。图 17-4 为设有泄水闸孔的底栏栅式取水构筑物。其特点为在闸孔的影响下,水流在取水口附近形成环流,使大部分泥砂被水流(经闸孔)挟至下游,从而减少了进入取水口的泥砂量。但是,闸孔易被泥砂淤塞。

图17-5为具有截砂槽的底栏栅式取水构筑物。其特点是在集水渠道的上游侧0.5~0.7m处平行地设一道截砂槽,截砂槽以排砂管与下游河道相通,以便清洗槽中的淤积泥砂。据观测,这种截砂槽可以排除水中90%以上的泥砂,而排水量仅为河道总流量的5%~10%。其缺点是排砂路径曲折,且易被泥砂淤塞,运行管理较复杂。

图17-6表示集水渠道与截砂槽合建的底栏栅式取水构筑物。挟泥砂的水流在分离室将

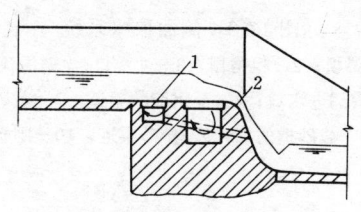
图17-5 具有截砂槽的底栏栅式取水构筑物
1—截砂槽;2—集水渠道

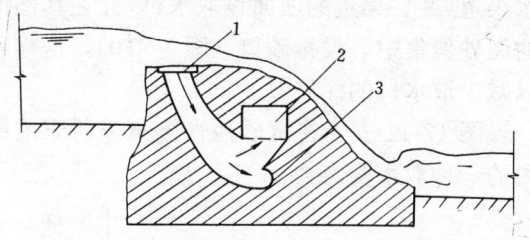
图17-6 同截砂槽合建的底栏栅式取水构筑物
1—进水口;2—集水渠道;3—截砂—排砂渠道

大颗粒泥砂分离出来以后,自下而上地进入集水渠道,被分离的泥砂存积于截砂—排砂渠道,并被其中旋转的水流挟带至下游河床。这种形式取水构筑物的缺点是构造复杂,排砂路径迂回曲折,易被泥砂淤塞。

三、闸墩式取水构筑物

这种类型取水构筑物是利用闸墩处的局部绕流的环流作用,使泥砂避开取水口而被水流挟至下游。

图17-7表示进水口设在闸墩顶面的取水构筑物之构造情况。取水口设在闸墩侧面的情况与之类似。

为使水流能顺直平稳定地流向取水构筑物,要求将取水枢纽布置在河流的直段。此外,不宜把这类形式取水构筑物用于林区河道,因闸墩易阻搁漂浮杂质。

四、侧面取水构筑物

这类取水构筑物用于取水量或取水相对数量较大之情况。为了抬高枯水期的河水位,取水口的下游常设有升水坝。

图17-8表示一般侧面取水系统的组成与布置情况。

这种取水构筑物的最大特点是,由于侧面取水造成水流自外侧向取

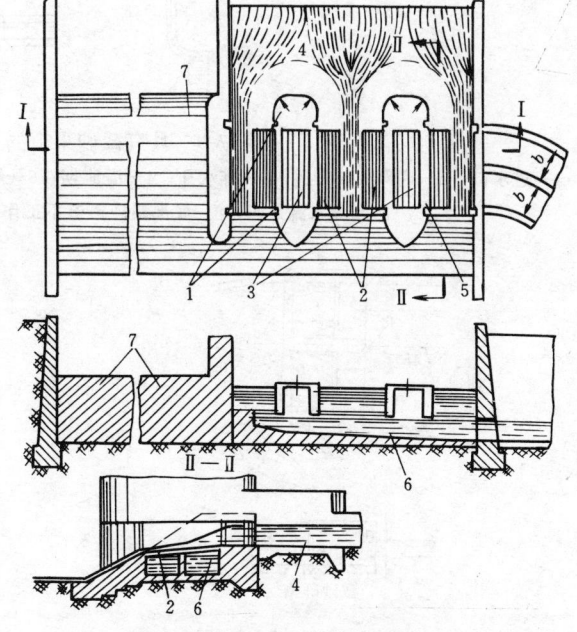
图17-7 闸墩式取水构筑物
1—闸墩;2—下层格栅;3—上层格栅;4—混凝土护坦;
5—闸槽;6—集水渠;7—溢流坝

水口弯曲,形成自外向里的横向环流,从而使较多的泥砂被带入取水口。

为了适应上述取水构筑物附近河道的水流特征,在靠近进水口的上游推移质聚集的中心点设立1~2条截砂渠道(图17-9),这样可以大大减少进入进水口的泥砂量。

据同样原理,可以绕过升水坝设一弯曲泄水渠道,并在渠道的凹面设取水口,并在其凸面的泥砂聚集中心设排砂口(图17-10),这样可以减少取水口的泥砂量。

图17-11表示将沉砂池直接建于河床范围内的一种取水构筑物。

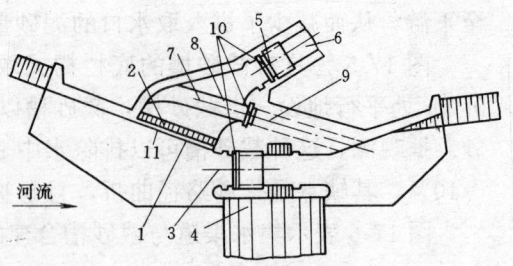

图17-8 侧面取水系统
1—渠坝;2—粗格栅;3—冲洗口;4—溢流坝;5—头部进水口;6—至沉淀的渠道;7—截砂槽;8—截砂槽的坝;9—排砂渠道;10—闸板

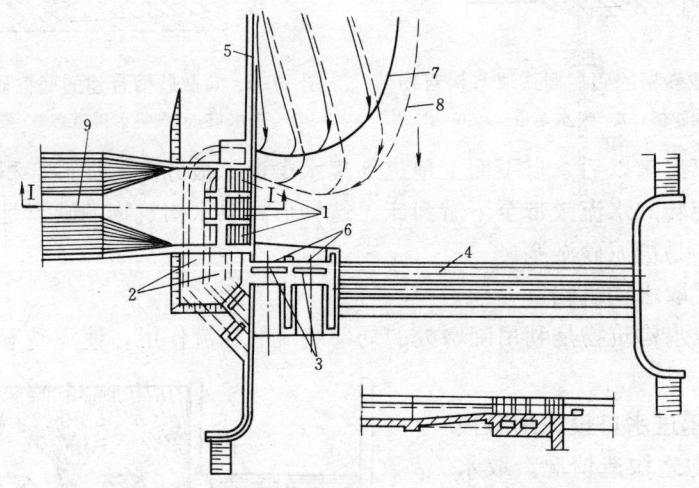

图17-9 具有截砂渠道的侧面取水系统
1—进水口;2—底部截砂渠道;3—排水孔;4—溢流坝;5—岸边导流墙;6—闸板;7—底部截砂渠道工作时的底部水流方向;8—底部截砂渠道不工作时的底部水流方向;9—渠道

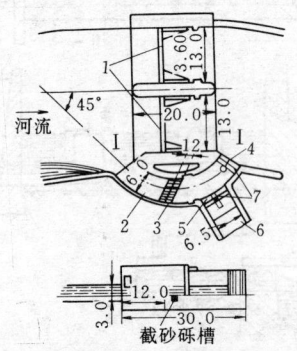

图17-10 弯曲泄水渠道中的侧面取水构筑物
1—升水坝;2—曲线引水渠;3—截砂槽;4—排砂孔;5—取水口;6—渠道;7—闸板

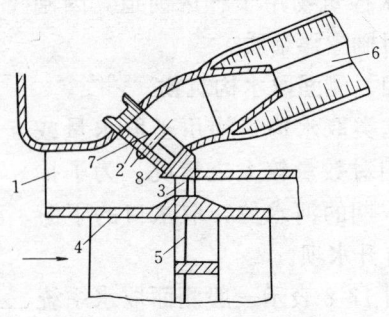

图17-11 沉砂池后的侧面取水构筑物
1—沉砂池;2—取水口;3—排水口;4—隔墙;5—坝;6—粗格栅

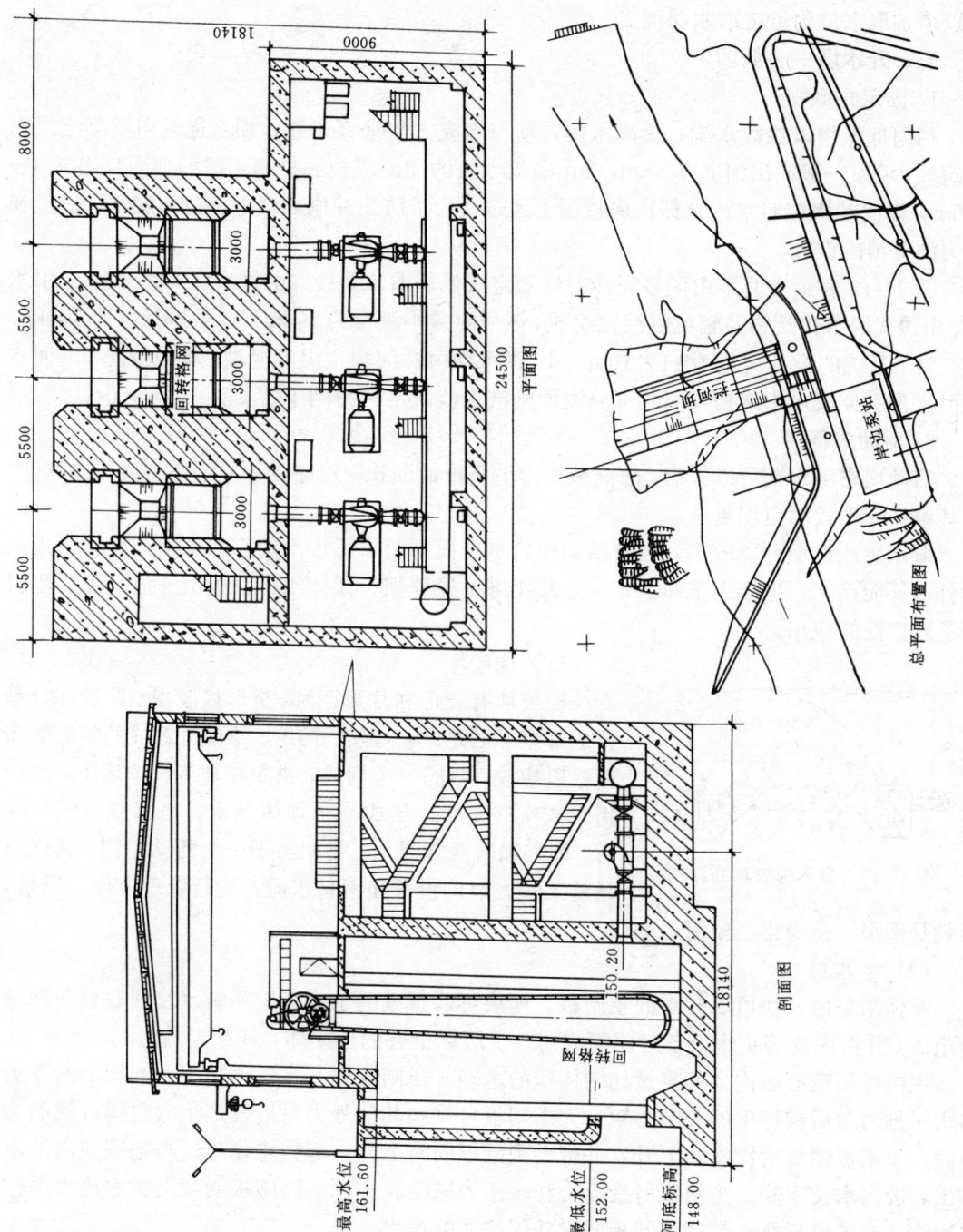

图 17-12 固定式低坝取水系统

上述几种取水构筑物,除渗透式外,都设有升水坝。这类取水构筑物主要用于山区小河道。在较大的河道中,可以考虑建立与平原河流取水构筑物相似的或其他形式的取水构筑物。如果枯水期河道的取水深度不够,可以考虑采用各种措施——建立顺坝、疏浚河道等以增加取水口附近之取水深度。

五、升水坝——低坝

1. 固定式低坝

拦河低坝用以拦截水流,抬高水位。坝与水流方向垂直布置,坝身通常用混凝土或砌石筑成,坝顶一般高出河底0.5~1.0m。溢流坝段的顶面应较底栏栅坝段的顶面高出0.3~0.5m,以便常水位时水流全部从底栏栅上通过。为了防止冲刷,坝下游应作陡坡、护坦和消力池等消能设施。

图17-12表示东北某山区多泥沙河流固定式低坝取水系统,由拦河坝(溢流坝)、引水渠、岸边式取水构筑物及辐流沉淀池组成。该河的最小流量为1.8m³/s,含沙量约为140kg/m³。取水系统的设计流量为11×10^4m³/d。洪水期由拦河坝顶溢流泄洪,其他情况下,河水经引水渠引至取水构筑物,而大部分泥沙则被水流挟至拦河闸下游。

2. 活动式低坝

活动坝在洪水期可以开启,故能减少上游淹没的面积,并且便于冲走坝前沉积的泥沙,但其维护管理较固定坝复杂。

低水头活动坝种类较多,设有活动闸门(平面闸门或弧形闸门)的水闸是其中常用的一种,既能挡水,也能引水和泄水。近几年来,橡胶坝、浮体闸、翻板闸等活动坝逐步得到了较广泛的应用。

(1) 橡胶坝

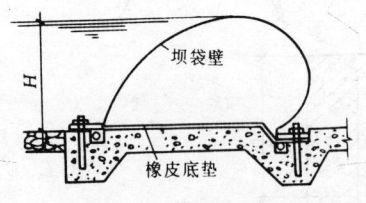

图17-13 袋形橡胶坝断面图

橡胶坝有袋形和片形两种。袋形橡胶坝(图17-13)是合成纤维(尼龙、卡普隆、锦纶、维纶)织成的帆布,布面涂以橡胶,粘成一个坝袋,锚固在坝基和边墙上,然后用水或空气充胀,形成一个坝体挡水。当水或空气排除后,坝袋塌落便能泄水,它相当于一个活动闸门。其优点是施工快、节约投资和钢材水泥、运行管理方便。但是,坝袋易磨损、易老化、使用寿命短。

(2) 浮体闸

浮体闸是由一块可以转动的主闸板、两块可以折叠的上、下副闸板以及闸底板和闸墙等组成,并用橡皮等止水设备封闭而成的一个可以折叠的密闭体,其布置如图17-14所示。

主闸板是空心结构,其重量比同体积的水轻。当闸腔内充水,作用于主闸板上的浮力和水平推力对后铰产生的升闸力矩,大于闸板自重和其他外力对后铰产生的阻碍升闸的力矩时,主闸板便绕后铰旋转上升,并带动副闸板同时上升,起挡水作用。当把闸腔内的水排出,腔内水位下降,主闸板所受浮力和水压力减少。上、下副闸板受到上游水压力的作用而绕其连接铰折叠,带动主闸板同时降落,便能泄水。

浮体闸不需启闭机、工作桥和中墩,故投资较少,节省钢材水泥;只有一套充排水系统,故管理方便;使用年限比橡胶坝长,适用于推移质较少的河流。但闸门检修、闸前淤积、闸腔排泥等问题,有待于进一步解决。

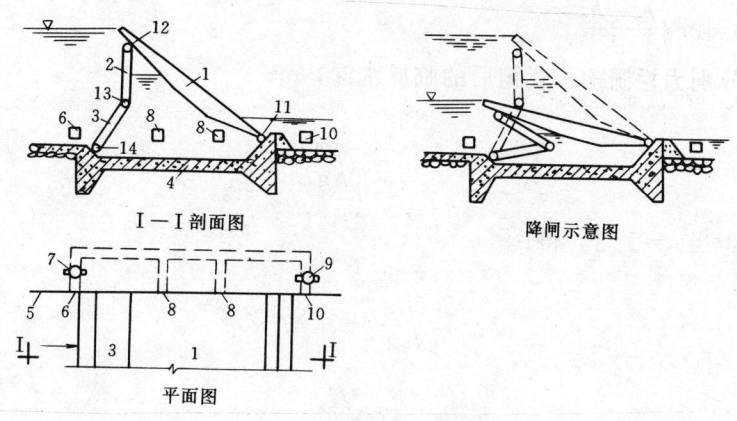

图 17-14 浮体闸布置图

1—主闸板；2—上副闸板；3—下副闸板；4—闸底板；5—闸墙；
6—进水口；7—进水闸门；8—闸腔进出口；9—放水闸门；10—
放水口；11—后铰；12—顶铰；13—中铰；14—前铰

第四节 底栏栅式取水构筑物的水力计算

1. 底栏栅

栏栅栅条可用扁钢、圆钢，铸铁或倒置钢轨作成。栅条断面以梯形较好，不易堵塞和卡石。栅条净距应根据欲去除的推移质粒径大小而定，一般采用 6～10mm，最大 20mm，栅条宽度多为 8～25mm。为使水流易于带动推移质顺利越过栏栅泄入下游，并减轻大石块对栏栅的撞击起见，栏栅应以 0.2～0.3 的坡度坡向下游。

栏栅的进水量，在引水廊道为无压流时，可按孔口自由出流公式计算：

(1) 当取集河流部分水量时（图 17-15）：

$$Q = \mu p b L \sqrt{2gh} \quad (17-1)$$

或 $\quad Q = 4.43 \mu p b L \sqrt{h}$

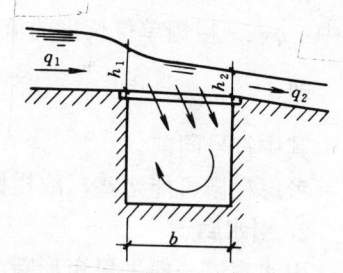

图 17-15 底栏栅取水量计算简图

式中 Q——设计取水量，即栏栅进水量，m³/s；

μ——栏栅孔口流量系数，当栅条表面坡度 $i=0.1～0.2$ 时；$\mu=\mu_0-0.15i$；

μ_0——$i=0$ 时的流量系数，当栅条高与净距的比值大于 4 时，$\mu_0=0.6～0.65$，当比值小于 4 时，$\mu_0=0.48～0.50$；

p——栏栅孔隙系数，$p=\dfrac{s}{s+t}$，其中 s 为栅条净距，mm；t 为栅条宽度，mm；

b——栏栅水平投影宽度，一般采用 0.6～2.0m；

L——栏栅长度（垂直于水流方向），通常等于引水廊道的长度，m；

h——栏栅上的平均水深，m，根据实验观测资料得：

$$h = 0.8 \frac{h_1 + h_2}{2}$$

h_1、h_2——分别为栏栅前,栏栅后的临界水深,m;

临界水深
$$h_{kp} = \sqrt[3]{\frac{\alpha Q^2}{gL^2}}$$

令 $q = \frac{Q}{L}$,当 $\alpha = 1$ 时,得:

$$h_{kp} = \sqrt[3]{\frac{q^2}{g}} = 0.47 \sqrt[3]{q^2}$$

$$h_1 = 0.47 \sqrt[3]{q_1^2}$$

$$h_2 = 0.47 \sqrt[3]{q_2^2}$$

式中 q_1、q_2——分别为栏栅上游和下游单位长度的流量,m³/(s·m)。

(2) 当取集河流全部水量时:

此时,$h_2 = 0$,由公式 (17-1) 可得:

$$Q = \mu p b L \sqrt{0.8 g h_1} \tag{17-2}$$

将 $h_1 = \sqrt[3]{\frac{q^2}{g}}$ 代入 (17-2) 式,简化后得:

$$q = 2.66 (\mu p b)^{\frac{3}{2}}$$

式中 q——栏栅单位长度的流量,m³/(s·m)。

即
$$q = \frac{Q}{L}$$

其中符号同前。

考虑栏栅可能堵塞,故栏栅实际面积应比计算面积加大 20%~30%。

2. 引水廊道

引水廊道一般采用矩形断面。廊道内壁宜用耐磨材料衬砌,以抵抗砂砾的磨损。

由于惯性作用,通过栏栅的水流将以倾斜的方向流入廊道(见图 17-15)。因此,在廊道横断面上产生横向环流,从而增大了廊道的输砂能力,但另一方面却降低了廊道的过水能力。横向环流与纵向主流相互作用,在廊道内形成螺旋水流。

廊道一般按无压流考虑,因此廊道内水面以上应留有 0.2~0.3m 的超高。为了避免泥砂淤积,廊道内的流速应从起端到末端逐渐增加,并应大于泥砂的不淤流速。廊道起端流速一般不小于1.2m/s,末端流速一般不小于2.0~3.0m/s。

廊道内水流情况复杂,设计时一般均采用等速流近似计算法。在计算时,将等宽的廊道按长度分成几个相等的区段。假设每段通过栏栅进入的水量相等,则每段水深(见图 17-16),可按下列等速流公式计算:

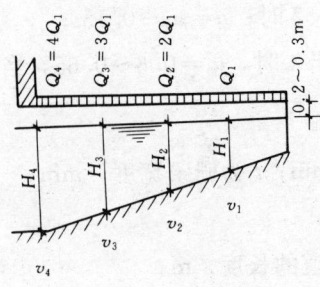

图 17-16 廊道水深变化

$$H = Q/BV$$

式中 Q——计算断面处的流量，m^3/s；
　　　B——廊道宽度；
　　　V——计算断面处给定的流速，m/s。

相邻两区段间的水面坡降按公式 $i=v^2/C^2R$ 计算。由于廊道内水流旋转冲击等，产生附加水头损失，故在计算中采用廊道壁的粗糙系数 n 应比一般水槽大。混凝土廊道采用 $n=0.025\sim0.0275$，浆砌块石廊道 $n=0.035\sim0.040$。

3. 沉砂池

沉砂池用以去除水中粗颗粒泥沙，它可作成直线形或曲线形。直线形沉砂池一般为矩形，采用一格或两格，每格宽 1.5～2.0m，长 15～20m，起端水深 2.0～2.5m，底坡 0.1～0.2。池中沉淀的泥砂，利用水力定期冲洗排走。

第十八章 水库、湖泊、海水取水构筑物及地表水源取水构筑物的维护

水库、湖泊与海水的取水条件较之河流有较大的差别,故取水构筑物的形式与构造也有所变化。在我国,随着水资源需求量的增长,地面径流的调蓄、水库供水及海水利用的规模与范围正日益扩大。

第一节 水库、湖泊取水条件

水库、湖泊的取水条件有相似之处,但也有差别,必要时应予区分。

1. 水质

(1) 水的浑浊度

水库、湖泊水的浑浊度一般较低,变化幅度相对较小。其值与水库、湖泊汇水区的状况、水库湖泊自身的状态(水深、库底情况)、气候变迁以及径流情况有关。例如,某水库,每年自11月至翌年6月,水的浑浊度一般不超过20度,雨季也只有100度左右,通常很少超过200度;但是,在多年干旱及随之而来的连续暴雨时,水的浑浊度高达650度。又如,另两座水库,其一因面积大且水浅,浑浊度变化剧烈;另一因系岩石库底且水深,水的浑浊度变化较小。再如,某水库的库底为砂土,两侧为花岗岩,汇水区植被发育,雨季水库水中含有大量的胶体二氧化硅,致使水的浑浊度常年偏高(100~200度),呈黄白色。

此外,水的浑浊度还会受到其他因素,如风浪、异重流、水层深度等多种因素的影响。

(2) 浮游生物

由于水库、湖泊水的富营养化,加之水清、阳光照射、表层水温高,夏季常有大量浮游生物(藻类)繁殖,结果使水的浑浊度及色度增高,产生嗅、味。某些藻类分解及代谢产物含有多量的腐植酸、富里酸等,均是强致癌物质——有机卤化物的前驱物质。这些都使水处理工艺复杂化。

浮游生物的产生与分布还同库底或湖底状态、风向、水流等情况有关。通常,当库底清除(建水库时)不净,在浅滩、有机污染源附近,夏季主风向下游,表层水中易产生藻类。在水流急烈交混处,深层水中也会有藻类分布。

由此可见,水库、湖泊中的浮游生物含量因时因地而异。例如,抚顺某水库,藻类产生于4~10月份,有时每毫升多达数万个;大连市某水库,一般年份每毫升水的藻类含量不超过2000个,个别干旱高温年份竟多达15600个;武汉东湖藻类含量每毫升水一般为50~2000个,最高达4000个;青岛某水库因水中溶解氧和矿物质含量低,藻类含量少,但微生物及细菌含量高。当水中藻类含量每毫升水大于2000个时,将对滤池工作造成极其不良的影响。

减少藻类繁殖的措施有:1)建水库时清理库底;2)疏浚浅滩;3)防止污染;4)避免排放工业废热水;5)定期投加硫酸铜或氯等药剂,其投入量可参考有关文献,一般硫酸

铜为 0.1~0.5mg/L，氯为 0.3mg/L。

(3) 含盐量

水库中水的含盐量——矿化度与水库的补给、蒸发等因素有关。枯水年，水的含盐量一般较高，通常深层水的矿化度比上层水的高。水的含盐量增加对用户不利，需要定期排放一部分底层水，减少蒸发。

2. 水库与湖泊的淤积

水库、湖泊的水流缓慢，河水带入的泥沙大量沉积，其沉积速度和流域范围内的固体径流有关。在地面侵蚀水土流失严重的地区，水库淤积较快。取水口的标高应根据预定的淤积情况确定。防止泥沙淤积的措施通常分为两类：1) 河源治理；2) 防止泥沙在水库内沉积。前者包括流域的植树造林、河壑整治等水土保持措施，河流的梯级开发等。后者，如将水库建于基本河槽之外，建立底部泄水构筑物，设立辅助水库以及采取其他清淤措施等。

3. 风浪与塌岸

在风力作用下，湖泊与水库会产生较大的风浪，使底层和岸边的水变得浑浊；此外，对于水库，由于岸边土壤湿化，在风浪作用下有时会产生库岸崩塌现象。同时，选择取水构筑物的位置和取水口的高度时应考虑上述情况的影响。

4. 冰冻情况

在北方，水库与湖泊水面的热损耗大，可能产生水内冰，影响取水。此外，湖面形成的冰盖对于分建式取水构筑物的结构可能产生推挤等破坏作用。

第二节　水库枢纽布置与水库取水构筑物

一、水库枢纽布置

水库枢纽通常都由拦河坝、泄水孔及溢洪道等组成。

拦河坝是蓄水库的主体构筑物。根据水库的水深或坝高、坝长、工程地质及地形条件等，可采用不同结构特点和材料的坝体。

按结构特点，拦河坝可分为重力坝、拱坝、肋墩坝等。按筑坝材料，可分为土坝、堆石坝、混凝土坝、钢筋混凝土坝。一般在坝高不超过 30~40m 的情况下多用土坝，土坝系重力坝的一种。

泄水孔和溢洪道通属泄水构筑物。泄水孔多设于土坝和堆石坝的坝基上，河岸式泄水孔设于岸边的岩石山腰处，通常用以从底部渲泄水库的过剩水量并借以排泄泥砂。溢洪道也可与坝体合建或分建。与坝体合建的溢洪道即为溢流坝，坝顶有时可设闸门控制溢流，下游设消力塘。与坝体分建的溢洪道一般由引水渠、溢洪道槛（闸门、闸墩）、泄水渠三部分组成。溢洪道是用以从水库表面渲泄洪水的。泄水孔与溢洪道通常并设。图 18-1 即表示蓄水库枢纽的一种布置图。

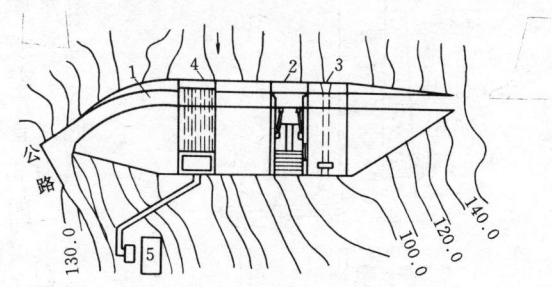

图 18-1　水库枢纽布置图
1—混凝土重力坝；2—溢洪道（溢流坝段）；
3—底部泄水孔；4—取水口；5—泵站

二、水库取水构筑物

水库取水构筑物大体上可分为两种类型：1）与坝体或泄水构筑物合建；2）分建。由于水库水质随水深及季节变化，因此原则上以采取分层取水方式为宜。

1. 取水塔与坝体、泄水口合建的取水构筑物多以取水塔取水

图 18-2 表示与坝体合建的取水塔，图 18-3 表示与底部泄水口合建的取水塔。取水塔内

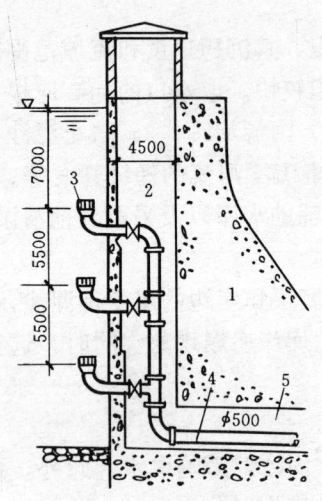

图 18-2　与坝体合建的取水塔
1—混凝土坝；2—取水塔；3—喇叭管
进水口；4—引水管；5—廊道

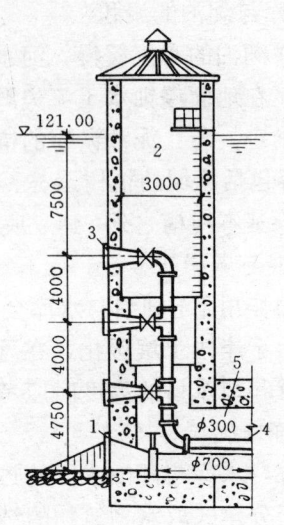

图 18-3　与底部泄水口合建的取水塔
1—底部泄水口；2—取水塔；3—喇叭管
进水口；4—引水管；5—廊道

可作成圆形、半圆形或矩形。塔身通常设 3~4 层喇叭管进水口，高差约 4~8m，以便分层取水。最底层进水口应设在死水位以下的 0.2m 处。其余进水口的高程应尽可能考虑调整取水层深度之便。进水口上应设格栅和控制闸门，各进水口分别接于进水竖管，其下再接引水管，并将水引至泵站吸水井。引水管可敷设于坝体的廊道内或直接埋于坝体中，前者便于检修。泵站吸水井一般为承压密闭式，以便充分利用水库之水头。若水头仍有富裕，可回收能量（发电）或消能。

图 18-4 表示一种湿式取水塔。取水塔内呈半圆形，直径 7.5m，分 5 层取水，分布于两侧，各层距离为 3.7m，取水口外设有半球形铜网罩。

图 18-5 为将取水口直接建于坝体内而不另建取水塔的情况。这时只须在混凝土坝体内埋设 3~4 层引水管即可。

2. 分建式（单独设立的）取水构筑物

单独设立的水库取水构筑物，与河流取水构筑物类似，可采用岸边式、河床式、浮船式，亦可采用取水塔。取水构筑物可以在水库充水前施工。

图 18-6 为与坝体分建的矩形水塔。取水塔选在

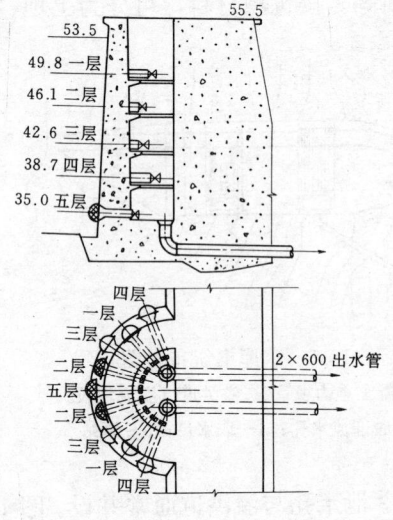

图 18-4　湿式取水塔

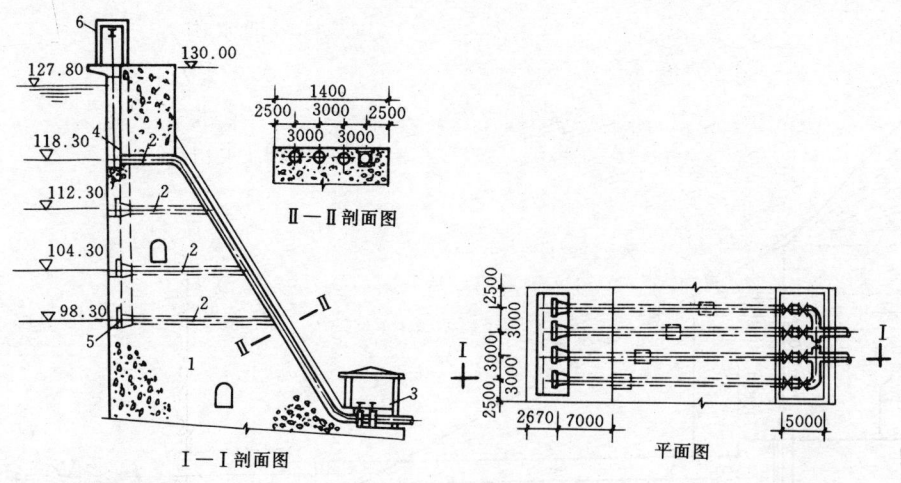

图 18-5　建于坝内的取水口
1—混凝土坝；2—φ700引水管；3—闸阀室；4—格栅；5—平板钢闸门；6—启闭机架

水库发电及泄洪隧洞上游约350m处。取水塔内仅设置了底层取水口，它分为四个渐变段进水口，其断面由高3m、宽2.7m的矩形逐渐变为直径1.4m的圆形。每个进水口设一电动闸门，后接涵管到静水间与直径为2.2m的引水隧洞相连。取水塔内有操作廊道层，廊道右侧为排水坑，左侧为楼梯、电梯间。取水塔设计水量为12m³/s，目前取水量约为2×10^5 m³/d左右。取水塔为钢筋混凝土结构，有钢引桥与岸边连接。

图18-7为与坝体分建的圆形取水塔。取水塔为一内圆（$D=5.5$m）、外正六边形（边长

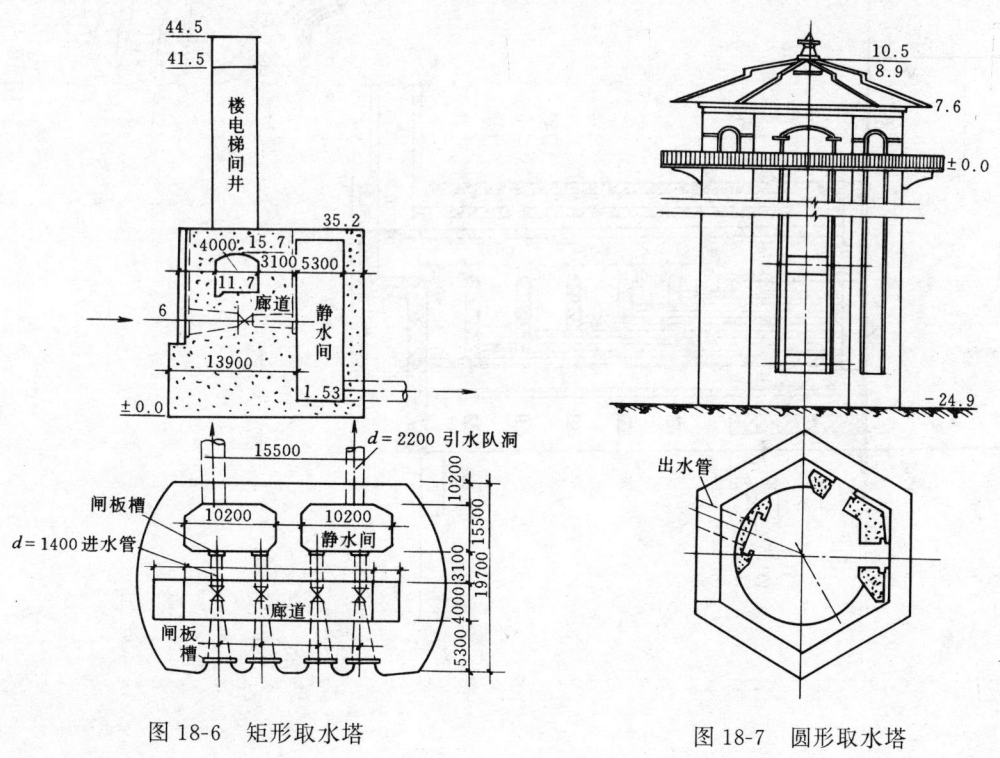

图 18-6　矩形取水塔　　　　　图 18-7　圆形取水塔

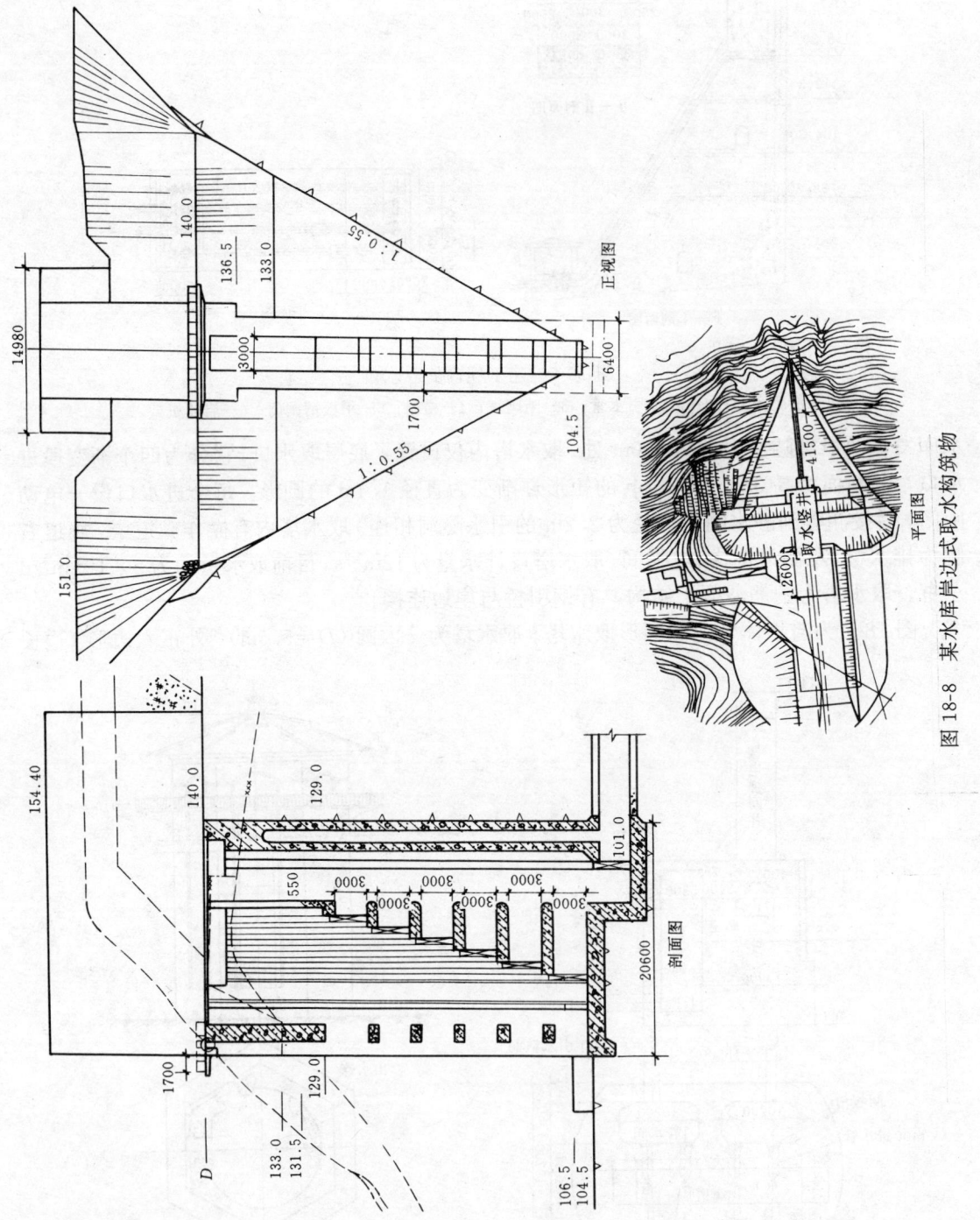

图 18-8 某水库岸边式取水构筑物

3.87m）的构筑物。取水塔下部高 24.8m，上部建筑高 7.4m。塔内设有两层取水口，用闸板启闭。另在取水塔上层平台下面开有取水孔洞，以收集水库的表层水。

上述取水构筑物与构造形式，指水库充水前的情况而言。随着水库供水范围的扩大，在建成水库中建造取水构筑物的问题已日渐突出。通常，由于水深、岸陡、岸坡多为基岩、施工面小，加之难以调集相应的工程船只或水下施工设备，一般形式取水构筑物的施工极为困难。在这种情况下，可考虑的施工方式或相应的取水构筑物的形式有：采用开凿隧洞进行岩塞爆破的竖井式取水构筑物，采用大型管柱施工法的开敞式取水构筑物，各类移动式取水构筑物。

图 18-8 表示某水库岸边式取水构筑物，它是在水库建成蓄水多年后为解决某特大城市缺水和改善供水水质而建造的引水工程的重要组成部分之一。其设计流量为 $42\times10^4 m^3/d$。该取水构筑物的主要特点是采取了新的多层取水方式，可根据水库水位、水质变化及冰冻情况在最低、最高水位之间选取任一层水。这对于采用岩塞爆破法建造的取水构筑物而言是无法实现的。出于对邻近另一取水塔及其他建筑物安全的考虑，当时即使采用岩塞爆破这一常规施工法也是不允许的。因此，该取水构筑物的建造采用了先建取水竖井、输水隧洞（～250m）、压力配水井，然后再开挖前庭的施工程序。前庭采用分层（3层）水下爆破法施工，前庭处的最大水深达29.8m。为保证前庭两侧边坡（1：0.55）平整并减轻爆破震动波的传播，采用了预爆破技术；此外，为确保邻近取水塔、建筑物以及取水竖井新浇混凝土与设备的安全，施工时还采用了控制爆破毫秒延时、气泡帷幕防护（对取水塔）等新技术。在已建成水库取水（引水）中采用上述取水构筑物形式及施工方法，属国内首创。目前，已在另外几座已建成水库取水（引水）工程推广应用。

该引水工程采用重力输水方式，建成5年来，取水构筑物及整个工程系统运行情况良好，该取水构筑物由辽宁省水利水电勘测设计院设计，并获全国工程设计金质奖。

第三节 湖泊取水构筑物

根据湖泊类型：小型、大而深、大而浅及其他情况，可分别采用河床式、岸边式或湖心式取水构筑物。

小湖泊的取水条件与蓄水库相似，故小湖泊中的取水构筑物，当取水量较小时多用河床式，取水量大时可用岸边式。由于湖水比较平静，河床式取水构筑物的取水头部多为喇叭管或箱式。

对于大而深的湖泊，其水面较不稳定，波动较大，岸坡常受波浪冲击，岸边水质浑浊，此外在北方冰冻情况较严重，因此宜自湖泊深处取水。由此，取水构筑物多为河床式，取水头部也多用喇叭管。为适应湖底地形变化，自流管应用柔性活动接头，靠近湖岸处的管段应埋于一定深度以下，以防冲刷。

对大而浅（<10～20m）的湖泊，一方面水面波动剧烈，岸坡受波浪冲击，近岸水质不良；另一方面又无水质较好的深层湖水，因此宜自湖心取水。由此，除可用一般河床式取水构筑物（淹没式取水头部）之外，尚可考虑采用岛式取水构筑物——非淹没式或墩式取水头部。

第四节 海水取水构筑物

我国的海岸线漫长，沿海地区的工业生产在国民经济中占的比重很大。随沿海地区的开放、工农业生产的发展及用水量的增长，淡水资源已远不能满足需求，利用海水的意义也日渐重要。

一、自海中取水的条件

1. 海水的含盐量

海水的含盐量与海域、河流汇入、季节及海流情况有关。因此，海水的含盐量在不同地点及不同时间均有所不同。

我国沿海海水的平均含盐量在32‰左右。其中渤海所处纬度较高、气温低、蒸发量少，同时沿岸有许多大河注入淡水，故其盐分较东海、黄海为低，约在30‰以下；另如长江口附近，也同样有大量淡水注入海中，其含盐量亦较低，也在30‰以下。

海水中的盐分主要是氯化纳、氯化镁、硫酸钠及少量碳酸钙，故海水侵蚀性强、硬度高，不利于应用。

在海水的飞溅带，海水对碳素钢的侵蚀率较高，一般可达0.5～1.0mm/a，对铸铁及非金属材料则较小。防止海水的侵蚀措施通常有：1）采用耐侵蚀材料作取水设备——水泵或管材；2）采用各种防腐涂料；3）阴极保护。为防止海水对混凝土的侵蚀，宜采用高标号的抗硫酸盐水泥或在普通水泥表面涂以防腐涂料。

2. 海生物的影响

海中的生物，如海红（紫贻贝）、牡蛎、海蛭、海藻等常会大量繁殖，使取水头部、格网、管道以至用水设备堵塞，影响安全供水，其中尤以海红大量粘附管壁、缩小管路过水断面、降低输水能力为甚。例如，在青岛、大连等地，海红在管内壁的堆积厚度每年达5～10cm。

目前，我国用以防治和清除海生物的方法有：加氯、加碱、加热、机械刮除、密封窒息、含毒涂料、电极保护等。其中以加氯法采用最多，效果较好。一般将水中余氯保持在0.5mg/L左右，即可抑制海生物的繁殖。

3. 潮汐和波浪

潮汐平均每隔12小时25分出现一次高潮，在高潮以后6小时12分出现一次低潮。潮水的高度与海底地形、气压、风向密切相关，大致在海洋中心潮水低，浅海湾处潮水高。

我国沿海大潮高度各处不同：渤海一般在2～3m之间，长江口到台湾海峡一带在3m以上，南海一带则在2m左右，个别地方由于地形特殊可高达5m以上。

潮汐除使海水位发生周期性的明显变化外，可使海湾中的水循环，使泥砂堆积或冲刷。这些都会影响海水取水构筑物的工作。

海中的波浪是由风力作用而形成的，如风速大、历时长，常在海洋中形成巨浪，其冲击力与破坏力极强。

设计海水取水构筑物时，对潮汐和风浪引起的水位波动及其产生的破坏作用应有充足的观测资料和足够的估计，否则会导致不良后果。

4. 泥沙淤积

海滨地区，特别是淤泥质滩涂地带，在潮汐及异重流的作用下常会形成严重泥沙淤积。取水口应避免设于这种地带。

5. 地形、地质条件

我国沿海的海岸地形、地质条件，在极大程度上同海岸线的地理位置及所在港湾条件有关。基岩与砂质海岸线同淤泥沉积海岸线的情况迥然不同。前者条件比较有利，地质条件好、岸坡稳定、水质较清澈。取水构筑物的形式，在很大程度上同地形、地质条件有关。

二、海水取水构筑物

海水取水构筑物的形式与河流取水构筑物的情况相似，主要有：自流管渠式（河床式）、岸边式、斗槽式、潮汐式等。

1. 自流管渠式取水构筑物

当海岸比较平缓，岸边水质、地质等取水条件较差时多用这类取水构筑物。这时，可用自流管自深水区引水，经沉淀池、吸水井，然后再由取水泵站抽升。

图 18-9 表示某厂的自流管式海水取水构筑物。其取水头部（或称进水斗）建于海滩，取水头部前设有防浪墙，低潮时从两侧进水，高潮时淹没进水。自流管为钢筋混凝土暗渠构成，水经沉淀池、格网后由泵抽取。

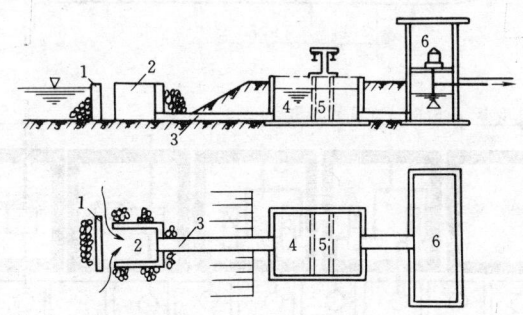

图 18-9 海水自流管渠式取水构筑物
1—防浪墙；2—取水头；3—引水渠；
4—沉淀池；5—滤网；6—泵站

图 18-10 表示某厂海底自流管取水构筑物。自流管为两根直径为 3.5m 的钢筋混凝土管，长 1540m，用盾构法施工修建。每根自流管的前端设有 6 个立管式进水口——取水头

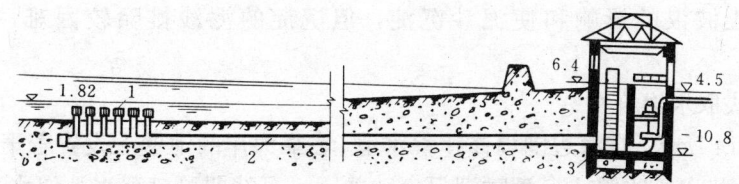

图 18-10 海水自流管渠取水构筑物
1—立管式进水口；2—自流管；3—取水泵站

部，其上设塑料格栅。

2. 岸边式取水构筑物

当岸坡较陡、水深、地质条件较好、风浪小、水质好时，可考虑建岸边式取水构筑物。

图 18-11 表示某厂合建岸边式取水构筑物。总取水量 $6.9 m^3/s$，扬程 23m，水位变化幅度 5.62m。泵站建于奥陶纪石灰岩上，取水构筑物采用浮运沉箱预制安装，因而取水泵站为单元组合式。

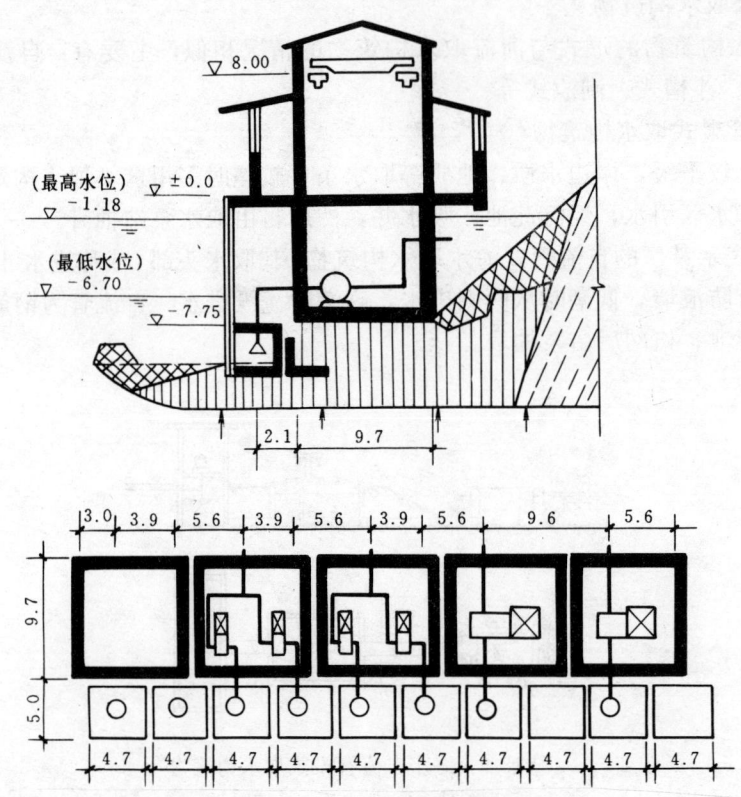

图 18-11 海水岸边式取水构筑物

图 18-12 的情况与图 18-11 相似。

3. 斗槽式取水构筑物

如图 18-13 所示，在海岸边围堤修筑斗槽，在斗槽末端设置取水泵站，从斗槽中取水。斗槽可以防止波浪的影响和使泥沙沉淀，但沉淀的泥沙排除较困难，需用挖泥船清淤。

4. 潮汐式取水构筑物

如图 18-14 所示，在海边围堤修建蓄水池，在靠海岸的池壁上设置若干潮门，涨潮时海水推开潮门，进入蓄水池，退潮时潮门自动关闭，泵站即可自蓄水池取水。这种取水方式可节省投资和电耗，但池中沉淀的泥沙清除较麻烦。有时蓄水池可兼作循环冷却水池，退潮时引入冷却水，可减少蓄水池的容积。

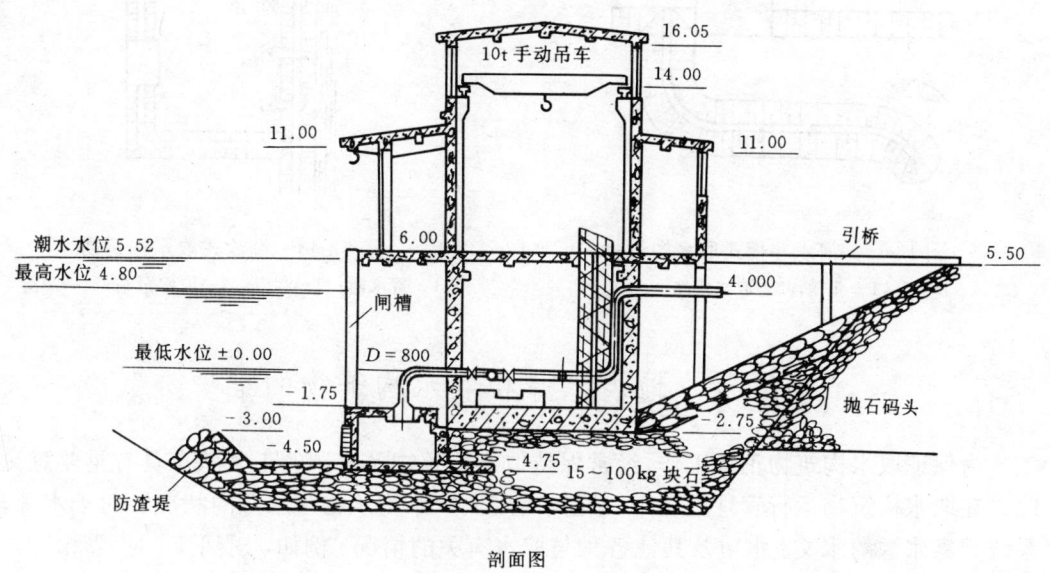

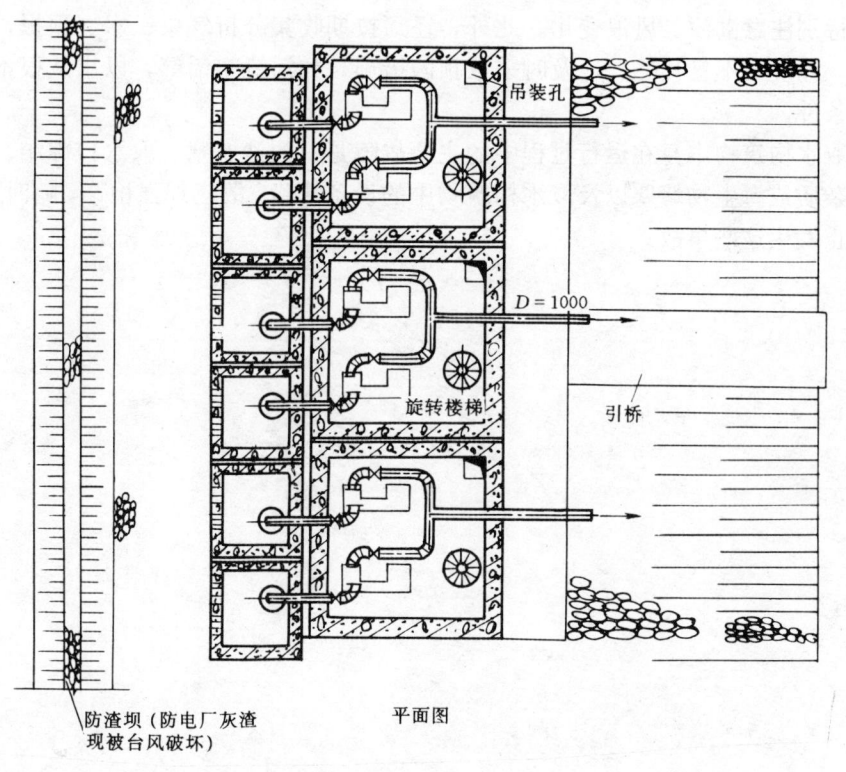

图 18-12 海水岸边式取水构筑物

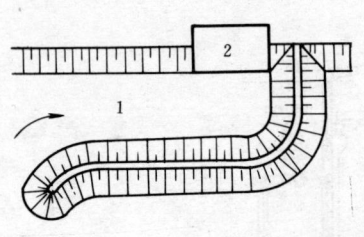 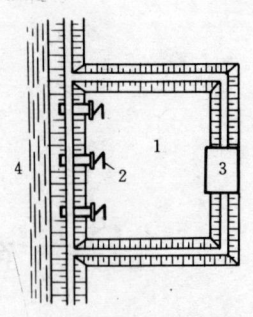

图 18-13　海水斗槽式取水构筑物　　　　图 18-14　潮汐式取水构筑物
　　1—斗槽；2—取水泵站　　　　　　1—蓄水池；2—潮门；3—取水泵站；4—海湾

第五节　地表水源和取水构筑物的维护

为保证取水构筑物正常工作，经常保持取水构筑物及水源的正常状态具有重要意义。因此，在取水构筑物运行管理过程中，应同时观测取水构筑物与水源的状况。对于水源，应系统观察水源的水文、水质及其他各种与取水有关的情况。例如，对河流，应观测水位、流量、流速、水质、水温、冰冻情况、泥沙运动及河床演变情况等；对于水库、湖泊，除上述观测项目外，还应观测水微生物、水生植物、含盐量、河流上游径流情况等；对于海洋，则应特别注意潮汐、风浪变化。此外，还须按期收集分析气象、水文预报，以免发生突然事故。如发现不良预兆，应及时采取预防措施，如河流整治等，以求从根本上保持良好的取水条件。

取水构筑物本身在运行过程中的主要故障是：泥沙淤塞、取水口冻结、取水口和管路等被杂质或海生物堵塞以及取水构筑物中的设备故障。故应加强检修，随时采取相应措施，以防止发生这些事故。